W0398369

Fabrication du document imprimé

chiffrer • commander • acheter • contrôler

Chez le même éditeur

W. HILL. – **Le langage de la typographie.**
N° 11659, 2006, 192 pages.

D. DABNER. – **Création graphique.**
N° 11566, 2005, 190 pages.

K. JOHANSSON. – **La chaîne graphique.**
N° 11336, 2004, 320 pages.

G. NIEMETZKY. – **Gestion de la couleur, 2e édition.**
Calibration et profils ICC pour l'image numérique et la chaîne graphique.
N° 11357, 2004, 208 pages.

D. DABNER. – **Maquette et mise en pages.**
N° 11294, 2003, 128 pages.

H. JOHNSON. – **L'impression numérique.**
N° 11325, 2003, 428 pages.

D. PATTE, H. PLAZIAT. – **Manuel du secrétariat de rédaction.**
À paraître.

Dans la collection *Cours d'industries graphiques*

P. PRÉVÔT, F. ROCHER. – **Techniques d'impression.**
N° 11797, 2006, 100 pages.

P. PRÉVÔT, K. IZOULET. – **De la prépa de copie à la mise en pages.**
N° 11798, 2006, 64 pages.

P. PRÉVÔT. – **L'informatique de la chaîne graphique.**
À paraître.

Jacqueline Pieters

Fabrication du document imprimé

chiffrer • commander • acheter • contrôler

Avec la contribution de Marguerite Cardoso

EYROLLES

Éditions Eyrolles
61, bd Saint-Germain
75240 Paris Cedex 05
www.editions-eyrolles.com

Avant-propos

Idéalement, la décision de produire un document (livre, catalogue, brochure informative, plaquette publicitaire...) devrait intervenir après l'évaluation du coût induit par sa réalisation. Cette évaluation permet de déterminer le prix de vente, de mesurer la prise de risques et d'établir un budget. C'est pourquoi nous avons choisi comme fil conducteur l'élaboration du prix de revient estimatif d'un support de communication imprimé.

Dans cette optique, il est indispensable de bien maîtriser la composition de chaque prestation entrant dans le calcul du budget, afin de moduler le prix de revient total – en abaissant les coûts fixes par exemple. C'est l'angle d'étude qui sera adopté pour aborder l'ensemble des étapes nécessaires à la fabrication des supports, ainsi que leur déroulement chronologique. Cet ouvrage propose également des outils d'aide à la réflexion et à la prise de décision, qu'il s'agisse d'en savoir plus sur un sujet, d'établir une méthode de travail ou de sélectionner un prestataire.

Pour faciliter la compréhension de l'enchaînement des étapes de production, des exemples concrets ont été choisis parmi les supports de communication imprimés les plus courants. L'accent est mis sur l'impression, le papier et le façonnage, étapes de production rendues complexes par la multiplicité des options. Pour un document donné, quel procédé d'impression adopter ? Quel format de machine sélectionner ? Quel fournisseur choisir ? Quel type de papier et quel grammage préférer ? Quel mode de façonnage retenir ? Ces choix ne sont pas anodins car ils ont des répercussions économiques. Le donneur d'ordres trouvera ici quelques clés pour le guider.

Les éditeurs de toutes sortes, responsables de communication institutionnels ou non, acheteurs de supports d'impression, fabricants, chef de produits... toutes les personnes ayant à réaliser des documents imprimés pourront tirer profit de ce manuel. Au fil de l'ouvrage seront en effet traités la conception graphique, le texte, l'image, le traitement des fichiers, l'impression, le papier, le façonnage et l'achat de prestations. Chaque partie développe trois grands axes, permettant à chacun de s'approprier peu à peu des savoir-faire. Tout d'abord, acquérir les connaissances de base utiles à la mise en œuvre et au suivi de la fabrication : quelle est la nature de la tâche ; à quel moment l'accomplir – ou la faire accomplir – et la contrôler ; qui la commande, qui l'exécute et qui la contrôle. Ensuite, définir à l'aide d'exemples les méthodes de travail spécifiques, identifier les traitements techniques propres aux différents types de documents et mettre au point ou ajuster des stratégies d'achat de prestations et de matériaux. Enfin, trouver les outils permettant d'élaborer un prix de revient estimatif en fonction du type et de la structure des coûts liés à la tâche.

Des conseils et des informations portant sur des problèmes particuliers (la coédition par exemple), ainsi que de brèves définitions rythment l'ouvrage.

Avant d'aborder la fabrication d'un document, il faut l'envisager dans sa totalité. L'imaginer dans sa forme définitive c'est anticiper les choix techniques et les tâches à accomplir. Par ailleurs, les phases de réalisation s'inscrivant chronologiquement, la mauvaise gestion d'une étape a des répercussions sur le reste du processus. Ainsi, le procédé d'impression doit être choisi avant la photogravure, le type de papier sélectionné conditionne le rendu d'impression et le façonnage, le format du document a des conséquences économiques sur le coût de la photogravure, de l'impression et du papier, etc.

Comment identifier les caractéristiques techniques ? Soit la structure du document final est à peu près connue, soit l'état d'avancement du projet est insuffisant et il faut donc en fixer les lignes directrices. Dans les deux cas, puisqu'il s'agit de prix de revient estimatif, il est possible d'opérer des changements : format du document, nombre d'illustrations, grammage du papier, modifications au devis initial, à chiffrer au fur et à mesure.

Les paramètres auxquels le donneur d'ordres doit s'intéresser pour mener à bien son projet dépendent de l'état de celui-ci. Dans un premier cas, il a une idée de l'image esthétique et technique du document fini. Il est alors en mesure de déterminer les éléments nécessaires à l'élaboration du prix de revient, à savoir :

- le format rogné, fonction du sujet et de considérations économiques qu'il faudra peut-être modifier ;
- le nombre de pages, en relation avec le volume du texte dont il est capable d'estimer approximativement le nombre de signes, les illustrations s'il y en a, ainsi que les choix typographiques ;
- le nombre et la nature des illustrations, leurs formats dans le document final et s'il s'agit d'images en quadrichromie, en simili, etc. ;
- la répartition des illustrations dans l'ouvrage afin de déterminer le nombre de couleurs pour l'impression ;
- le type de papier, choisi en fonction de son imprimabilité, son esthétique, son épaisseur ;
- le type de façonnage – broché ou cartonné – qui dépend de l'utilisation et du rendu esthétique ;
- le chiffre de tirage approximatif mais cohérent, indispensable pour élaborer le prix – il peut aussi orienter sur le procédé d'impression.

Dans le second cas, le donneur d'ordres a retenu un sujet de publication, mais n'est pas encore en mesure d'identifier les caractéristiques techniques. Il doit alors penser le document dans sa finalité, en tenant compte des attentes et des habitudes du lectorat concerné. Cette première réflexion permettra de déterminer les éléments suivants :

- le format rogné ;
- le nombre de pages ;
- la répartition du texte et des illustrations. Exemple : 80 % de texte, 20 % d'illustrations ;
- l'évaluation du nombre de signes ;
- l'évaluation du nombre d'illustrations ;
- le nombre de couleurs d'impression ;
- le type de papier ;
- le type de façonnage ;
- le chiffre de tirage approximatif mais cohérent.

Les neuf chapitres de ce livre portent sur les savoir-faire utiles pour déterminer tous ces éléments. Pour guider le lecteur, deux cas pratiques sont présentés aux différentes étapes de leur fabrication. Le cas pratique n° 1, concerne l'élaboration d'un catalogue réalisé à l'occasion du centenaire de l'entreprise XY et destiné aux distributeurs de la marque ; les coûts sont entièrement développés. Le cas pratique n° 2 traite de la fabrication d'un catalogue d'outillage à partir de l'impression seulement. Pour chacun des cas les choix techniques adoptés sont justifiés et commentés.

Table des matières

Des études de cas pratiques sont développées à la fin de chaque chapitre ainsi que des méthodes concernant la structuration des coûts.

Chapitre 1

La conception graphique

Chapitre 2

Le texte

Chapitre 3

L'image et son traitement

Chapitre 4

Le traitement des fichiers

Chapitre 5

L'impression offset

Chapitre 6

Autres procédés d'impression

Chapitre 7

Le papier, support d'impression

Chapitre 8

Le façonnage

Chapitre 9

L'achat de prestations

Annexes

La conception graphique

Le parti pris de cet ouvrage est de traiter en premier lieu de la mise en forme des documents, bien qu'il soit plus courant de débuter en pratique par la préparation éditoriale du texte – voire de mener les deux tâches simultanément.

Le travail de conception graphique porte principalement sur l'esthétique du document, mais aussi sur sa lisibilité. Nous étudierons successivement dans ce chapitre :

- le format du document ;
- la prémaquette, qui rassemble les propositions sur l'aspect visuel du document et les propositions typographiques ;
- la maquette, qui matérialise les options choisies (la composition du texte sera traitée au chapitre 2) ;
- le chemin de fer, représentation plane de la totalité du document, son intérêt et ses différents usages ;
- les outils pour l'exécution de la maquette, les logiciels de mise en pages, la typographie en général et la justification ou disposition des textes dans le gabarit.

Une méthode de travail sera ensuite détaillée pour montrer comment appliquer ces concepts, puis un cas pratique vous permettra de vous essayer à la gestion des tâches et au calcul des coûts générés par cette étape de conception graphique.

Le format du document

La première prise de décision consiste à attribuer au document ses dimensions finales, ou presque, en largeur et en hauteur. Le format ainsi défini est alors dit « rogné » et indiqué « fermé » ou « à plat ».

Il existe trois principales définitions de format pour les supports imprimés :

- format à la française, ou portrait – la largeur est indiquée en premier (exemple : 16 x 24 cm) ;
- format à l'italienne, ou paysage – document plus large que haut (exemple : 26 x 18 cm) ;
- format carré, le plus souvent un faux carré – résultat plus agréable à l'œil (exemple : 25 x 26 cm).

Qui choisit ?

La décision concernant le format, souvent collégiale, est prise par le service éditorial, de communication ou artistique. Le service commercial communique les informations sur les attentes des consommateurs alors que le service de fabrication est le plus compétent pour préconiser des formats économiques. Parfois, le prestataire extérieur, graphiste ou agence, peut proposer un format en adéquation avec le style de maquette pressenti, surtout pour des documents courts.

Format à la française. (© Groupe Eyrolles)

Format à l'italienne. (© Groupe Eyrolles)

Format carré. (© Groupe Eyrolles)

Les éléments déterminants

Remarque

Les formats des ouvrages destinés à être publiés en poche – guides touristiques, guides pratiques sur la faune et la flore, entre autres – varient entre 10 et 12 cm en largeur et entre 16 et 21 cm en hauteur.

Dans le cadre d'une collection ou d'un type de document récurrent, le format est prédéfini. Si tel n'est pas le cas, plusieurs critères entrent en ligne de compte pour le déterminer :

- le style de publication – guide, catalogue, brochure informative, plaquette publicitaire, document de consultation, rapport de bilan, magazine, revue, etc. ;
- les habitudes culturelles du public visé ;
- la volonté du donneur d'ordres d'être innovant, de doter le document d'un format atypique ou de privilégier son aspect pratique – prévoir un format de poche pour un guide touristique, par exemple, ou, pour un beau livre d'illustrations, préférer un format carré ou à l'italienne qui les mettent en valeur ;
- le prix de revient.

Pour optimiser le prix de revient, il faut que les dimensions du document exploitent au mieux les formats des presses dans le procédé d'impression choisi (voir chapitre 5) ainsi que les possibilités des machines de façonnage, afin d'éviter de recourir ensuite à des opérations semi-manuelles ou manuelles. De même, il est nécessaire de choisir avec soin la taille des illustrations pour contrôler le coût de la photogravure (voir chapitre 3).

Les formats possibles

Remarque

Les formats des catalogues de vente par correspondance et des documents publicitaires à fort tirage sont, pour des raisons économiques, conditionnés par les dimensions des presses rotatives offset ou héliogravure.

Pour calculer les coûts d'impression et de façonnage, il est indispensable de connaître les machines et les formats disponibles sur les marchés français et européen, mais aussi d'interroger des prestataires hors Europe (en Asie, en Amérique du Sud notamment) afin d'évaluer leur capacité de production selon les types de documents qui pourraient leur être confiés. Ces différents points seront abordés dans les chapitres traitant de l'impression, mais c'est dès le choix du format qu'il faut envisager les moyens de la réalisation technique du document.

Une fois arrêtée la décision sur un format définitif ou approchant, le donneur d'ordres sollicite plusieurs graphistes qui lui proposent des prémaquettes.

Un guide pratique au format 14 x 22 cm, facilement manipulable. (© Groupe Eyrolles)

La maquette

La prémaquette

Dans le cas d'une collection, d'un document récurrent ou destiné à des entreprises possédant des chartes graphique et typographique, le prestataire doit se conformer aux prescriptions de ces chartes ou à la présentation des supports imprimés existants.

En pratique, deux ou trois versions différentes de prémaquette sont élaborées par le graphiste. Chacune d'elles est présentée sur 3 ou 4 doubles pages, appelées « pages types », les mieux à même de donner une représentation visuelle du futur document dans son ensemble. Y figurent l'emplacement des illustrations, le texte mis en forme, la « titraille », le choix des polices de caractères, etc.

La prémaquette permet au donneur d'ordres de juger si l'aspect de la mise en pages proposée est cohérent par rapport au sujet traité : est-ce lisible, convaincant, pertinent, facile d'accès, agréable à lire ? Elle offre une visualisation de l'esthétique générale du document et de l'équilibre entre textes et illustrations. La manifestation la plus sommaire de la prémaquette est le rough, ou esquisse. Réalisé à la main, pratiqué en publicité, en presse et dans le secteur de l'édition de livres pour enfants, il

Un rough.

Qui commande ?

Le service éditorial ou de communication commande la prémaquette et la maquette au service artistique ou à des prestataires extérieurs : graphistes, compositeurs, agences de création. Le service artistique, s'il y en a un, peut aussi faire appel à des prestataires extérieurs.

a pour objectif de mettre en évidence l'élément graphique dominant. Dans les autres domaines, des logiciels de PAO (programmation assistée par ordinateur) donnent une bonne représentation de la mise en pages, même si celle-ci est réalisée avec du faux texte et de fausses illustrations.

Le donneur d'ordres émet un avis et, après réalisation des aménagements demandés, donne son accord définitif. La prémaquette devient alors la maquette et la mise en pages peut être exécutée. Dans les agences de création notamment, ces deux tâches sont dissociées : le créatif propose le concept, tandis qu'un exécutant réalise la mise en pages.

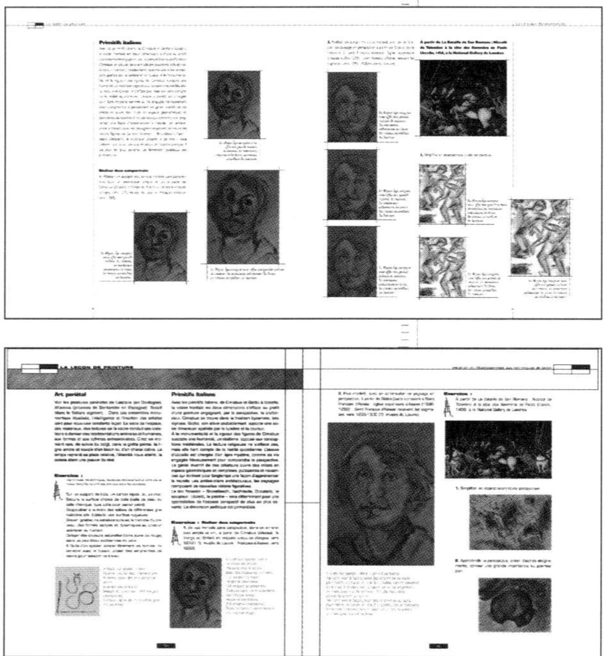

Propositions de maquettes (prémaquettes) pour un même document. (© Groupe Eyrolles et Nord Compo)

Dans l'optique d'une recherche de prix de revient, l'étape de la prémaquette est primordiale car elle permet une première évaluation du nombre de pages du document, en informant sur les emplacements réservés au texte et à l'iconographie (voir chapitre 3).

Les mises en pages sont très marquées par le contexte, historique et professionnel, dans lequel elles sont créées. Les codes ne sont pas les mêmes pour l'édition de livres, la presse magazine, les services de communication ou pour les brochures publicitaires. La différence apparaît, entre autres, dans le choix des caractères typographiques, les polices, qui peuvent avoir une connotation de sérieux, de modernité, de fantaisie, etc. Elle est visible également dans la disposition des textes : nombre de colonnes, accroches, blancs de circulation et de marges. Plus un document est luxueux, plus les marges et les blancs de circulation sont importants.

Exemple

La maquette des Guides verts Michelin est une signature qui permet de reconnaître la nature et l'origine de l'ouvrage.

La maquette est souvent un élément déterminant de l'image de l'entreprise. C'est vrai par exemple pour les maquettes des sociétés de produits de beauté, des firmes automobiles, et en particulier pour les documents d'une même collection ou pour les revues.

Le gabarit

Justification Longueur de la ligne de texte dans le gabarit.

Hauteur de page ou d'empagement : hauteur du document rogné moins les blancs de tête et de pied.

Pour réaliser les pages types de la prémaquette à présenter, le graphiste établit autant de gabarits, c'est-à-dire de grilles de mise en pages, qu'il y a de présentations à prévoir :

- ouvertures de chapitres et/ou de parties ;
- divers chemins de lecture (encadrés, notes, zoom, etc.) ;
- différentes rubriques d'un magazine ou d'un document publicitaire.

Le tout est élaboré dans une approche créative. Le gabarit fait apparaître l'empagement, c'est-à-dire l'espace dans lequel sont aménagés le texte, les illustrations et les marges blanches qui l'entourent. L'empagement est défini par sa largeur, ou justification, et sa hauteur. Lorsque l'entreprise possède une charte graphique, les critères de format et d'empagement sont déjà consignés dans un document de référence.

Traditionnellement, la construction d'un gabarit harmonieux se pense en double page. Les valeurs des blancs des marges augmentent progressivement, en partant du blanc de petit fond, ou intérieur, et en tournant dans le sens des aiguilles d'une montre sur la page de droite, ou impaire. Ces valeurs sont ensuite reportées sur la page de gauche, ou paire. La mise en pages est le plus souvent exécutée à l'intérieur des grilles des gabarits.

Certains éléments comme les illustrations peuvent dépasser du gabarit, voire du format final (rogné) du document. Dans ce dernier cas, les illustrations sont dites « à fond perdu » ou « à bord perdu » et débordent dans l'espace réservé aux rognes éliminées lors du façonnage. Procéder ainsi prévient le risque de voir apparaître, sur le document final, un filet blanc non imprimé autour de l'illustration. En effet, la production étant industrielle, le décalage d'un millimètre dans le pliage d'un cahier ou dans le massicotage lors de la rogne n'est pas rare (voir chapitre 8).

Avec le gabarit, le graphiste peut proposer le style typographique qui donne la représentation physique du texte.

Belle page Page de droite ou impaire.

Empagement Espace réservé à l'aménagement du texte et des illustrations à l'intérieur du gabarit.

Cahier Feuille, ou fraction de feuille, pliée après impression. Un cahier peut comporter 4, 8, 12, 16, 20, 24, 32, 48 ou 64 pages.

Folio Numéro de page.

Massicot Machine munie d'une lame très puissante qui coupe, après le pliage et l'assemblage des cahiers en général, le document au format final, en éliminant les rognes.

Rogne Espace, le plus souvent de cinq millimètres, réservé tout autour d'une double page pour la finition, la coupe. Le graphiste doit en tenir compte lorsqu'il établit le gabarit.

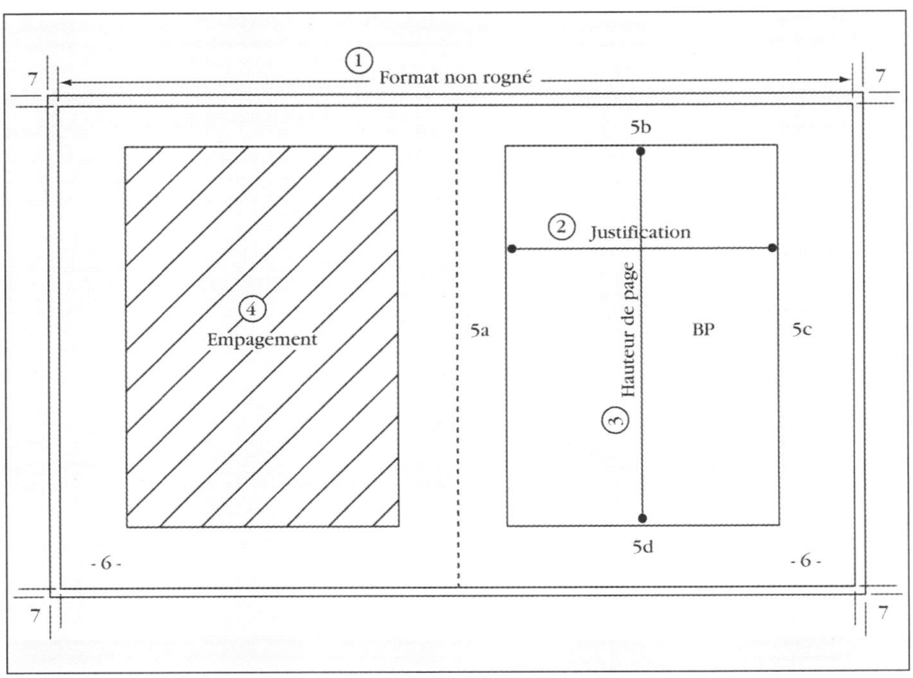

Exemple de gabarit vierge de mise en pages classique (largeur 10 cm). 1. Format non rogné. 2. Justification. Le texte peut se présenter sur une ou plusieurs colonnes. 3. Hauteur de page ou d'empagement. 4. Empagement. 5. Blancs tournants, ou marges, autour de l'empagement : 5a. le blanc de petit fond ou d'intérieur ou de couture est la plus petite marge puisque pour l'œil, lorsque le document est ouvert, les blancs des deux marges intérieures s'additionnent ; 5b. blanc de tête ; 5c. blanc de grand fond ou extérieur ; 5d. blanc de pied. 6. Emplacement du folio. 7. Hirondelles de coupe matérialisant le format rogné. Ces règles peuvent évoluer, à condition de conserver l'harmonie de la mise en pages.

Double page d'un guide illustré sur 2 colonnes : Comprendre la peinture, *par Stephen Little. (© Groupe Eyrolles)*

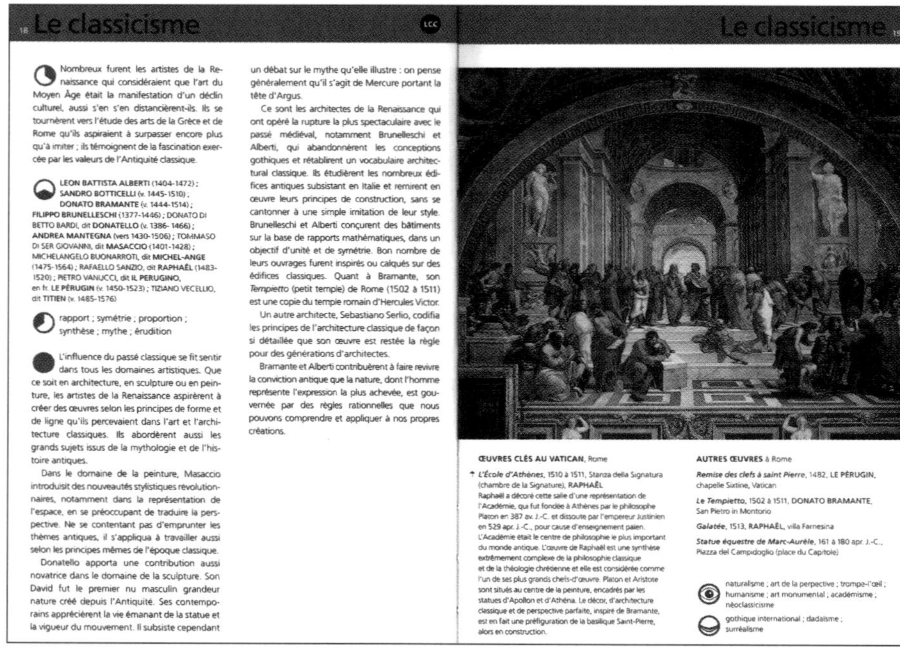

18 Le classicisme

LCC

Nombreux furent les artistes de la Renaissance qui considéraient que l'art du Moyen Âge était la manifestation d'un déclin culturel, aussi s'en s'en distancièrent-ils. Ils se tournèrent vers l'étude des arts de la Grèce et de Rome qu'ils aspiraient à surpasser encore plus qu'à imiter ; ils témoignent de la fascination exercée par les valeurs de l'Antiquité classique.

LEON BATTISTA ALBERTI (1404-1472) ; **SANDRO BOTTICELLI** (v. 1445-1510) ; **DONATO BRAMANTE** (v. 1444-1514) ; **FILIPPO BRUNELLESCHI** (1377-1446) ; DONATO DI BETTO BARDI, dit **DONATELLO** (v. 1386- 1466) ; **ANDREA MANTEGNA** (vers 1430-1506) ; TOMMASO DI SER GIOVANNI, dit **MASACCIO** (1401-1428) ; MICHELANGELO BUONARROTI, dit **MICHEL-ANGE** (1475-1564) ; RAFAELLO SANZIO, dit **RAPHAËL** (1483-1520) ; PIETRO VANUCCI, dit **IL PERUGINO**, en fr. **LE PÉRUGIN** (v. 1450-1523) ; TIZIANO VECELLIO, dit **TITIEN** (v. 1485-1576)

rapport ; symétrie ; proportion ; synthèse ; mythe ; érudition

L'influence du passé classique se fit sentir dans tous les domaines artistiques. Que ce soit en architecture, en sculpture ou en peinture, les artistes de la Renaissance aspirèrent à créer des œuvres selon les principes de forme et de ligne qu'ils percevaient dans l'art et l'architecture classiques. Ils abordèrent aussi les grands sujets issus de la mythologie et de l'histoire antiques.

Dans le domaine de la peinture, Masaccio introduisit des nouveautés stylistiques révolutionnaires, notamment dans la représentation de l'espace, en se préoccupant de traduire la perspective. Ne se contentant pas d'emprunter les thèmes antiques, il s'appliqua à travailler aussi selon les principes mêmes de l'époque classique.

Donatello apporta une contribution aussi novatrice dans le domaine de la sculpture. Son David fut le premier nu masculin grandeur nature créé depuis l'Antiquité. Ses contemporains apprécièrent la vie émanant de la statue et la vigueur du mouvement. Il subsiste cependant un débat sur le mythe qu'elle illustre : on pense généralement qu'il s'agit de Mercure portant la tête d'Argus.

Ce sont les architectes de la Renaissance qui ont opéré la rupture la plus spectaculaire avec le passé médiéval, notamment Brunelleschi et Alberti, qui abandonnèrent les conceptions gothiques et rétablirent un vocabulaire architectural classique. Ils étudièrent les nombreux édifices antiques subsistant en Italie et remirent en œuvre leurs principes de construction, sans se cantonner à une simple imitation de leur style. Brunelleschi et Alberti conçurent des bâtiments sur la base de rapports mathématiques, dans un objectif d'unité et de symétrie. Bon nombre de leurs ouvrages furent inspirés ou calqués sur des édifices classiques. Quant à Bramante, son *Tempietto* (petit temple) de Rome (1502 à 1511) est une copie du temple romain d'Hercules Victor.

Un autre architecte, Sebastiano Serlio, codifia les principes de l'architecture classique de façon si détaillée que son œuvre est restée la règle pour des générations d'architectes.

Bramante et Alberti contribuèrent à faire revivre la conviction antique que la nature, dont l'homme représente l'expression la plus achevée, est gouvernée par des règles rationnelles que nous pouvons comprendre et appliquer à nos propres créations.

Le classicisme 19

ŒUVRES CLÉS AU VATICAN, Rome

↑ ***L'École d'Athènes***, 1510 à 1511, Stanza della Signatura (chambre de la Signature), **RAPHAËL**
Raphaël a décoré cette salle d'une représentation de l'Académie, qui fut fondée à Athènes par le philosophe Platon en 387 av. J.-C. et dissoute par l'empereur Justinien en 529 apr. J.-C., pour cause d'enseignement païen. L'Académie était le centre de philosophie le plus important du monde antique. L'œuvre de Raphaël est une synthèse extrêmement complexe de la philosophie classique et de la théologie chrétienne et elle est considérée comme l'un de ses plus grands chefs-d'œuvre. Platon et Aristote sont situés au centre de la peinture, encadrés par les statues d'Apollon et d'Athéna. Le décor, d'architecture classique et de perspective parfaite, inspiré de Bramante, est en fait une préfiguration de la basilique Saint-Pierre, alors en construction.

AUTRES ŒUVRES à Rome

Remise des clefs à saint Pierre, 1482, **LE PÉRUGIN**, chapelle Sixtine, Vatican

Le Tempietto, 1502 à 1511, **DONATO BRAMANTE**, San Pietro in Montorio

Galatée, 1513, **RAPHAËL**, villa Farnesina

Statue équestre de Marc-Aurèle, 161 à 180 apr. J.-C., Piazza del Campidoglio (place du Capitole)

naturalisme ; art de la perpective ; trompe-l'œil ; humanisme ; art monumental ; académisme ; néoclassicisme

gothique international ; dadaïsme ; surréalisme

Remarque

Le monde antique, déjà, recherchait une théorie des proportions harmonieuses. Cette préoccupation refleurit à la Renaissance et, jusque dans les années 1970, des calculs mathématiques – tracés régulateurs basés sur le nombre d'or – furent souvent utilisés pour l'élaboration des gabarits de mise en pages. Ces règles n'ont plus cours, mais la quête de proportions agréables à l'œil n'est pas pour autant abandonnée.

Mise en valeur des illustrations

En Occident, l'œil lit naturellement de gauche à droite, dans le sens de l'écriture. Pour cette raison, les informations ou illustrations importantes sont mieux mises en valeur lorsqu'elles figurent sur une page de droite, ou « belle page ». Dans les revues et les magazines, les pages de publicité coûtent beaucoup plus cher sur cette page.

Le style typographique

Le style typographique d'un document concerne sa présentation générale. Pour le texte, il comprend l'esthétique des caractères, leur taille, leur graisse et leur disposition dans la justification à chaque niveau de lecture : titres, texte courant, légendes, folios, notes, encadrés, etc. Pour les illustrations, il donne leur position et leur format dans la mise en pages.

Le maquettiste propose différentes polices de caractères et de mises en forme du texte afin que le donneur d'ordres puisse arrêter son choix. Si le texte est finalisé, les différents niveaux d'information ou de lecture sont, selon le cas :

- imposés par le donneur d'ordres qui les indique sur une copie papier ou sur un support informatique ;

Texte courant Texte principal d'un document.

- laissés aux soins du graphiste ou du compositeur qui les identifie d'après la table des matières ou le sommaire.

Si le texte n'est pas finalisé, ou pour raccourcir les délais de réalisation, le graphiste peut fournir les pages types avec de simples hiérarchies de lecture typographiques sur du faux texte, habituellement en latin de cuisine, familièrement appelé « bolo-bolo ». Ces hiérarchies sont appliquées au texte lorsque celui-ci est disponible. De même, s'il ne dispose pas des illustrations finales, le graphiste en propose la disposition avec de fausses images ou, plus simplement, avec leur emplacement matérialisé par un cadre.

Après quelques allers et retours d'épreuves pour réajustements, la prémaquette est validée comme la maquette définitive dans laquelle le texte sera composé. Il faut maintenant la réaliser.

La maquette définitive

Les contraintes techniques liées à l'impression doivent être prises en considération dès ce moment. Le graphiste, s'il ne dispose pas de la formation nécessaire, travaille en collaboration avec le responsable de la fabrication ou avec l'imprimeur, si c'est possible. Connaître par exemple la position des « vraies » doubles pages, situées au milieu des cahiers et seules à se trouver côte à côte lors de l'impression, permet d'y placer, si c'est compatible avec le déroulé des informations, les illustrations en double page qui méritent un soin particulier. De même, en identifiant les pages qui se trouveront en fin de feuille d'impression, il est possible d'éviter qu'elles comportent des aplats, surtout noirs, le rendu d'impression étant alors moins bon (voir le chemin de fer page 11).

Aplat Couleur à 100 % de sa valeur.

À ces problèmes de qualité s'ajoutent des questions de coûts. Si le document comporte à la fois des illustrations en deux et en quatre couleurs, une économie sur le coût de l'impression est peut-être réalisable en imprimant un côté de feuille en deux couleurs et l'autre côté en quatre couleurs, voire en procédant à quelques aménagements, évidemment sans dénaturer le projet.

Pour aider à la résolution de ces problèmes, l'élaboration d'un chemin de fer est indispensable tout comme la connaissance assez précise du nombre de pages du document final, du nombre de cahiers aménagés dans une feuille d'impression et de la position des pages dans la feuille. Les savoir-faire requis sont abordés dans les chapitres consacrés au texte et à l'impression.

Conseils

Il est recommandé de regarder les prémaquettes à une certaine distance. Si c'est possible, elles seront fixées au mur. Il s'agit de vérifier d'emblée les critères d'adéquation du format avec le sujet, de lisibilité du texte, de pertinence du choix des polices de caractères, de leur taille et des blancs de circulation, par rapport au lectorat.

Il est indispensable de définir contractuellement à qui, du donneur d'ordres ou du prestataire, appartient le concept de maquette et, si celui-ci est cédé au donneur d'ordres, dans quels cas ce dernier peut le réutiliser ou autoriser sa représentation dans une revue ou un ouvrage professionnel par exemple.

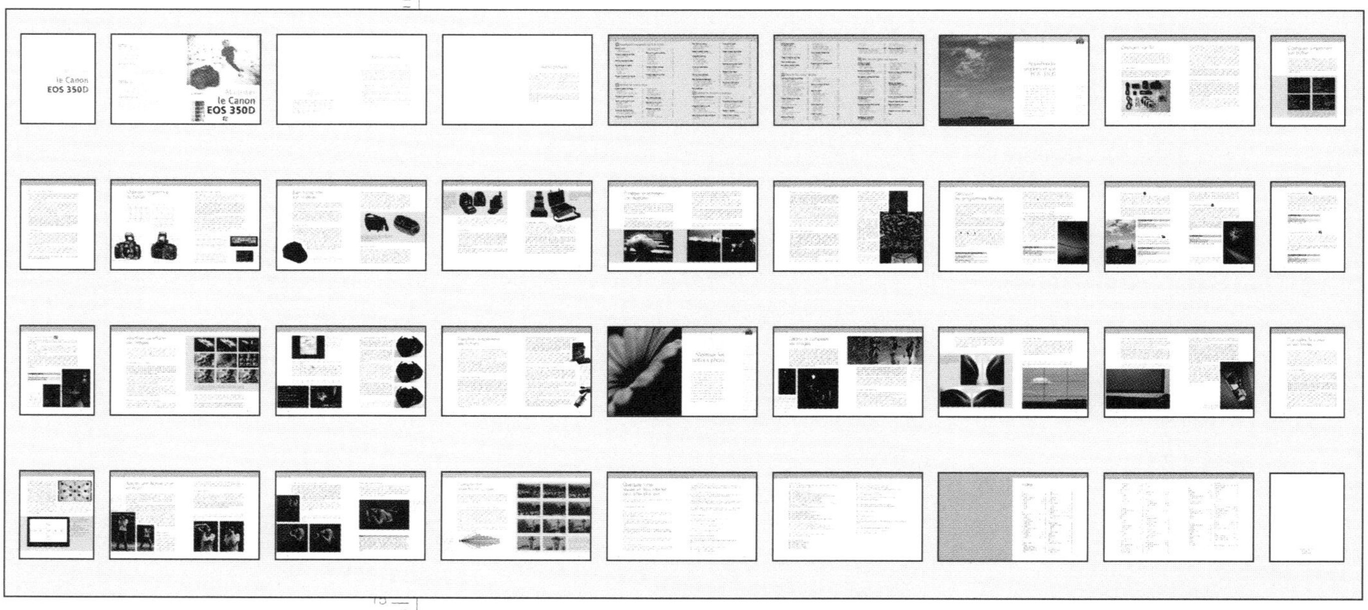

Chemin de fer éditeur d'un document du type de celui étudié dans le cas pratique n° 1 (voir page 17).

Le chemin de fer

Le chemin de fer donne une représentation plane de l'ensemble de l'ouvrage. Réalisé idéalement par le graphiste à l'aide d'un logiciel de PAO, parfois par le service éditorial, il permet de visualiser l'enchaînement des pages et d'apprécier l'harmonie de la répartition entre texte et illustrations. Une fois établi, il est ensuite transmis au graphiste et au service chargé de la gestion de l'impression.

Il peut être exécuté à différentes étapes et intégrer des éléments plus ou moins élaborés tels que faux ou vrai texte et emplacement souhaité des illustrations matérialisé avant leur importation physique. Il donne aussi la possibilité, très appréciable, d'évaluer assez précisément le nombre de pages du document final, en validant ou en invalidant le calibrage effectué précédemment. C'est le moment opportun pour réajuster l'ensemble de la pagination afin d'obtenir, éventuellement, des unités de cahiers cohérentes et d'optimiser ainsi les coûts de production.

Dans le cas d'un texte de commande (voir chapitre 2), il est important que le donneur d'ordres connaisse précisément le nombre de doubles pages et de signes par double page.

Calibrage Évaluation du nombre de signes d'un manuscrit, puis de l'encombrement du texte et des illustrations.

Signe Tout ce qui occupe de l'espace : le caractère lui-même, les blancs entre les mots, les signes de ponctuation, les indices et les exposants.

1er cahier															
1	2	3	4	5	6	7	8	9	10	11	12	13	14	15	16

2e cahier															
17	18	19	20	21	22	23	24	25	26	27	28	29	30	31	32

3e cahier															
33	34	35	36	37	38	39	40	41	42	43	44	45	46	47	48

4a cahier															
49	50	51	52	53	54	55	56	57	58	59	60	61	62	63	64

Chemin de fer d'impression réalisé pour visualiser, par feuille de 32 pages et cahiers de 16 pages, la position des pages au recto (en blanc), au verso (en grisé) en milieu de cahiers (hachurés) sur les feuilles d'impression. Cas pratique n° 1 (voir page 131).

Dans la presse surtout, mais aussi dans d'autres secteurs, le chemin de fer sert également à gérer le planning, en raison des délais de réalisation très serrés. Par exemple, les pages finalisées y sont signalées et lorsqu'un cahier, ou une feuille d'impression, est complet, il part en impression.

Toutes les tâches décrites ici donnent une idée globale de la nature et de l'articulation des opérations physiques indispensables pour la réalisation de la mise en pages définitive. Voyons maintenant les outils dont disposent les graphistes pour réaliser ces tâches.

La réalisation de la mise en pages

Gabarits, maquettes et chemin de fer sont créés à l'aide de logiciels spécialisés ; sans entrer dans leurs détails, nous allons les évoquer ici, ainsi que les moyens techniques disponibles pour élaborer le style typographique d'un document.

Les logiciels de mise en pages

Les plus fréquemment exploités sont XPress (de Quark) et les trois produits d'Adobe : PageMaker (le plus ancien et quasiment obsolète), InDesign et FrameMaker. Chacun a ses spécificités. Ils servent également à la composition du texte.

Si XPress est encore le plus employé, InDesign gagne du terrain depuis sa version CS parue fin 2003. FrameMaker reste spécialisé dans la mise en pages de documents volumineux nécessitant une mise à jour régulière. S'il permet, comme XPress et InDesign, de prendre en charge le texte balisé en SGML ou XML, il offre en plus

Conseils

La couverture d'un document (livre, magazine, brochure) réclame une attention particulière car c'est elle qui donne envie au lecteur de prendre le document et de l'ouvrir. Le choix de la couverture est fait entre plusieurs propositions et porte souvent sur un mélange des versions du graphiste sélectionné.

La réalisation de la maquette n'est pas une tâche isolée. Elle s'inscrit dans l'ensemble d'une chaîne graphique. Les contraintes de l'impression et du façonnage doivent être prises en compte. Par exemple, des filets trop fins en trois ou quatre couleurs ou l'attribution de très faibles pourcentages de couleur pour certains fonds ne tiennent pas compte des limites de la reproductibilité en impression. De même, des filets ou des folios placés trop près du format rogné risquent d'être coupés lors du façonnage.

XML et SGML Formats de structuration pour des textes nécessitant des mises à jour fréquentes ou destinés, après quelques aménagements, à une utilisation multiple – papier et support informatique.

une grande capacité d'automatisation du traitement des données (voir « Informatique éditoriale », chapitre 2). Mais il n'est plus exploitable que sur les PC.

Les fichiers contenant la mise en pages définitive, avec le texte et les illustrations en haute définition en place, doivent être aisément exploitables par le photograveur et l'imprimeur. Pour éviter nombre d'ennuis liés à leur traitement, il est fortement conseillé de s'informer auprès des graphistes, des photograveurs et des imprimeurs sur le type de matériel qu'ils utilisent. Le traitement des fichiers avant envoi chez l'imprimeur est développé au chapitre 4.

Quelques précautions à prendre

Lorsque la composition du texte est effectuée dans un logiciel de mise en pages, il ne faut pas se servir du menu « Polices » pour la réaliser, mais établir des feuilles de styles (voir chapitre 2).
Si les feuilles de styles ne sont pas établies par la personne qui rédige et/ou qui fait la saisie, cette dernière est faite au « kilomètre », c'est-à-dire sans enrichissement typographique (voir chapitre 2). Il ne faut pas non plus « forcer » les polices. Ainsi, on ne doit pas « graisser » avec la barre de menu les polices Arial ou Times, mais utiliser dans ce cas l'Arial black ou le Times black.
Les polices à utiliser pour la composition doivent être transmises au photograveur ou à l'imprimeur pour diverses raisons (voir cahier des charges). L'une d'entre elles tient au fait que, dans le cas contraire, des polices de substitutions seront utilisées dont certaines (Times, Baskerville...) présentent des versions légèrement différentes selon les fournisseurs.

Saisie Dans ce contexte, frappe du texte sur un clavier d'ordinateur dans un logiciel de traitement de texte.

Choisir le bon format d'enregistrement

La transmission des textes peut créer des difficultés entre systèmes d'exploitation et versions de logiciels, si la précaution de les enregistrer en « .doc » ou mieux, en « .rtf », format d'échange de fichiers, n'a pas été prise. En cas de doute, fournir les deux versions est une sage précaution.

RTF (Rich Text Format) Format permettant de sauvegarder l'enrichissement du texte et sa présentation.

La typographie

Le graphiste appuie sa compétence sur une bonne connaissance de la typographie. Les logiciels qu'il utilise pour élaborer une maquette ne sont que de merveilleuses boîtes à outils mettant à sa disposition les diverses polices de caractères et leurs fontes (voir plus loin) et lui permettant de jouer sur la disposition des niveaux de texte et la circulation des espaces dans la mise en pages. Pour élaborer sa maquette, il fait des propositions en tenant compte de critères concernant d'abord la police de caractères elle-même, à savoir :

- le message émotionnel et esthétique renvoyé par les polices choisies pour le texte courant, ou pour les titres, les sous-titres, les légendes, etc. ;

- la possibilité ou non de varier les polices ;
- la taille et la lisibilité des caractères ;
- le nombre maximal de polices et de styles à utiliser dans un même document.

Il doit également réfléchir à la disposition des différents types de texte dans la justification, en particulier à l'importance de l'aménagement des niveaux d'information (titres, corps du texte, encadrés, notes, etc.) dans la mise en pages, comme critères d'accroche et de reconnaissance.

Les caractères

À l'origine, les caractères s'inspiraient de la lettre manuscrite. Par la suite, de nombreux créateurs dessinèrent et gravèrent, ce travail s'étalant parfois sur 25 ans, des polices complètes portant leur nom : Garamond, Plantin, Bodoni, Baskerville, etc. Il en existe des centaines et chaque année des centaines d'autres sont créées. Dans leur simplicité ou leur complexité, leur sobriété ou leur extravagance, elles portent la marque d'une époque et d'un état d'esprit. Chacune renvoie à des normes culturelles et esthétiques qui jouent un rôle affectif inconscient dans l'appropriation d'un texte par le lecteur. Le Times et le Garamond, caractères à empattement, sont très employés par exemple pour les textes littéraires, l'Arial et l'Helvetica, caractères sans empattement, servent plutôt dans la presse, pour les textes techniques ou les titres. Les modes, enfin, tiennent une grande place dans les critères de choix.

Le foisonnement des genres a provoqué des tentatives de classification portant sur un ou plusieurs critères communs à certaines polices (voir bibliographie). Voici quelques exemples parmi les plus connues :

- en 1921, la classification de Francis Thibaudeau porte sur la forme des empattements ;
- en 1952, Maximilien Vox propose une classification d'après la chronologie historique et le style ;
- en 1978, Marcel Jacno répertorie quatre grands styles : la linéale, le romain ancien, le romain moderne et l'égyptienne ;
- en 1979, la classification de Jean Alessandrini, complexe, tient compte à la fois de l'histoire, de la géographie et du style ;
- en 1987, la classification Bitstream regroupe tous les alphabets qui se ressemblent.

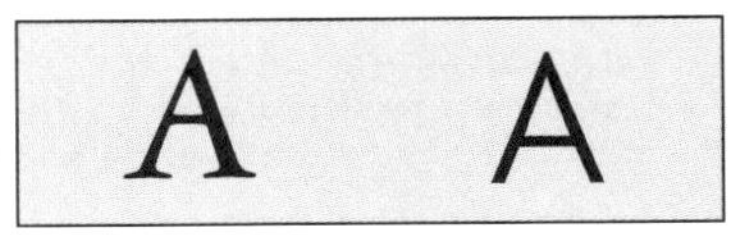

Caractère avec empattement. *Caractère sans empattement.*

Polices et fontes

La police d'un caractère lui confère son genre, son esthétique. Les polices Times, Helvetica ou Garamond ne se ressemblent pas.

Le corps correspond à la taille du caractère en hauteur, en points pica. Par exemple, pour un document, le choix peut porter sur un corps 12 en bas de casse pour le texte courant, un corps 14 ou 16 pour les titres composés en capitales ou petites capitales, un corps 9 en italique pour les légendes. Les différents corps font partie de la police : il n'est plus nécessaire, avec les outils informatiques, de créer chaque corps séparément.

Point pica = 0,352 mm, c'est-à-dire 1/72 de pouce. Adaptation informatique du point Didot (0,3759 mm), utilisé autrefois en typographie au plomb.

Bas de casse Lettres minuscules. À l'époque de la composition au plomb, pour des raisons ergonomiques, les caractères étaient rangés dans les « cassetins » du bas d'une casse en bois.

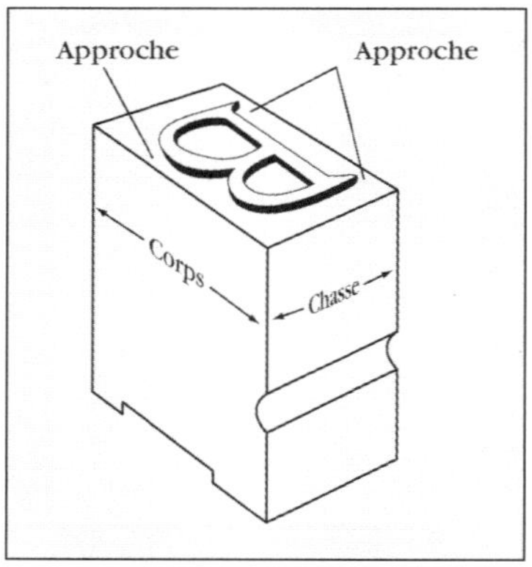

Structure d'un caractère à partir d'un caractère typographique. L'approche, ou interlettrage, est la distance qui sépare une lettre de celle qui la précède ou qui la suit. La chasse est l'espace occupé par la largeur d'un caractère dans une police spécifique, soit l'œil de la lettre et ses approches. Pour aménager beaucoup de texte dans un espace restreint, outre l'utilisation d'un corps petit, il faut faire le choix d'une fonte dont les caractères sont compacts, « chassent » peu.

Pour la même police, les éléments suivants constituent ses fontes :

- les caractères en bas de casse, ou minuscules ;
- les caractères en capitales, ou majuscules ;
- les caractères en petites capitales qui ont l'esthétique de la capitale et la hauteur du caractère en bas de casse ;
- les pentes : le romain, caractère droit inspiré des stèles romaines ; l'italique, caractère penché créé en Italie par Alde Manuce au début du XVIe siècle ;
- les graisses : maigre, normal, demi-gras, gras (*bold*), extra gras (*extra bold*). Toutes les graisses n'existent pas dans toutes les polices ;
- les signes de ponctuation, les chiffres, les exposants, les indices, etc. ;
- l'interlignage, dont il est possible d'augmenter la valeur standard pour aérer le texte. Cette valeur sera signifiée pour la composition de la manière suivante : corps 12 interligné 14, soit corps 12/14.

Dans un logiciel de traitement de texte, Word par exemple, c'est dans la barre d'outils en haut de l'écran à gauche que l'on peut visualiser la police, le corps, la graisse, la pente du corps, etc.

La justification du texte

La justification désigne la dimension de la ligne de texte et la façon de le disposer dans l'empagement. Ainsi, le texte courant peut être disposé en une ou plusieurs colonnes, aligné à gauche et à droite… Pour les textes de différents niveaux, voici les exemples les plus courants :

- dans la composition justifiée, les lignes de texte sont appuyées à gauche et à droite des bords de la justification ;
- dans la composition en pavé, toutes les lignes sont d'égale longueur, sans alinéa pour la première ligne et pas de ligne courte pour la dernière – ce mode de composition oblige à un calibrage précis ;

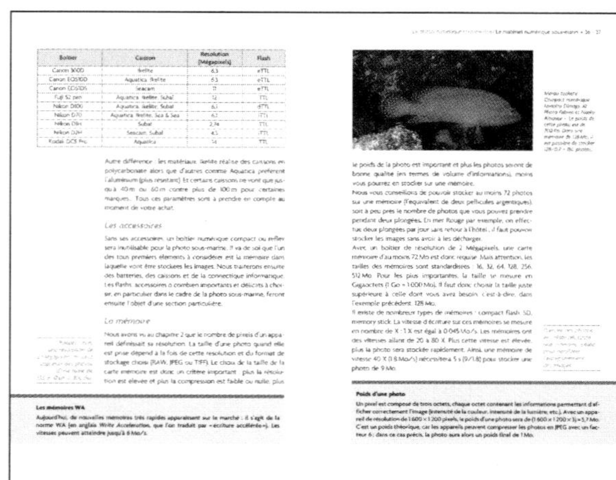

Différents modes de justification sur un même document.

- dans la composition en drapeau, le texte est aligné à gauche, dit « au fer à gauche », ou aligné à droite, « au fer à droite » : les lignes sont d'inégale longueur ;
- dans la composition en sommaire brisée ou centrée, les lignes de texte sont d'inégale longueur, centrées sur la justification.

Alinéa Renfoncement de la première ligne d'un texte ou d'un paragraphe, dont la valeur est donnée en cadratin.

Cadratin Valeur du corps d'un caractère. Exemple : deux cadratins de renfoncement en corps 12, donne un renfoncement de 24 points.

Lettrine Première lettre d'un paragraphe, composée dans un corps plus grand que celui du texte courant.

Méthode pour gérer la conception graphique

Cette méthode propose deux axes : commander les tâches à accomplir et en assurer globalement le suivi et le contrôle.

La commande de prémaquette et de maquette

Les graphistes sont retenus en fonction d'un mélange de critères qui combine leur niveau de prix, leur spécialisation, leur créativité et leur réputation. Plusieurs graphistes peuvent être mis en concurrence. Il est indispensable de les rencontrer tous et de préparer un entretien constructif avec eux, en leur communiquant les informations et les documents nécessaires à l'exécution de leur tâche dans les meilleures conditions.

Le brief (voir chapitre 2) vise à sensibiliser le maquettiste au sujet traité, au message à faire passer. Le donneur d'ordres fournit des renseignements sur son entreprise, son type d'activité et sur le document, le format (ou une idée du format), mais aussi sur le public visé – l'âge du lectorat est un facteur important pour le choix, la taille et la lisibilité des caractères par exemple –, le sexe, le niveau socioculturel, etc. S'il a des attentes ou des consignes particulières, il les formule clairement, en précisant si le document doit renvoyer une image sobre ou fantaisiste, si le maquettiste doit éviter certaines formes, couleurs ou polices de caractères qui, techniquement, risqueraient de créer des difficultés, etc.

L'ensemble des éléments à remettre au graphiste ou au compositeur pressenti comprend :

- le rappel des caractéristiques précises du document – format et nombre de pages souhaité ;
- la charte graphique, quand elle existe, de la maison d'édition ou de l'entreprise ;
- le planning détaillé avec les dates de remise du texte et des illustrations au maquettiste pour l'exécution des prémaquettes, de remise des prémaquettes au donneur d'ordres, de remise des textes et des illustrations définitives au graphiste (intervention possible dans le choix des images), et de remise de la mise en pages définitive au donneur d'ordres ;
- le cahier des charges comprenant, outre les informations sur les caractéristiques précises du document, le type d'épreuves souhaité aux différentes étapes de la vali-

Basse définition Résolution d'une image suffisante pour un affichage des illustrations sur un écran d'ordinateur, c'est-à-dire en 72 dpi.

Haute définition Résolution importante d'une image, nécessaire à un bon rendu d'impression, en général 300 dpi pour de la quadrichromie.

PDF *Portable Document Format*. En lecture, format de fichier qui, après conversion, permet de visualiser sur écran n'importe quel document comme une image, quels que soient les logiciels ayant servi à sa création. Pour l'impression, après conversion et certification en PDF des fichiers natifs, ceux-ci sont reconnus par les systèmes d'exploitation de l'imprimeur (voir chapitre 4).

dation (prémaquette et mise en pages définitive), le type de matériel à remettre au donneur d'ordres après l'exécution de la mise en pages définitive ainsi que les procédures à respecter (voir chapitre 4).

Pour la négociation sur le prix, on distingue le coût de la conception de la maquette de celui de l'exécution, qui est la composition dans la mise en pages. Il faut aussi préciser si les frais techniques pour la sortie des épreuves sont inclus ou non. De même, si le donneur d'ordres a fait appel à plusieurs graphistes, il faut préciser si les graphistes non retenus seront dédommagés ou pas.

Le suivi

Lorsque le parti est pris de commencer la fabrication d'un document par sa mise en forme, les étapes à suivre sont successivement :

- le choix d'un ou de deux formats possibles pour le document ;
- la commande de la prémaquette au prestataire ou au service artistique ;
- la validation, après aménagement et modification, de la prémaquette qui devient la maquette ;
- la transmission des textes et illustrations définitifs, si cela n'a pas encore été fait ;
- la validation du chemin de fer complet ;
- la validation, sur des épreuves couleur, de la mise en pages avec le texte et les illustrations ;
- le contrôle des fichiers contenant la mise en pages définitive et les images en haute définition (voir chapitre 4).

Au moment de la commande de la prémaquette, il faut informer le graphiste, ou le compositeur, et lui remettre le texte et les illustrations disponibles. C'est suffisant pour donner une idée de l'ensemble du document. Si aucun élément physique n'est prêt, le prestataire fait une proposition avec du faux texte et de fausses illustrations d'après le brief et le cahier des charges. En revanche, si le prestataire n'est pas chargé de matérialiser les niveaux de lecture, le texte doit lui être remis préparé.

Remarque

Pour des raisons pratiques, les illustrations sont généralement en basse définition dans la maquette (voir chapitre 3).

Contrôle

Le donneur d'ordres, ou ses collaborateurs, contrôle la prémaquette, sur trois ou quatre doubles pages types, sur des sorties papier. Il corrige chaque proposition de style. Il contrôle également les différentes étapes de la maquette sur des sorties papier couleur laser ou sur écran.
La validation de la qualité de reproduction des illustrations est effectuée à part, sur des épreuves de photogravure, délivrées après le traitement technique des images (voir chapitre 3). Lorsque la validation a lieu sur écran (fichier en PDF pour la lecture), les corrections sont apportées sous forme de commentaires à part ou bien les pages en PDF sont imprimées par le destinataire et les corrections portées sur les sorties papier.

LES COÛTS

La création de la maquette

Son coût fixe, forfaitaire, est fonction de la difficulté du travail, du niveau de créativité attendu et de la notoriété du graphiste.

La composition et l'exécution de la mise en pages

Parfois, si la composition est confiée au graphiste, on ne distingue plus, dans sa prestation, les coûts de composition, de mise en pages, voire de conception.

Ces coûts fixes, à la page, dépendent du niveau de difficulté et de la complexité de la maquette. Entre un roman, une notice technique simple, un livre scolaire, un magazine, une plaquette de promotion ou un catalogue, le coût peut varier de 1 à 100. Un forfait à la page, incluant la création de la maquette, peut être négocié avec le prestataire.
Création et exécution de la couverture bénéficient de tarifs beaucoup plus élevés que ceux pratiqués pour le corps du document.
Ces coûts sont fixes : ils n'ont aucun rapport avec le chiffre de tirage.

n° 1 CAS PRATIQUE

Voici, pour cette première étape de production qu'est la conception graphique, la mise en pratique des connaissances développées dans ce chapitre à travers une étude de cas (le cas pratique dit « n° 1 ») que nous suivrons tout au long de l'ouvrage : l'élaboration d'un catalogue publié par l'entreprise XY (dont les caractéristiques sont détaillées dans la présentation de l'ouvrage).

Caractéristiques techniques utiles à cette première étape :
- format rogné du document : 22 x 28 cm ;
- nombre de signes : 48 000 ;
- nombre d'illustrations : 80 pour l'intérieur, 1 pour la couverture ;
- 44 illustrations à scanner ;
- 37 illustrations déjà scannées ;
- intérieur : 64 pages imprimées en 4 couleurs recto verso ;
- couverture imprimée en 4 couleurs recto seul.

Le choix du prestataire

Selon les compétences du service de communication, le donneur d'ordres fait appel à une agence pour l'ensemble de la prestation – rédaction du texte, conception et exécution de la mise en pages –, ou bien à des fournisseurs spécialisés pour chaque étape.

La seconde option est choisie ici car le service de communication chargé des supports de communication de l'entreprise traite habituellement avec les prestataires des différentes étapes de la chaîne graphique. Le donneur d'ordres confie la conception de la maquette et la mise en pages du projet à un graphiste de renom. Il doit ensuite réfléchir aux paramètres à prendre en compte pour calculer le coût estimatif de la prestation, en tenant compte de cette notoriété.

L'évaluation du niveau de difficulté

Elle tient compte du format de la publication, du nombre de pages, du volume du texte, du nombre d'illustrations et du type de réalisation souhaité. Ce document s'apparente à un guide illustré dont le niveau de difficulté, pour la réalisation de la maquette, est estimé moyen/haut.

Au moment de la réalisation, le donneur d'ordres met en concurrence plusieurs prestataires et en sélectionne un, selon la méthode proposée page 15.

La nature des tâches et le cahier des charges

Le donneur d'ordres doit mettre au point une méthode de travail. L'analyse des documents non scannés est faite par un photograveur ainsi que le travail sur les autres illustrations déjà scannées. Le photograveur fournit les épreuves de chromie, convertit le fichier en format PDF pour l'impression, le certifie et le sécurise avant son envoi à l'imprimeur. De son côté, le graphiste effectue :

- la conception de la maquette de l'intérieur et de la couverture : trois doubles pages types de trois modèles différents sur sorties couleur papier et trois propositions de couverture ;
- la composition du texte ;
- la préparation, la numérisation et l'incorporation des images en basse définition ;
- l'exécution de la mise en pages et la fourniture d'épreuves couleur non contractuelles pour validation et/ou correction ;
- l'exécution de nouvelles épreuves non contractuelles ;
- la préparation des images confiées au photograveur ;
- l'exécution de la mise en pages définitive ;
- la numérisation en basse définition de l'illustration de couverture et l'exécution de celle-ci ;
- la remise d'un fichier contrôlé destiné au photograveur pour la réalisation d'épreuves de chromie contractuelles ;
- la correction, avec le donneur d'ordres, des épreuves de chromie contractuelles (voir chapitre 4).

Épreuve de chromie contractuelle

Document destiné, en s'approchant au plus près du résultat imprimé, à contrôler et à corriger la reproduction des couleurs d'une publication avant l'impression.

Éléments à remettre au prestataire et bon de commande

Après accord, le donneur d'ordres met à la disposition du graphiste les éléments nécessaires pour effectuer la mise en pages :

- un fichier numérique comportant le texte préparé avec les feuilles de style signalant les niveaux d'information ainsi que les sorties papier correspondantes. Le prestataire importe le texte dans sa maquette et applique les styles typographiques arrêtés avec le donneur d'ordres ;

- les 81 illustrations – les 37 déjà scannées (32 photos numériques, 5 photos téléchargées depuis Internet), les 44 à préparer et à faire scanner par un photograveur (34 diapos ou Ektas, 10 photos anciennes) ;
- le bon de commande avec prix et planning négocié ;
- le cahier des charges.

L'estimation des coûts

De façon à faire apparaître clairement la nature des coûts, les tableaux se présenteront toujours de la manière suivante : frais fixes, frais variables, mille suivant.

ESTIMATION DES COÛTS

	Frais fixes	Frais variables	Mille suivant
Conception du principe de maquette intérieure Forfait	2 000 €		
Exécution de la mise en pages, incorporation des images, fourniture de fichiers contrôlés 80 illustrations à incorporer soit, en moyenne, 2 ou 3 par double page utile. Négociation pour l'exécution de la mise en pages définitive et la préparation des documents, sur la base de 30 € la page. 64 pages x 30 € =	1 920 €		
Conception et exécution de la couverture	2 000 €		
Coût total de la maquette et de la mise en pages	**5 920 €**		

Résumé des tâches

1. Réalisation de la prémaquette.
2. Élaboration du chemin de fer.
3. Exécution de la maquette.

La réalisation de ces tâches propose une vue d'ensemble de l'esthétique du support imprimé. Le traitement spécifique du texte puis celui des images vont être présentés dans les deux chapitres suivants. L'exécution de la mise en pages définitive, où sont incorporés le texte et les illustrations en haute définition, précède le contrôle et la validation des fichiers avant l'envoi à l'imprimeur (voir chapitre 4).

2 Le texte

Nous venons de voir l'intérêt de déterminer le format rogné et le gabarit de mise en pages de tout support de communication imprimé, avant sa fabrication. Ce chapitre considère maintenant le document du point de vue de son contenu, et notamment la recherche, la correction, la préparation et la mise en forme du texte avant impression. Nous traiterons ainsi successivement de :

- la préparation typographique sur papier (la « préparation de copie » proprement dite) ou à l'aide d'un traitement de texte utilisant des feuilles de styles. L'informatique éditoriale sera évoquée ainsi que la DTD ou « description type de document » ;
- l'évaluation du nombre de pages du document final ;
- la composition du texte ;
- la relecture et la correction des épreuves qui sont effectuées avant et après la composition du texte.

Un éclairage technique englobant une brève évocation des origines de la composition et son évolution actuelle ainsi que la présentation des logiciels de composition et de quelques termes spécifiques sera donné en fin de chapitre ; l'étude de cas commencée au chapitre précédent (cas pratique n° 1) sera par ailleurs complétée.

La recherche du texte

Le texte, ou « copie », a deux origines. Dans le premier cas, le donneur d'ordres souhaitant faire paraître un document sur un thème particulier en commande la rédaction. Dans le second cas, séduit par une proposition, il accepte de publier un roman, un ouvrage scientifique, un ouvrage technique, des articles ou encore des textes conçus par des rédacteurs de l'entreprise. Pour la rédaction des textes de présentation des produits dans les catalogues de vente par correspondance par exemple, les services internes de l'entreprise sont sollicités.

Qui commande ?

Le service éditorial ou de communication.

Qui rédige ?

Le donneur d'ordres fait appel à des rédacteurs, des auteurs, des journalistes internes ou externes à la structure, des agences de communication.

La commande du texte

Lorsque l'entreprise est très structurée, la décision est prise en partenariat avec les services commercial et de fabrication, ou après consultation, afin de cadrer le projet dans une vision réaliste. La commande passe par la transmission d'informations verbales (brief), accompagnée d'une liste type de recommandations.

Le besoin de mettre une information, un sujet, à la disposition du public est à l'origine du texte de commande. Sa rédaction doit être commandée à une ou plusieurs personnes sélectionnées, spécialistes ou non du sujet à traiter : auteurs, journalistes ou rédacteurs. Par exemple, le service de communication d'une marque de montres, pour le centième anniversaire de sa création, confie à une agence le soin de rédiger les textes d'une plaquette prestigieuse présentant l'historique de l'entreprise et les produits phares qui ont marqué le siècle. Autre exemple : le service de communication d'une structure publique qui édite des brochures vantant les richesses patrimoniales et culturelles d'une région s'adresse à des rédacteurs spécialistes de l'histoire régionale afin de rendre attractifs des textes informatifs.

Autre cas de figure, un éditeur qui souhaite publier un ouvrage sur un sujet pour lequel il pense rencontrer un public recherche des auteurs ou des journalistes spécialistes du thème et leur commande le texte. Dans le cadre d'une collection, d'un magazine ou de tout autre type de document récurrent, le ton est très souvent imposé.

Un brief est naturellement nécessaire entre le donneur d'ordres et les prestataires. Plusieurs attitudes sont envisageables pour le donneur d'ordres, conditionnées par divers facteurs : sa propre capacité par rapport au sujet, par exemple, ou l'idée plus au moins précise qu'il se fait de la forme définitive du message. Il peut aussi souhaiter profiter de la notoriété et de la spécialisation d'agences ou de rédacteurs dont il a vérifié la compétence sur des documents déjà publiés.

Le brief directif

Le donneur d'ordres, responsable de la communication ou du marketing, acheteur d'entreprises publiques ou privées, éditeur de livres ou de catalogues, explicite d'abord ses attentes au prestataire lors d'un entretien. Il les consigne ensuite dans un cahier des charges. Dans le cas du brief directif, les informations à transmettre sont généralement :

- l'identité de la structure donneuse d'ordres, l'image qu'elle souhaite véhiculer ;
- la nature du document – dépliant publicitaire avec des volets, affiche, catalogue, brochure, livre, etc. ;
- le public auquel est destiné le document (âge, sexe, niveau socioculturel, etc.) ;
- le sujet à traiter – le type et le niveau d'information, l'éclairage ;
- éventuellement, le nombre de niveaux de lecture, le plan – dans ce cas, une table des matières est fournie ;

- ce qui est imposé ou à proscrire, par exemple, ne pas parler de client mais d'adhérent pour une mutuelle, etc. ;
- la fourchette du nombre de signes à rédiger, ce qui implique que format, prémaquette et nombre de pages du document final aient été définis, tout en laissant une marge de respiration (voir page 34).

Le brief ouvert

Une autre possibilité consiste à laisser le rédacteur pressenti faire des propositions. Ce peut être le cas si la rédaction du texte et la création de la maquette sont confiées à une agence. Le brief se conçoit alors ainsi :

- informer sur l'identité de la structure, le type de document et le public visé ;
- évoquer les grands axes du message à élaborer ;
- suggérer, éventuellement, ce qui doit être implicite ou explicite ;
- préciser le type d'informations à mettre en valeur, le vocabulaire à éviter, etc.

Le nombre de signes à rédiger n'est généralement pas imposé. On propose plutôt un ordre de grandeur pour le nombre de pages. Cette méthode nécessite plusieurs réunions de travail avec les auteurs, les rédacteurs ou le représentant de l'agence.

Le brief mixte

Dans ce cas, le donneur d'ordres, le responsable de la communication par exemple, a souvent des idées, mais trop ou pas assez... Il connaît plus ou moins son sujet et n'est pas clair par rapport à ses attentes. En dehors de la transmission des informations de base sur le type de produit, l'identité de l'entreprise, le public visé, etc., il sensibilise le prestataire sur sa propre approche. Il peut aussi le cadrer sur un nombre de pages ou de signes à rédiger et attendre que son prestataire lui fasse des propositions, le surprenne. Cette méthode laisse une assez grande marge de liberté au rédacteur avec la possibilité de bonnes surprises, mais aussi des risques éventuels s'il n'a pas parfaitement compris les désirs de son commanditaire.

Charte typographique Document décrivant les caractéristiques typographiques précises à appliquer aux différents types de texte d'un document.

Recommandations aux auteurs

Si le texte est livré sur des sorties papier, pratique en passe de devenir obsolète, l'auteur remet dans la mesure du possible une copie normalisée ou feuillet imprimé d'un seul côté et comportant 1 500 signes : 60 signes à la ligne et 25 lignes à la page, en double interlignage, avec une marge à gauche. Cette présentation facilite l'évaluation du nombre de signes ainsi que la préparation et la correction du texte.

Si l'auteur, ou le rédacteur, maîtrise assez bien les logiciels de traitement de texte, il est judicieux de lui communiquer une charte typographique avec les feuilles de styles. Ce document d'aide à la rédaction et à la présentation synthétise les « Recommandations aux auteurs », c'est-à-dire les consignes concernant les règles générales de grammaire, d'orthographe et de présentation à appliquer. (Voir bibliographie en fin d'ouvrage.)

Méthode pour commander le texte

En adoptant une certaine rigueur, le donneur d'ordres se sentira plus à l'aise dans sa tâche. Voici quelques consignes :

- avant le brief, réfléchir à plusieurs reprises à ses propres attentes, en discuter avec ses collègues ou collaborateurs et, selon ses propres compétences, les définir autant que possible ;
- pendant le brief, ne pas perdre de vue le but recherché, être efficace (voir précédemment) ;
- après le brief, remettre au prestataire un cahier des charges précis.

Pour obtenir un texte qui soit le plus proche possible des attentes du donneur d'ordres, ce cahier des charges doit comprendre :

- les grandes lignes évoquées lors du brief ;
- la charte typographique de l'entreprise si elle en a une ;
- le calendrier avec les dates de remise des propositions de texte et celle de remise des textes définitifs après modifications éventuelles et acceptation ;
- le type de document intermédiaire de contrôle souhaité (sorties papier en noir, un jeu, plusieurs jeux, etc.) ;
- les instructions pour la saisie du texte définitif (voir l'encadré « Recommandations aux auteurs ») ;
- le type de document définitif souhaité, par exemple des sorties papier et le fichier numérique accompagné d'une fiche technique comprenant le titre du document, le nom de l'auteur, le système d'exploitation Mac/Windows, le logiciel avec sa version utilisée pour la saisie du texte ;
- le coût négocié de la prestation, en précisant la nature des coûts qu'elle comprend, frais annexes ou non de recherche de documentation, photocopies, sorties noires ou couleurs, déplacements, etc.

L'exploitation d'un texte existant

La décision de publier le texte, totalement rédigé ou en cours de rédaction, est prise. Le texte original peut devoir subir une ou plusieurs des opérations suivantes :

- la traduction, confiée à un spécialiste de la langue du texte original (théoriquement, c'est sa langue maternelle) et peut-être du sujet concerné – surtout pour des textes scientifiques et techniques ;
- la réécriture, indispensable si le texte présente des défauts d'écriture et des difficultés de compréhension ;

Coédition, édition en plusieurs langues

Dans le cas de coédition ou de documents édités en plusieurs langues avec une maquette identique pour toutes les versions, un calibrage de l'encombrement du texte doit être effectué et des consignes sur le nombre de signes à ne pas dépasser transmises au traducteur.

- l'adaptation, si le texte est par exemple trop recherché, trop spécialisé ou culturellement inadéquat par rapport à la cible visée (grand public, public étudiant, public professionnel, etc.).

La réécriture et l'adaptation sont confiées à des personnes possédant des qualités rédactionnelles reconnues, voire une connaissance du sujet. Ainsi, un document traitant de botanique, d'Origami ou de musique pop sera confié à quelqu'un qui a déjà travaillé dans ce domaine, journaliste ou rédacteur (information facilement vérifiable).

L'aspect du texte

Le texte peut se présenter sous les formes suivantes :

- manuscrite (cas rarissime aujourd'hui), ce qui implique une opération de saisie ;
- « tapuscrite », sur des sorties papier ; la saisie est également indispensable ;
- sur un support informatique, quand le texte a été saisi. Le fichier informatique est alors accompagné des sorties papier de la dernière version du tapuscrit ;
- déjà imprimée, lorsque le texte a été publié antérieurement. Dans ce cas, il peut être récupéré *via* un scanner avec la technique OCR (reconnaissance optique des caractères).

Dans les deux premiers cas, le donneur d'ordres, après avoir vérifié que la copie (feuillets du manuscrit) est complète et en avoir fait une photocopie, la confie au prestataire pour la saisie, en lui demandant de lui remettre :

- le texte saisi et stocké (sur CD-Rom ou DVD-Rom de préférence) ;
- des sorties papier du contenu du support informatique ;
- le manuscrit original.

Des entreprises étrangères (indiennes, chinoises, mauriciennes, etc.) se sont spécialisées dans ces tâches et traitent de gros volumes de texte.

Le contenu proprement dit du texte doit être maintenant « toiletté » par la correction et la préparation éditoriale, avant que ne lui soit donnée sa présentation typographique.

Tapuscrit Texte de l'auteur sur document papier lorsqu'il a été saisi dans un logiciel de traitement de texte. Ce terme, bien que parfaitement adéquat, ne s'utilise plus et l'on parle de « manuscrit » par abus de langage. Dans la suite de l'ouvrage, les termes « manuscrit » ou « copie » sont généralement utilisés pour parler du texte reçu par le donneur d'ordres.

Contrôle

Textes de commande

Le donneur d'ordres, après avis pris auprès de ses collaborateurs ou des divers services concernés de son entreprise, et plusieurs allers et retours pour ajustements, valide la proposition du prestataire sur des sorties papier, même si les éléments ont été transmis en lecture écran en format PDF, exception faite pour les textes très courts. Le prestataire fournit les textes définitifs sur sorties papier et des fichiers conformes à ces sorties.

Textes existants

Les contrôles sont effectués sur le manuscrit remis.

LES COÛTS

Selon les milieux professionnels – édition, marketing, presse, communication, publicité – et d'une structure à l'autre dans le même milieu, voire d'un auteur ou d'un rédacteur à l'autre, les habitudes varient. Lors de la négociation, le donneur d'ordres doit avoir présent à l'esprit l'incidence des coûts fixes sur un prix de revient. En voici les points importants.

Les textes de commande

Dans le domaine de la communication et de la presse, leur coût est fixe. Sauf exception, il est fonction du nombre de signes, du niveau de difficulté, de la nécessité de faire des recherches, du nombre de validations…

Pour les livres, ce peut être aussi parfois le cas, mais plus généralement les auteurs reçoivent un à-valoir (somme fixe déductible des droits proportionnels) et sont ensuite payés sous forme de droits proportionnels, calculés sur le prix de vente hors taxes.

Les textes existants

Leur coût est fixe ou variable. Fixe, il comprend généralement la rémunération des rédacteurs et traducteurs et l'à-valoir de l'auteur. Variable, il comprend les droits d'auteur calculés en pourcentage sur le prix de vente hors taxes. Mais tout est négociable : rédacteurs et traducteurs peuvent être rémunérés en pourcentage sur le prix de vente hors taxes et un auteur par une somme forfaitaire. Si le texte doit être saisi, le coût de cette opération s'ajoute aux frais fixes.

Les droits de reproduction

Ce sont généralement des coûts fixes. Certains textes peuvent être publiés simplement avec la mention, obligatoire, de l'autorisation des détenteurs de droits. Pour publier des extraits de textes déjà parus, à partir de 500 signes, la rétrocession de droits dépend du volume de texte cité et du bon ou du mauvais vouloir (il n'y a pas de règle précise) du détenteur des droits, c'est-à-dire le propriétaire du copyright mentionné sur le document.

Les textes tombés dans le domaine public, soit 70 ans après l'année civile qui suit la mort de l'auteur pour les livres, ne sont pas soumis à l'obligation des droits de reproduction, à condition que ne soit pas utilisée une édition remaniée.

Les tâches éditoriales

Correction et préparation éditoriale sont appliquées sur un texte qui, en principe, ne doit pas subir d'importants remaniements ultérieurs ou qui a déjà été traduit ou réécrit.

Avant de soumettre le manuscrit à ces opérations et quelles que soient la personne qui en sera chargée et la méthode utilisée, le responsable doit s'assurer qu'il ne manque pas de pages à la copie et les folioter si besoin, vérifier que la version du manuscrit enregistrée sur le fichier est bien la dernière et en faire une copie. C'est cette version qu'il transmet en y indiquant, comme il a été recommandé aux auteurs, le titre de l'ouvrage, le nom de l'auteur, le système d'exploitation (Mac/Windows), le nom du logiciel de traitement de texte utilisé et sa version.

Avant d'en venir aux tâches matérielles qui permettent de corriger et de préparer le texte, voici quelques informations sur le code typographique.

Qui commande ?

Généralement, le service éditorial ou de communication, si ces tâches sont confiées à des prestataires extérieurs comme le préparateur ou le correcteur (qui cumule presque toujours les deux fonctions).

Qui corrige et qui prépare ?

En général, le service éditorial (secrétaire d'édition et de rédaction) ou de communication de la structure. Si ce n'est pas le cas, ces mêmes services s'adressent à un préparateur-correcteur extérieur.
En plus d'une bonne orthographe et d'une bonne culture générale, les personnes chargées des corrections et de la préparation doivent maîtriser le code typographique.

Les règles typographiques

Appliquées au texte, selon leurs propres habitudes et traditions, dans les ateliers de composition depuis le développement de l'imprimerie, ces règles de « savoir lire », rassemblées et publiées pour la première fois à l'initiative de la Société amicale des directeurs, protes et correcteurs d'imprimerie en France en 1928, imposent une certaine unité au traitement des textes et facilitent leur compréhension pour le lecteur.

Le code typographique qui sert de référence est utilisé pour préparer le texte et pour corriger les épreuves. Constitué d'un ensemble de règles grammaticales et linguistiques concernant l'emploi des signes de ponctuation, les mots à mettre en italique ou en capitales, les césures (coupures de mots), les abréviations, la composition des chiffres, les signes de corrections, etc., il présente des variantes, a évolué et continue d'évoluer dans le temps, surtout depuis l'avènement de la PAO.

Prote Autrefois, responsable technique dans une imprimerie ou un atelier de composition.

Manuels de référence

Les manuels de référence les plus utilisés dans l'édition sont le *Mémento typographique* de C. Gouviot et le *Lexique des règles typographiques* en usage à l'Imprimerie nationale.
La presse a adapté le code typographique et ce sont les consignes de l'*Abrégé du code typographique* à usage de la presse qui sont appliquées. D'un pays à l'autre, ce code présente quelques différences. Ainsi, le code typographique anglais, contrairement au français, ne prévoit pas d'espace devant les points d'interrogation, d'exclamation...

Correction et préparation

La correction consiste à relever les erreurs d'orthographe, de grammaire, de syntaxe, éventuellement de typographie et à vérifier la cohérence des informations. La préparation, elle, comprend la mise en conformité du texte avec le code typographique et la hiérarchisation des niveaux de lecture d'après le plan de l'auteur.

Dans la pratique, il est difficile de démêler dans la préparation du texte ce qui relève de l'éditorial, mise en conformité du texte avec le code typographique et hiérarchisation des informations, de ce qui consiste à attribuer aux différents niveaux de lecture du texte des styles typographiques. Ces opérations sont souvent traitées simultanément, mais, pour une meilleure compréhension, correction et préparation éditoriale sont ici dissociées de la préparation typographique.

Correction et préparation éditoriale, tâches purement « éditoriales » concernant le texte, sont effectuées par les secrétaires d'édition ou de rédaction et les préparateurs-correcteurs. La préparation typographique intéresse deux aspects de la présentation du texte : l'aide à la compréhension par la hiérarchisation des niveaux de lecture et l'esthétique. Mais si les deux opérations sont liées, elles peuvent être effectuées par deux personnes différentes.

Si la hiérarchisation des niveaux de lecture est considérée comme une mission éditoriale, les consignes de composition sont ensuite transmises, pour être interprétées, au compositeur ou au graphiste. Si ces deux derniers sont à même d'identifier les niveaux de texte, à l'aide d'une table des matières par exemple, ils en proposent la typographie.

La pratique

Si correction et préparation ne sont pas prises en charge en interne, le manuscrit et son fichier numérique sont remis à un prestataire extérieur : correcteur, préparateur…

Deux méthodes sont possibles. Le correcteur relit attentivement et prépare le texte en portant les corrections et les indications de préparation à la main sur un double du manuscrit sur papier, ou bien il les introduit directement dans le fichier selon les recommandations du commanditaire – ce qui n'empêche pas d'en faire des sorties papier. La longueur, le type de document et les habitudes de l'entreprise font adopter l'une ou l'autre méthode. Généralement, un texte long est plutôt corrigé avant la composition, sur fichier, tandis que de courts articles (de presse, de publicité) sont corrigés sur papier.

Correction et préparation sur papier

Le correcteur fait apparaître clairement ses ajouts, il signale les corrections dans le texte et les reporte dans la marge en utilisant les signes spécifiques de correction typographique, compréhensibles par l'ensemble des personnes travaillant sur le texte aussi bien pour le préparer que pour le composer. La correction du texte et sa préparation pour la composition s'effectuent très souvent simultanément (voir plus loin).

Correction et préparation sur fichier

Le texte a été le plus souvent saisi dans Word. Le prestataire ou la personne chargée de la correction effectue dans le fichier les corrections qui ne peuvent pas être contestées : orthographe et grammaire. Grâce à l'option Suivi des modifications que propose le logiciel, les autres corrections seront ensuite mises en évidence et soumises au donneur d'ordres et à l'auteur pour refus ou acceptation.

La structuration des index peut aussi être confiée à la personne chargée de la correction. Dans ce cas, elle insère, dans la rubrique Tables et Index du logiciel de traitement de texte, les mots sélectionnés. Cet index est reconnu dans le logiciel Framemaker et dans la version CS2 de InDesign, mais pas dans XPress. La table des matières, elle, peut être générée à partir de ces trois logiciels.

Remarque

Corrections sur fichier : attention danger !
La lecture sur écran est un exercice que tout le monde est loin de pratiquer avec bonheur. De plus, si plusieurs personnes interviennent dans un fichier, le risque de manipulations malencontreuses ou d'interventions intempestives est important.
Cette pratique exige une grande rigueur.

Correcteurs orthographiques et typographiques

Avant la correction et la préparation éditoriale, il est recommandé de soumettre le fichier du texte à un correcteur orthographique et typographique, ProLexis par exemple. Un grand nombre d'erreurs sont ainsi décelées.
Ce logiciel permet également d'harmoniser les graphies utilisées dans le cadre d'une publication, les insertions automatiques (écriture des chiffres, des dates, des abréviations, etc.).

La relecture

Après les phases de correction et de préparation éditoriale du texte original intervient généralement une relecture globale, à ne pas confondre avec la correction des épreuves après la composition.

Qu'elles soient effectuées sur papier ou sur fichier, les corrections doivent être clairement visibles car l'auteur lui-même est souvent sollicité pour en valider certaines, répondre à des questions laissées en suspens, reformuler des passages du texte. Les corrections des divers intervenants sont ensuite rassemblées sur un même jeu d'épreuves ou dans un seul fichier avant d'être retournées au prestataire.

Les fichiers sont envoyés en PDF, format grâce auquel leur contenu est lisible sur les écrans de tous les ordinateurs avec le logiciel d'Adobe, Acrobat Reader – fourni gratuitement et dont la version 7 donne la possibilité d'utiliser la fonction notes/ajouts proposée pour indiquer les corrections si le créateur du PDF en a donné l'autorisation. Dans la pratique, l'envoi du texte en format PDF pour relecture, sauf

Épreuve Document de contrôle sur papier permettant de visualiser, de corriger et de valider les différentes étapes du traitement du texte : préparation et correction éditoriale et composition typographique.

Les prestataires fournissent des sorties papier et, dans le cas de corrections sur fichier, le fichier ou les deux. Ces éléments sont contrôlés par le donneur d'ordres par l'intermédiaire des assistant(e)s d'édition ou de rédaction, des personnes responsables de la communication, des personnes des services concernés par le texte, l'auteur, le rédacteur, etc.

s'il s'agit de textes très courts, sert surtout à gagner le temps d'expédition des épreuves ; la personne chargée de corriger fait des sorties papier sur lesquelles elle porte les corrections.

Le travail sur le contenu du texte achevé vient celui sur la forme, c'est-à-dire la préparation typographique et la composition. L'étape de préparation du texte pour sa composition comprend l'identification des différents niveaux de lecture du texte et les choix typographiques, thèmes rapidement abordés au chapitre précédent.

La préparation typographique

Qui commande ?

Le service éditorial, de communication ou de fabrication.

La préparation typographique désigne dans cet ouvrage les tâches destinées à rendre intelligible le plan de lecture du document à l'intérieur de la grille de la maquette : le déroulement et l'ordre d'importance des informations, les caractéristiques de chaque type de texte, titres, intertitres, texte courant, légendes des illustrations, etc. Le texte ainsi rendu conforme aux conventions spécifiques de l'écrit sur les supports imprimés doit répondre aux impératifs de compréhension, visibilité et lisibilité.

Qui prépare la copie ?

La préparation peut être faite par l'auteur, en interne ou confiée à des prestataires extérieurs : préparateurs, graphistes ou compositeurs professionnels. Dans ces deux derniers cas, préparation typographique et composition sont réalisées simultanément. Une bonne connaissance de la typographie est indispensable.

En pratique, la préparation de copie intervient soit après, soit en même temps que l'élaboration de la prémaquette. Dans le premier cas, les propositions pour la mise en pages et la composition du texte ont été faites par le graphiste avec du faux texte ou une partie du texte réel, sur un chapitre par exemple.

La préparation sur papier

Un gabarit du document donnant l'indication du format de l'empagement, ainsi qu'une copie du manuscrit corrigé sont remis à la personne chargée de la préparation. Celle-ci applique un « code couleur » en surlignant sur la copie papier chaque niveau de texte dans une couleur différente qui renvoie aux consignes précises de composition inscrites dans un protocole appelé aussi « typogramme ». Si l'entreprise donneuse d'ordres a fait élaborer une charte typographique déclinable selon les différents types de documents qu'elle produit, le protocole de composition à appliquer est celui de cette charte.

Enrichissement typographique Incorporation des feuilles de styles dans un texte brut. Le texte brut est dit aussi « au kilomètre ».

Le choix typographique est effectué d'abord pour le texte courant. Ensuite, à l'aide du sommaire ou de la table des matières, vient celui des différents niveaux de lecture (tête de chapitre, titres, sous-titres, notes, encadrés, légendes – titraille –, etc.). À chaque style, matérialisé par une couleur, correspond l'emploi de polices, de corps, de graisses, de pentes différents, mais aussi la disposition des textes dans le gabarit et la répartition des blancs d'espacement.

Typographie Actuellement, présentation graphique concernant le choix des caractères et la mise en pages, quel que soit le procédé d'impression.

La préparation sur support informatique

Préparer un texte sur un support informatique consiste à réaliser matériellement des feuilles de styles. Cette tâche est effectuée par l'auteur s'il est compétent, le service éditorial, de communication…, en tout cas, par une personne maîtrisant les logiciels de traitement de texte et capable de dialoguer avec le responsable du projet ou avec la personne qui réalise la composition et la mise en pages définitives.

Les feuilles de styles

Les feuilles de styles sont gérées avec des logiciels de traitement de texte comme Word ou de mise en pages de type PageMaker, XPress, InDesign ou FrameMaker. À chaque niveau de lecture (titre, intertitres, texte courant) est attribué un style, défini par une police de caractères en capitale ou en bas de casse, un corps, une graisse, une pente, une justification, un interlignage, etc. (voir chapitre 1). Il est conseillé de désigner les feuilles de styles par des intitulés clairs et de ne pas reprendre ceux qui sont proposés dans les feuilles de styles des logiciels afin d'éviter des erreurs.

Les éléments nécessaires à la préparation typo sont le gabarit du document, le fichier du texte accompagné de sorties papier, le cahier des charges comportant des consignes particulières si besoin, et le calendrier des dates pour le retour des épreuves. Les deux méthodes de préparation, sur papier et sur fichier, conviennent pour des textes ne relevant pas de l'informatique éditoriale, c'est-à-dire ne demandant pas de traitement de structuration particulier.

Conseils

N'oubliez pas de faire préparer typographiquement les pages de présentation, les mentions obligatoires, les titres courants, les folios, le sommaire, l'index…
Demandez quelques pages d'essai sur papier avant de faire entièrement composer un texte.
Toutes les informations portées sur les sorties papier sont traitées par la personne chargée de la composition. Si des indications ou questions lui sont destinées (non destinées à être composées donc), il faut les entourer d'un cercle.

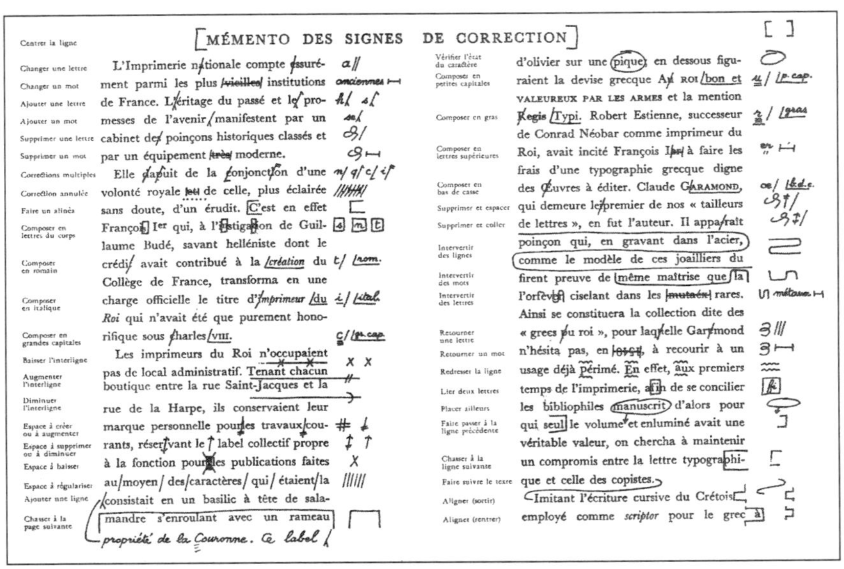

Les signes de correction, d'après le Lexique des règles typographiques en usage à l'Imprimerie nationale.

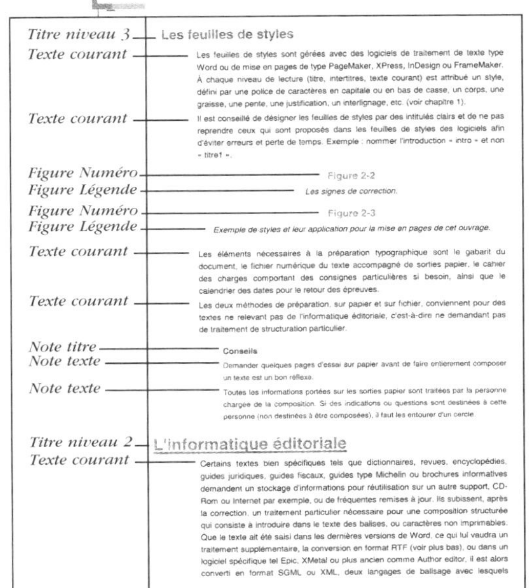

Exemple de styles et leur application pour la mise en pages de cet ouvrage.

L'informatique éditoriale

Certains textes bien spécifiques tels que dictionnaires, revues, encyclopédies, guides juridiques, guides fiscaux, guides type Michelin ou brochures informatives demandent un stockage d'informations pour réutilisation sur un autre support, CD-Rom ou Internet par exemple, ou de fréquentes remises à jour. Ils subissent, après la correction, un traitement particulier nécessaire pour une composition structurée qui consiste à introduire dans le texte des balises, ou caractères non imprimables. Que le texte ait été saisi dans les dernières versions de Word, ce qui lui vaudra un traitement supplémentaire, la conversion en format RTF (voir plus bas), ou dans un logiciel spécifique tel Epic, XMetal ou plus ancien comme Author editor, il est alors converti en format SGML ou XML, deux langages de balisage avec lesquels chaque composante d'un document est identifiée en vue de séparer le texte proprement dit de sa structure.

Remarque

Le format SGML (*Standard Generalized Markup Language*) est plus ancien et plus technique que le format XML (*eXtensible Markup Language*), version allégée qui, de ce fait, prend l'avantage.

La mise en format SGML ou XML d'un texte se déroule en deux phases. D'abord, la structure des informations est formalisée selon une définition, codifiée, la DTD (description type de document). Ensuite, les balises correspondantes sont appliquées. Exemple : le texte est entouré d'une balise servant à l'identifier, celle-ci indique « ceci est un titre de chapitre », etc.

Ces textes structurés sont ensuite pris en charge par des moteurs de composition spécifiques qui interprètent les balises pour exécuter la transformation du langage SGML ou XML, afin de préparer l'automatisation des tâches dans les logiciels de mise en pages dédiés du type Caligramme.

Des logiciels moins spécialisés ont des propriétés particulières : FrameMaker propose des commandes directes de traitement SGML ou XML, mais ne permet pas de réintégration de corrections ; InDesign et la version 7 d'XPress utilisent des outils de traitement XML et offrent la possibilité d'intervenir directement sur le contenu et la structure d'un texte. Mais pour ces deux derniers la force de proposition est plus pauvre que pour les précédents.

Bit ou binary digit Élément pouvant prendre la valeur 0 ou 1.

Octet Unité de mesure des données informatiques, basée sur 8 bits, et qui peut donc représenter $2^8 = 256$ possibilités, niveaux, valeurs de gris ou de couleur.

Choisir un support adapté à ses besoins

Les lecteurs de disquettes disparaissent progressivement des ordinateurs. Si le texte a été livré sur un tel support, il est préférable de le transférer sur un autre support numérique, CD ou DVD-Rom. De plus en plus souvent, les fichiers sont récupérés via Internet, par e-mail ou sur un serveur FTP (*File Transfer Protocol*), protocole de transmission de fichiers, pour les documents les plus volumineux.

Les différents types de supports informatiques se distinguent surtout par leur capacité à stocker plus ou moins de bits ou d'octets. Un CD peut contenir 650/750 Mo. L'octet est l'unité de base de mesure informatique. Il est constitué de 8 bits, un kilooctet (Ko) est égal à 1 024 octets, un mégaoctet (Mo) à 1 024 Ko, un gigaoctet (Go) à 1 024 Mo. Certains supports tels que les DVD-Rom, DVD-Ram permettent l'inscription de 2 à 17 Go.

Description type de document (DTD)

Chaque éditeur peut créer sa propre description type de document (DTD). Le Syndicat national de l'édition en propose un exemple sur son site Web (www.sne.fr). Les fichiers ainsi préparés par le service de l'informatique éditoriale sont remis à un compositeur qui, en l'absence d'un tel service, est lui-même chargé de cette tâche. Lors de la composition, un programme transforme les balises sur la base du protocole et un second exécute la mise en pages. Par exemple, ceci est un titre ; il est composé de telle façon : telle police, tel corps, centré, gras, italique, etc.

Au moment de la correction des épreuves, les correcteurs ou le service de l'informatique éditoriale contrôlent le document à l'aide d'un programme informatique, appelé « parseur », qui vérifie si la composition est conforme à la DTD ou si le texte a été correctement balisé et évite les manipulations malencontreuses dans les zones fermées.

L'intérêt de cette pratique est d'automatiser les tâches. Ainsi, les changements de texte ou de présentation sont effectués rapidement et avec le maximum de sécurité.

Les opérations préliminaires ayant été accomplies, il faut maintenant évaluer le nombre de pages du document. Sans cette information, les coûts estimatifs de l'impression, du papier et du façonnage ne peuvent pas être calculés.

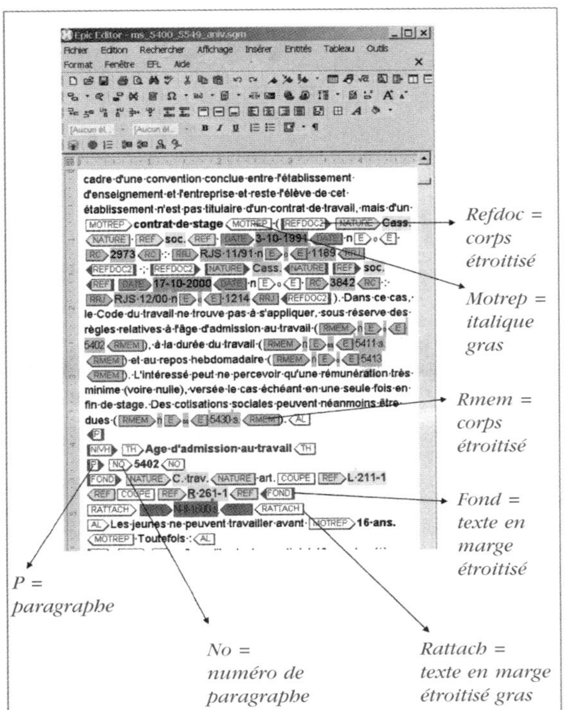

Modèle de composition structurée.

Dans cet ouvrage, pour des raisons liées à l'appropriation des savoir-faire, cette évaluation est placée après la correction et la préparation. En pratique, elle doit intervenir le plus tôt possible dans le processus. Plus tôt les coûts estimatifs sont établis, plus tôt le donneur d'ordres est à même de maîtriser son budget. Voici donc une méthode rudimentaire mais efficace pour évaluer le nombre de pages d'un document.

Remarque

Pour un livre, les pages liminaires comprennent généralement une page de faux titre sur laquelle figure le titre du document, une page de titre avec le titre, le nom de l'auteur, celui du traducteur et la mention de l'éditeur, les pages où figurent l'ISBN et le copyright, le sommaire ou la table des matières, ainsi que la préface ou l'introduction.

Pages liminaires Pages qui précèdent les pages du corps du texte, ou pages utiles.

Le contrôle s'effectue généralement après la composition. Dans certaines structures cependant, la vérification de la cohérence des feuilles de styles est effectuée sur écran avant la mise en composition.

L'évaluation du nombre de pages

Pour évaluer le nombre de pages d'un document, il faut calibrer texte et illustrations. Ce calibrage permet de connaître leur encombrement et donc l'espace globalement occupé, qui est ensuite converti en nombre de pages et ajusté sur un nombre de pages correspondant à des unités entières de cahiers, le plus souvent un multiple de 4.

Qui évalue le nombre de signes ?

C'est en principe une opération interne et effectuée par le service éditorial, de communication ou de fabrication. Mais elle peut aussi être confiée à la personne chargée de la mise en pages.

Qui évalue le nombre de pages ?

Cette opération est confiée au service éditorial, de communication ou de fabrication, au maquettiste, au compositeur...

Le calibrage du texte

S'il est nécessaire à l'établissement précoce du budget, le calibrage du texte peut précéder la correction et la préparation éditoriale. La première étape du calibrage consiste à évaluer le nombre de signes que comporte un manuscrit.

Lorsque le texte n'est pas encore saisi, encore que l'absence de fichier informatique soit de plus en plus rare, et si le temps presse pour évaluer le nombre de pages, le calibrage est effectué avant la saisie, à partir des feuillets, de la façon suivante :

- calcul du nombre de signes moyen à la ligne : une estimation est faite sur trois ou quatre lignes, en ne tenant pas compte des lignes très creuses, c'est-à-dire comportant peu de signes, les lignes très courtes comptant pour des demi-lignes ;
- calcul du nombre de lignes moyen à la page : une estimation est faite sur plusieurs chapitres ;
- calcul du nombre de signes total du manuscrit : multiplication du nombre de signes moyen à la ligne par le nombre de lignes moyen à la page et par le nombre de pages du manuscrit.

Remarques

En typographie, interligne et espace sont du genre féminin.
Pour récupérer l'information sur le nombre de signes contenus dans un fichier à un petit pourcentage près, il suffit d'ouvrir le support et d'effectuer les opérations suivantes : Fichier > Propriétés > Statistiques ou Outils > Statistiques.

Lorsque le texte a été saisi, le calibrage s'effectue à partir d'un support numérique. Dans ce cas, le logiciel affiche à un petit pourcentage près le nombre de signes du texte (caractères et espaces ou blancs compris).

À partir de cette information, le nombre de pages utilisées par le texte est évalué en tenant compte de tous les éléments qui occupent de l'espace : le nombre et l'encombrement des divers titres, les blancs entre les paragraphes et les niveaux de titres. Rien ne doit être oublié.

Pour mener à bien cette tâche, il faut connaître, en plus du nombre de signes du manuscrit, le gabarit de mise en pages, espace défini par la justification et la hauteur de page dans lequel le texte final est composé, et la charte typographique réelle pour la composition. Si celle-ci n'est pas encore définie, une extrapolation est nécessaire.

Méthode pour calibrer un texte

Pour estimer le nombre total de pages occupées par le texte, prenons l'exemple d'un document dont les caractéristiques sont les suivantes :

Format rogné	170 x 240 mm
Nombre de signes	364 500 signes environ en 5 chapitres
1e chapitre	58 000 signes
2e chapitre	62 000 signes
3e chapitre	85 250 signes
4e chapitre	81 250 signes
5e chapitre	78 000 signes
Format de l'empagement	Justification : 135 mm sur une seule colonne Hauteur de page : 192 mm
Police de caractère et corps du texte courant	Frutiger roman, corps 12 interlignage 2 points, soit c.12/14

L'estimation du nombre de signes à la page

L'estimation du nombre de signes moyen à la page se fait dans le format du gabarit du document final, texte composé dans la justification, hauteur de page, police et corps choisis. Ici : environ 64 signes à la ligne et 38 lignes à la page, soit 2 444 signes en page pleine.

Pour arriver à cette estimation, une solution consiste à importer du texte dans un fichier et à composer dans la police et le corps choisis plusieurs pages types au format du gabarit. L'outil Statistiques de Word donne le nombre total de signes, qu'il faut ramener à un nombre moyen à la page.

Il existe des tables de conversion dans les polices et les formats les plus courants, mais le donneur d'ordres peut faire fabriquer ses propres outils de conversion dans les polices de caractères et les formats qu'il utilise souvent.

L'estimation du nombre de pages composées

Le travail s'effectue chapitre par chapitre, en divisant le nombre de signes de chacun d'eux par le nombre de signes moyen par page.

1er chapitre : (58 000/2 444) = arrondi à 24 pages plus les blancs et l'espace occupé par les éléments suivants : débuts de chapitres, titres, intertitres, encadrés, légendes des illustrations, espaces entre les divers niveaux de titres, le tout traduit en lignes, etc., soit 26 pages.

2e chapitre : (62 000/2 444) = arrondi à 26 pages plus les espaces occupés par les mêmes éléments, soit 28 pages.

3e chapitre : (85 250/2 444) = arrondi à 35 pages plus les espaces occupés par les mêmes éléments, soit 37 pages.

4e chapitre : (81 250/2 444) = arrondi à 34 pages plus les espaces occupés par les mêmes éléments, soit 36 pages.

5e chapitre : (78 000/2 444) = arrondi à 32 pages plus les espaces occupés par les mêmes éléments, soit 36 pages.

Le nombre de pages attribué au texte est donc de 161. La police choisie est celle de la composition définitive.

L'estimation du nombre total de pages de texte

Aux 161 pages de texte brut s'ajoutent les espaces occupés par les pages de présentation, de faux titre et de titre…, les pages où doivent figurer les mentions obligatoires. Par exemple :

- page 1, faux titre ;
- page 2, blanche ;
- page 3, titre ;
- page 4, copyright, ISBN, etc. ;
- page 5, dédicace ;
- page 6, blanche ;
- page 7, remerciements ;
- page 8, blanche ;
- pages 9 et 10, préface.

Soit 10 pages supplémentaires à prévoir au début du document, plus 3 pages en fin de document pour les annexes, la table des matières et l'achevé d'imprimer. Il faut donc prévoir 13 pages en plus. La pagination totale est donc finalement de (161 + 13) = 174 pages.

Ajuster sur un nombre de pages cohérent

Le nombre total de pages utiles au texte doit être pair et compatible avec une unité de cahier : 4, 8, 16, 24, 32 pages (voir chapitre 8).

Il faut d'abord diviser le nombre de pages par des unités entières de cahiers : 32, 16 ou 8 pages ; ce qui donne (174/32) = 5,43 ou (174/16) = 10,8 ou encore (174/8) = 21,75.

La solution avec des cahiers de 32 pages obligerait à trop d'explications pour l'instant, laissons-la de côté. Essayons avec les cahiers de 16 pages.

La réponse, (174/16) = 10,8 cahiers, ramenée à une unité entière de cahier donne (16 pages x 11 cahiers) = 176 pages. Il sera possible d'ajouter des pages blanches au début et à la fin du document, ou d'aérer plus le texte, etc. L'élaboration du chemin de fer peut susciter d'autres solutions.

Il apparaîtra, dans le chapitre consacré à l'impression, que si cette réponse est satisfaisante pour déterminer un nombre de pages cohérent, l'ouvrage ne sera pas forcément façonné en 11 cahiers de 16 pages mais peut-être, si le type et le grammage du papier le justifient, en 5 cahiers de 32 pages et un cahier de 16 pages.

Le principe une fois compris on peut, en inversant la méthode, commander le texte de façon qu'il tienne dans un nombre de pages pré-établi. Il en est ainsi pour le texte du document traité dans le cas pratique n° 1. Si le document ne contient que du texte, on s'en tient là. S'il renferme des illustrations, il faut maintenant calibrer le nombre de pages qu'elles occupent.

Mentions obligatoires

Ces informations doivent légalement figurer dans un document :
- l'origine des textes et le nom de leur auteur, y compris préface et introduction, le nom des traducteurs ;
- le crédit photographique indiquant l'origine et la propriété des illustrations) ;
- l'ISBN (*International Standard Book Number*) et pour les collections et les revues l'ISSN (*International Standard Serial Number*), le n° de Commission paritaire pour la presse ;
- l'achevé d'imprimer, appelé autrefois « colophon » : mention portant la signature de l'imprimeur ainsi que la date de sortie du document et liée au dépôt légal de quelques exemplaires à la Bibliothèque nationale. Ce dépôt est effectué à la fois par l'éditeur et par l'imprimeur.

Notez que la mention du copyright est recommandée mais pas obligatoire. Pour des informations plus pointues, consulter les ouvrages cités dans la bibliographie ou les sites Internet spécialisés.

Le calibrage des illustrations

Les illustrations viennent en soutien du texte. Leur choix et leur traitement sont développés dans le chapitre suivant. Il est toujours possible d'évaluer globalement le nombre de pages qu'elles occuperont dans le document final et de faire élaborer un premier chemin de fer pour obtenir une idée de l'ensemble.

Méthode de calibrage

Pour le calcul de l'espace utilisé par les illustrations, la méthode est empirique, mais il ne faut pas perdre de vue que la priorité est d'obtenir une information sur le nombre de pages final du document. Le donneur d'ordres peut se trouver devant deux possibilités :

- il connaît le nombre d'illustrations mais pas leur taille. Le nombre de pages qu'elles occupent peut être estimé en fonction de leurs formats ramenés à des portions de pages ou des pages complètes. Exemples : 28 quarts de pages, 18 demi-pages, 15 trois-quarts de pages, 5 pleines pages, 2 doubles pages… ;

- il n'a pas encore d'idée précise sur le nombre d'illustrations. Une solution consiste à l'évaluer, en masse globale et en fonction du résultat souhaité, c'est-à-dire un document peu, moyennement ou très illustré par rapport au texte.

Reprenons l'exemple : pour un document peu illustré, l'estimation peut porter sur 80 % de texte et 20 % d'illustrations. Les 174 pages de texte brut représentent 80 % de la totalité du document. Le nombre de pages consacrées aux illustrations devient donc (174/80) = 2,17 et (2,17 x 20) = 43,4. Ou encore (174/80) x 100 = 217,5 pages au total, soit (217,5 – 174) = 43,5 pages.

Le calibrage global

Lorsque les opérations énumérées précédemment sont réalisées, il est simple d'additionner pages de texte et pages d'illustrations en tenant compte d'une marge d'erreur puisqu'il s'agit d'évaluations. Soit : (161 + 43,5 + 14) = 218,5 pages (161 pages de texte brut ; 43,5 pages d'illustrations ; 24 pages utiles puisqu'il faut compter une page supplémentaire pour les crédits photographiques mentionnant les sources des illustrations).

On arrive au final à 224 pages avec 14 cahiers de 16 pages, ou 7 cahiers de 32 pages, dont 5 pages blanches à répartir ou à garder en fin de document. On peut également introduire des pages comportant des informations telles que « Ouvrages du même auteur » ou « Dans la même collection » au début et/ou à la fin du document, ou réaménager légèrement la mise en pages pour éviter les pages blanches.

Rappel

Le chemin de fer peut être élaboré à différents stades, avec le texte et seulement l'emplacement et la taille approximatives des illustrations ou avec du texte et des illustrations « presque » définitifs ou définitifs.

L'estimation réelle des pages du document ne peut se faire que lorsque la maquette est entièrement montée, texte définitif et illustrations en place.

Après cet aparté indispensable concernant l'évaluation du nombre de pages, reprenons le déroulé des tâches. La composition suit la préparation typographique, elle en est l'application pratique.

La composition

La composition consiste à importer le texte dans la maquette de principe élaborée par le graphiste ou le compositeur et à lui donner son aspect visuel définitif, celui sous lequel il apparaîtra dans le document imprimé. Très souvent, avec l'outil PAO, composition du texte et mise en pages sont simultanées, voire confondues.

Qui commande ?

Le service éditorial, de communication, artistique s'il y en a un, l'agence s'il est fait appel à des prestataires extérieurs.

Composition et mise en pages sont parfois très simples. C'est le cas pour les brochures informatives, publicitaires ou les romans. Elles peuvent aussi être complexes pour des revues, des catalogues, des ouvrages de mathématiques ou, comme nous l'avons vu, pour la composition structurée des documents demandant des mises à jour – guides, dictionnaires, textes juridiques…

Dans tous les cas, il est souhaitable que le donneur d'ordres ait une connaissance des moyens techniques nécessaires à la reproduction en série et, pour commencer, celle du texte. En outre, pouvoir employer ou au minimum comprendre le vocabulaire des professionnels ne peut que le rassurer.

L'importation du texte dans la maquette

À ce stade, pour ce qui concerne la description des tâches, la maquette du document, avec ses divers modes de présentation, a déjà été construite dans un logiciel spécialisé de mise en pages et le texte saisi dans un logiciel de traitement de texte.

Avec ou sans feuilles de styles

Le texte saisi est importé, avec ou sans feuilles de styles, dans la grille de mise en pages existante. Deux cas de figure sont alors possibles.

Premier cas, le maquettiste récupère les feuilles de style. Il attribue à chaque style la typographie définitive retenue par le donneur d'ordres, différente de celle du modèle qui n'était présente que pour signaler les niveaux de texte. Par exemple, le style des titres de chapitre appelé « Chap1 » dans le modèle est proposé en Arial, petites capitales, corps 22, centré, espace avant 50 points, espace après 30 points… Le maquettiste, sans changer le nom du niveau de texte, à savoir « Chap1 », modifie le style conformément au choix du donneur d'ordres de cette façon : Gill, bas de casse, corps 18, fer à gauche, espace avant 60 points, espace après 30 points…

Second cas, le maquettiste applique les styles à l'intégralité du texte en utilisant la table des matières ou le sommaire et conformément à ses propositions antérieures qui ont été acceptées. Si la préparation typographique est fournie au maquettiste, celui-ci applique les consignes du donneur d'ordres. Il est alors possible que les consignes de préparation lui soient remises sur un double du manuscrit papier, à l'aide de codes de couleur (voir précédemment) et rassemblées sur un document joint.

La composition structurée

La composition structurée dont il a été question dans la rubrique consacrée à l'informatique éditoriale est confiée à un compositeur spécialisé qui balise le texte en format SGML ou XML en tenant compte des consignes du donneur d'ordres ou reçoit des fichiers de texte déjà balisés. Dans les deux cas, il exécute la composition et la mise en pages selon la DTD de l'éditeur. Tous les travaux traités de cette façon sont archivés soigneusement par le prestataire et le donneur d'ordres puisqu'ils sont destinés à être remaniés ou réutilisés après adaptation sur un autre support que le papier.

Qui compose le texte ?

En général, c'est le maquettiste. Depuis que la composition est informatisée, il se substitue au compositeur pour tous les documents ne présentant pas de difficultés particulières. Dans ce cas, comme le texte est composé à l'intérieur d'une mise en pages, la composition constitue l'un des aspects de l'exécution de cette mise en pages.
Ce peut être également une personne du service éditorial, de communication ou de fabrication maîtrisant bien les feuilles de styles et les règles de typographie, si composition et mise en pages sont simples.
Ou le compositeur lui-même, que la composition et la mise en pages soient très complexes ou au contraire très simples, paradoxalement.

Remarque

Il est rare que les feuilles de styles du texte saisi soient identiques à celles du texte composé.

Enfin, la phase de contrôle valide toutes les opérations présentées jusqu'à présent. Elle consiste en la relecture et la correction des épreuves.

L'évolution technologique

La rapidité de l'évolution technologique en informatique et de ses applications provoque en PAO un certain flottement, source d'erreurs, parmi les utilisateurs. Par mesure de sécurité, le donneur d'ordres doit consulter le photograveur ou l'imprimeur qui sera amené à exploiter ses fichiers.

Il s'adresse au photograveur, si l'impression du texte se fait à partir de films montés par page (de plus en plus rare) ou s'il lui confie la sécurisation des fichiers, ou à l'imprimeur, si la fabrication de la forme d'impression est numérique (voir chapitre 5).

L'imprimeur, ou le photograveur, fournit le descriptif de son matériel, le type de fichiers qu'il peut traiter et un protocole de travail (cahier des charges) à suivre pour éviter les erreurs les plus fréquentes.

Grâce à ces informations, il est possible de sélectionner les graphistes et de les rendre plus efficaces ou de choisir photograveurs ou imprimeurs en fonction de leur capacité à récupérer certains types de fichiers.

Relecture et correction des épreuves

Qui corrige le texte composé ?

Le service éditorial ou de communication, les auteurs, les rédacteurs, et toutes les personnes impliquées dans le contenu informatif du texte.

Prenons le cas des épreuves papier. Elles peuvent être produites avant l'exécution de la composition dans la mise en pages et après l'exécution de la composition. Dans ce dernier cas, relecture et correction ont pour objet la vérification du format du document, la conformité aux consignes de composition ainsi que la suppression des fautes ou incorrections résiduelles. Les corrections sont signalées, de préférence, avec les signes de correction typographique.

Il faut éviter de rédiger sur les épreuves qui ne sont là que pour permettre de rectifier les fautes ou erreurs criantes. Certaines corrections pourraient, en effet, entraîner des modifications dans la maquette.

Pour la composition structurée, la correction consiste surtout à vérifier que toutes les balises sont conformes, qu'elles ont été correctement converties et que le document correspond bien à l'attente du donneur d'ordres.

Les épreuves corrigées retournent chez le prestataire, graphiste ou compositeur, qui effectue les corrections demandées et renvoie de nouvelles épreuves. Soumises encore à des allers et retours, elles sont généralement le cauchemar des prestataires concernés. Il faut s'assurer que la personne qui intègre les corrections connaît les signes typographiques.

Remarque

Les imprimeurs « tout numérique » ne sont généralement pas des imprimeurs traditionnels et ignorent souvent les signes de correction conventionnels.

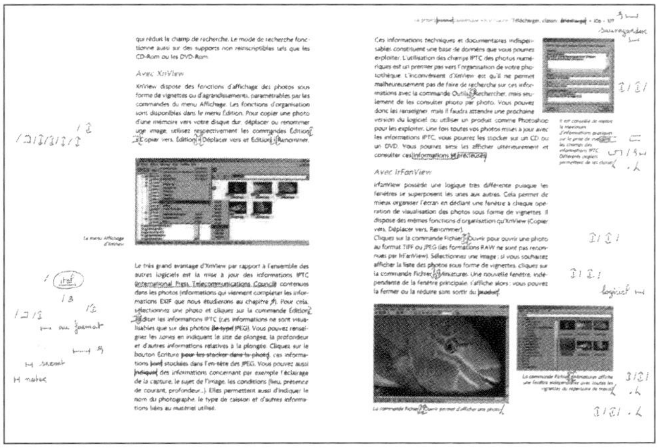

Exemple d'une épreuve portant les signes de correction de texte. (© Groupe Eyrolles)

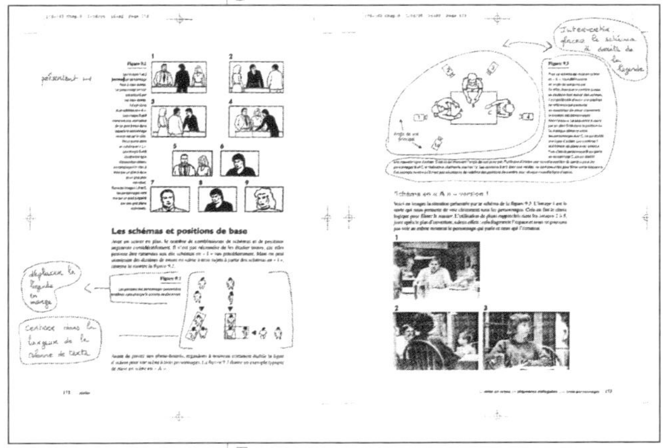

Exemple d'une épreuve portant les signes de correction de mise en pages. (© Groupe Eyrolles)

Compléments techniques

Ce court éclairage technique vous permettra de comprendre de quelle manière les données sont traitées pour être reproduites.

Les origines de la composition

Gutenberg, né à Mayence aux environs de 1394, mit au point les caractères mobiles conçus dans un alliage de plomb d'antimoine et d'étain pouvant résister à une forte pression. L'impression typographique était née, ancêtre symbolique de l'imprimerie. La Bible latine en deux colonnes dite à « quarante-deux lignes » est toujours une référence culturelle.

L'ouvrier typographe élaborait la forme imprimante au format du papier à l'aide des caractères mobiles déposés un à un et côte à côte dans un « composteur », jusqu'à former une ligne de la justification désirée. Il composait ainsi, ligne par ligne, des pages entières selon l'ordre de l'imposition (voir chapitre 5), en introduisant de petites barres de plomb pour matérialiser les blancs de mise en pages.

Des machines à composer de plus en plus perfectionnées furent inventées jusqu'à ce que le procédé d'impression offset (voir chapitre 5) exige une composition basée sur le procédé photographique. La composition devint alors la photocomposition.

Remarque

L'essentiel du vocabulaire utilisé actuellement en PAO vient de la composition au plomb.

Format En informatique, langage de description, structure d'un programme. C'est en quelque sorte son dictionnaire. La mauvaise interprétation du langage du programme, lors du passage d'une plate-forme informatique à une autre, est une source d'erreur.

Courbes de Béziers D'après le nom d'un ingénieur français qui a mis au point une description mathématique des courbes.

La composition aujourd'hui

Elle est réalisée grâce à l'outil informatique. Les polices de caractère avec leurs fontes existent de façon virtuelle dans différents logiciels, notamment de traitement de texte et de mise en pages.

Les caractères sont élaborés selon deux modes :

- en mode vectoriel : une description mathématique définit le trajet du dessin de la lettre, de la courbe aux droites, du départ à l'arrivée ;
- en mode bitmap (carte binaire) : les caractères sont créés par remplissage d'une grille.

Il existe trois principaux formats de polices. Le format PostScriptType 1 (le type 2 a disparu) est à privilégier. Il est composé de deux fichiers, un vectoriel en langage PostScript pour l'impression et un bitmap pour l'affichage écran.

Le format True Type est composé d'un seul fichier vectoriel et doit être utilisé avec précaution : seules les versions récentes du format PDF au-delà de 1.3 permettent une récupération sans risque d'interprétation. Selon la version du logiciel, il peut aussi bien être reconnu que ne pas l'être. Dans ce cas, la composeuse s'arrête ou effectue des substitutions avec des polices de remplacement proposées par Adobe Multiple Master.

Enfin, le format Opentype, plus récent, règle les problèmes d'échange de fichiers entre MAC et PC et présente une grande richesse typographique parce qu'il est codé sur 2 octets (65 000 signes). Cependant, c'est une enveloppe à l'intérieur de laquelle peuvent se trouver aussi bien des polices TrueType que des polices PostScript...

Dans tous les cas, il faut se renseigner auprès de son imprimeur.

Choisir le bon format de polices

Il est possible de transformer les polices TrueType en polices PostScript à l'aide d'un logiciel comme Fontlab mais ce n'est pas recommandé.
Les polices sont les principales causes de dysfonctionnement dans les flux numériques lorsqu'elles sont anciennes, abîmées ou seulement jointes en partie. Le format Opentype prend peu à peu l'avantage.

Remarque

Plus le niveau de PostScript est récent, actuellement PostScript3, plus il propose d'options de gestion de descriptifs. Il ne faut pas confondre le niveau et le type qui est utilisé pour les polices de caractère.

Les logiciels de composition

Le langage PostScript, standard international, s'est imposé au début de la PAO car il permet de décrire un contenu de page et de l'envoyer sur n'importe quelle imprimante grâce à un RIP.

Tous les logiciels générant du texte peuvent être utilisés pour faire de la composition ; il arrive encore que la personne chargée du traitement du texte le reçoive saisi avec un logiciel quasiment obsolète – Works par exemple. Le texte n'est alors pas facile à récupérer dans son intégralité.

Word est le logiciel de traitement de texte de Microsoft, le plus utilisé. S'il permet de gérer des compositions et des mises en pages simples ou relativement simples, il offre moins de souplesse que les logiciels proprement dédiés à la mise en pages. Son utilisation est le plus souvent réservée à la composition des romans, notices explicatives, bulletins d'informations, brochures simples. Dans ce cas, les critères de format et les feuilles de styles sont appliqués au texte déjà saisi.

XPress (Quark), encore le plus employé, InDesign (Adobe) qui gagne du terrain et FrameMaker (Adobe) sont les principaux logiciels de montage de texte et d'illustrations. Par la force des choses, ils sont utilisés également pour la composition. PageMaker (Adobe) est en voie de disparition.

La restitution du texte

Pour construire un point de trame en impression, il faut plusieurs petits points qui se posent dans une cellule, elle-même inscrite dans la grille d'impression. La grosseur du point ainsi reconstitué, plus ou moins importante, restitue les tons intermédiaires entre le blanc et le noir. Cette technique permet de générer des images tramées.

Pour le texte, la restitution se fait par remplissage d'une matrice de pixels qui se touchent : il n'y a pas de niveaux de gris. Le texte est un trait continu et doit être imprimé sans ruptures visibles : il n'est pas tramé.

La résolution exprimée en dpi (*dot per inch*), ou point par pouce, indique le nombre de points générés sur un pouce linéaire. C'est le périphérique de sortie – imprimante, flasheuse, imageuse de plaques offset... – qui produit les points. Tous les matériels de sortie sont pilotés par un RIP.

Il existe deux types de résolution qu'il ne faut surtout pas confondre : la résolution d'analyse et la résolution de restitution. L'analyse concerne les textes déjà imprimés et que l'on veut réutiliser, les traits et le texte manuscrit des bandes dessinées, les textes manuscrits et les signatures à reproduire : tous doivent être scannés dans des résolutions importantes, 800 ou 1 200 dpi, voire plus afin d'éviter les effets de hachures. Un procédé de reconnaissance optique des caractères, OCR, permet de récupérer des textes déjà imprimés. Les fichiers ainsi obtenus sont convertis en fichiers texte. Les conditions de récupération n'étant pas optimales, vérifications et corrections sont indispensables.

La restitution englobe la résolution de restitution d'écran (72 dpi) qui sert pour la visualisation d'éléments, ainsi que la résolution d'impression qui concerne la resti-

RIP (*Raster Image Processor*). Logiciel ou mini-ordinateur spécialisé qui interprète les informations en langage PostScript et les traduit en mode bitmap. C'est la rastérisation.

Impression offset Procédé employé surtout pour imprimer des supports de communication entre 400 et 350 000 exemplaires environ. Il fonctionne majoritairement grâce à de l'encre grasse et de l'eau (de mouillage). Les zones imprimables attirent l'encre grasse qui est repoussée par l'eau dans les zones non imprimables.

Film Support transparent stable recouvert d'une couche photosensible. Dans la procédure d'impression offset traditionnelle, il faut fournir à l'imprimeur un film par page et par couleur.

CTF (*computer to film*). L'imprimeur fabrique un grand film au format de la plaque sur laquelle il le copie.

CTP (*computer to plate*). La plaque est fabriquée directement.

Flasheuse Machine qui permet de générer des films.

Plaque En impression offset, mince plaque recouverte d'une couche photosensible. Elle porte les éléments à reproduire en série : c'est la matrice.

Remarque

Un pouce = 2,54 cm.

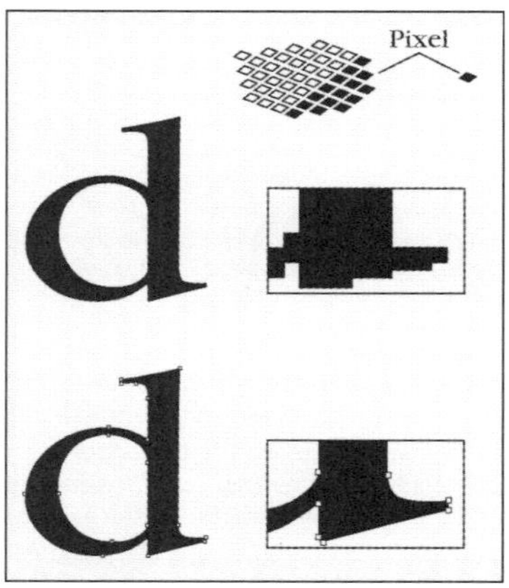

Le mode bitmap (en haut) et le mode vectoriel (en bas).

tution des imprimantes et des flasheuses de films ou de plaques servant à l'impression. Pour les épreuves sur sorties papier, la restitution du texte se fait dans la résolution que l'imprimante peut produire : 150 ou 300 dpi sont suffisantes pour la relecture et les sorties sont plus rapides. Pour l'impression définitive des textes, une résolution de 1 200 dpi est considérée comme la norme. Celle-ci dépend de la linéature de la trame d'impression et de la qualité du papier. Les flasheuses qui génèrent films et plaques offset ont des capacités beaucoup plus importantes que les imprimantes et peuvent produire au moins cette résolution.

Lorsque le texte est imprimé en même temps que des illustrations en couleur qui sont restituées le plus souvent en 2 400 dpi, il prend obligatoirement la résolution des illustrations.

Ces données complexes et un peu difficiles à assimiler sont détaillées aux chapitres 3 et 4.

Méthode pour gérer le texte

La commande de composition

Si la personne à qui est confiée la composition n'est pas chargée de la préparation typographique et si celle-ci a été faite sur papier, le donneur d'ordres lui remet le fichier numérique du texte et les sorties papier portant les codes de couleur et les consignes de composition.

Si la préparation a été faite dans le fichier numérique, le donneur d'ordres le lui remet. Il contient les feuilles de styles exploitables pour hiérarchiser les différents niveaux de texte. Des sorties papier sont jointes au fichier.

Dans les deux cas, il fournit un cahier des charges très précis comportant :

- une procédure de travail à suivre ;
- un calendrier des dates de remise des éléments ;
- le type d'épreuve de contrôle souhaité ;
- le type de document final souhaité. Exemple : un fichier converti et contrôlé en format PDF pour impression ou un fichier contrôlé en formats natifs… accompagné de sorties papier ;
- le prix négocié.

Le suivi

Après la commande, le donneur d'ordres ou son représentant veille au respect du planning, corrige ou fait corriger les épreuves. Il fait ensuite exécuter de nouvelles épreuves pour valider les corrections demandées précédemment, avant de donner le bon à flasher ou bon à tirer, sur le dernier jeu d'épreuves ou sous réserve de visualiser une ou deux corrections résiduelles avant l'exécution définitive de la composition. En principe, ce jeu ne comporte plus d'erreurs.

LES COÛTS

Tous les coûts de traitement du texte, à partir de sa récupération, sont énumérés dans l'ordre d'avancement des travaux afin d'en rappeler la chronologie. Les coûts des opérations traitées sont fixes, sans aucun rapport avec le chiffre de tirage du document.

Saisie

Elle est généralement facturée au mille de signes.

Préparation éditoriale et typographique

Les prestataires extérieurs peuvent être rémunérés en coût horaire pour un certain nombre de signes à traiter à l'heure, en tenant compte de la complexité du texte, du nombre de niveaux de lecture, de la présence de notes…

Pour des textes simples tels que brochures publicitaires, documents informatifs, guides simples, on considère que 10 000 à 12 000 signes peuvent être traités à l'heure.

Pour des textes plus compliqués, brochures comportant des informations de niveaux complexes, catalogues, ouvrages scientifiques ou techniques, on compte 5 000 à 8 000 signes par heure. Le prestataire peut aussi déclarer son temps passé.

La rémunération peut être forfaitaire ou à la page. C'est le cas par exemple pour des ouvrages scolaires. Si la préparation typographique est confiée au graphiste, il en intègre le coût dans la totalité de sa prestation.

Évaluation du nombre de pages

Dans la pratique, ce coût n'apparaît nulle part. Si cette tâche est effectuée en interne, son coût est intégré dans les frais généraux de gestion, sauf si l'entreprise pratique le système des fiches horaires de travail qui permet d'identifier le titre à imputer. Si cette tâche est externalisée, le prestataire, préparateur, graphiste ou compositeur ajoute une petite somme forfaitaire au montant de sa prestation.

Composition

Ce coût, presque toujours lié à celui de la mise en pages, dépend du nombre de signes, du nombre de niveaux de lecture et de la mise en pages. Un coût à la page peut varier de 1 à 15.

Relecture et correction des épreuves

Si elles sont effectuées par un prestataire, le coût est fonction du nombre de signes du manuscrit et rémunéré à l'heure, sur la base d'un certain nombre de signes traités à l'heure, comme pour la préparation du texte.

Si le même prestataire se charge de plusieurs opérations, il est rémunéré pour chacune d'elles.

Contrôle

Méthode traditionnelle

Relecture et corrections sont effectuées à différentes étapes sur des épreuves. Même si les épreuves ont été envoyées en lecture en PDF, elles font l'objet d'une sortie papier.

Il est préférable de disposer de plusieurs jeux d'épreuves. Les corrections des différents intervenants sont ensuite reportées sur un seul jeu.

Lorsque le texte est considéré comme bon à imprimer, le « BAT » est porté sur un jeu d'épreuves.

Méthode en PDF

Cette procédure est exploitée directement lorsqu'il s'agit de textes très courts. Les corrections sont notées en ajouts, ou commentaires. Des corrections minimes, une ou deux lettres à changer par exemple, peuvent être intégrées directement dans le texte à condition de le signaler.

Les procédures générales de contrôle, certification et sécurisation des fichiers sont abordées dans le chapitre 4.

n° 1
CAS PRATIQUE

Caractéristiques techniques utiles à cette étape « texte » du traitement du cas pratique n° 1 (élaboration d'un catalogue) :

- format rogné du document : 22 x 28 cm ;
- format du gabarit d'empagement accepté par le donneur d'ordres d'après la prémaquette (voir plus bas) ;
- nombre et format des illustrations : 80 ;
- choix typographiques acceptés par le donneur d'ordres d'après la prémaquette.

Pour calculer le coût du texte du catalogue, il faut avant tout estimer le nombre de pages, le volume représenté par le texte à réaliser ainsi que son nombre de signes et savoir à qui le traitement en sera confié et comment. Pour évaluer le nombre de signes, la technique adoptée est détaillée plus bas. Voici une procédure de travail possible.

1. Le donneur d'ordres, ou le service de communication, a évalué le nombre de pages total du document à 64 pour l'intérieur.
2. Le texte de commande est confié à un rédacteur extérieur. Le donneur d'ordres a donné ses instructions lors d'un brief et remis de nombreux documents sur l'entreprise au rédacteur pour qu'il y puise de la matière, avant de se livrer à quelques recherches supplémentaires. Il remettra le texte saisi sous Word, sans feuilles de styles, sur CD-Rom et enverra un double du fichier par Internet.
3. Après la rédaction, le texte sur support informatique accompagné de sorties papiers est remis au préparateur. Une copie en a été faite.
4. La préparation et la correction du texte sont à la charge d'un collaborateur extérieur. Le prestataire doit d'abord remettre un jeu d'épreuves papier puis, après incorporation des corrections, relecture et validation, un support informatique contenant le texte avec les feuilles de styles, le tout accompagné de sorties papier.

Pour évaluer le nombre de signes à partir duquel le coût peut être bâti, il faut procéder à l'inverse de ce qui a été montré page 35. Voici comment procéder pour établir les coûts relatifs au texte.

L'évaluation du nombre de pages utiles

Pour trouver le nombre de pages réservées au corps du texte et aux illustrations, il faut commencer par neutraliser les pages blanches et de présentation (3 pages), les pages de la préface rédigée par le service de communication (2 pages), de crédit photographique, de table des matières, d'achevé d'imprimer (2 pages), d'espaces réservés aux deux têtes de parties et estimer les espaces nécessaires aux titres, sous-titres, etc. (4,5 pages). En tout, il faut neutraliser 11,5 pages. Il reste donc 52,5 pages.

Pour les illustrations

Le nombre et la taille des illustrations ont déjà été plus ou moins définis. Leur encombrement total doit être déterminé, même si des réajustements seront faits lors de l'élaboration de la maquette.

25 quarts de page, 45 demi-pages, 8 deux-tiers de page et 2 pleines pages, soit 36,25 pages, légendes comprises.

Pour le texte courant

52,5 pages utiles : 36,25 pages réservées aux illustrations et 16,25 pages environ pour le texte. Pour estimer le nombre de signes à commander au rédacteur, il est nécessaire de maîtriser les éléments qui suivent :

- dimensions du gabarit de mise en pages données en millimètres (logiciels de mise en pages fonctionnant en points ou en millimètres) ;
- justification : 154 mm ;
- hauteur d'empagement : 218 mm ;
- blancs de petit fond et de grand fond (intérieur et extérieur) : 33 mm chacun ;
- blanc de tête : 30 mm ;
- blanc de pied : 32 mm ;
- police et corps du texte courant : Shannon book c.11/18 ;
- nombre de signes moyen à la page composée.

En procédant comme il a été expliqué plus haut, on obtient 2 975 signes environ à la page : (2 975 signes x 16 pages) = 48 000 signes environ. Il faut bien sûr réajuster l'ensemble lors de la mise en pages.

Coût du texte

Pour en terminer avec les tâches dont la chronologie est affaire de parti pris et différente selon le type de document, voici une autre façon de gérer le texte :

- évaluation du nombre de signes du texte ;
- correction et préparation éditoriale ;
- relecture ;
- choix du format de l'ouvrage, du gabarit et de la typographie ;
- préparation typographique (ces étapes sont menées en parallèle) ;
- saisie s'il y a lieu ;
- évaluation du nombre de pages du document ;
- composition typographique : importation du texte dans la maquette, application des consignes typographiques ;
- correction des épreuves.

COÛT DU TEXTE

Traitement du texte	Frais fixes	Frais variables	Mille suivant
Rédaction, avec un peu de recherche (48 000/1 500) = 32 feuillets à 150 € le feuillet	4 800 €		
Relecture et correction éditoriale Forfait	350 €		
Préparation typographique, feuilles de styles 20 € de l'heure pour 10 000 signes (48 000/10 000) x 20	96 €		
Relecture et correction des épreuves 1re lecture : 20 € pour 10 000 signes à l'heure (48 000/10 000) x 20	96 €		
2e lecture : 20 € pour 12 000 signes à l'heure (48 000/12 000) x 20	80 €		
Coût total du traitement du texte Rédacteur Préparateur, correcteur	**5 422 €** 4 800 € 622 €		

Résumé des tâches

1. Correction et préparation éditoriale.
2. Préparation typographique.
3. Composition.
4. Relecture.
5. Correction des épreuves.

Si le document ne comporte que du texte, celui-ci est intégré dans la mise en pages puis composé. Le fichier, comportant texte et mise en pages, vérifié, converti et sécurisé est remis à l'imprimeur (voir chapitre 4). Si le document comporte des illustrations, reportez-vous au chapitre suivant pour connaître le déroulé des étapes.

L'image et son traitement

Gérer les illustrations d'un support de communication imprimé suppose acquis des savoir-faire et des connaissances complexes relevant de deux domaines. Les uns tiennent aux moyens de se procurer des images ainsi qu'aux règles, assez strictes et qu'il vaut mieux ne pas transgresser, liées à leur utilisation ; les autres concernent le traitement technique des images qui entre dans le processus de reproduction du support imprimé et qu'on ne peut aborder sans connaître les contraintes inhérentes au type d'impression choisi et aux caractéristiques du papier utilisé.

L'apparition des procédés numériques a bouleversé les habitudes de travail, déstabilisant ou déplaçant les compétences. Pour transmettre à l'imprimeur des fichiers exploitables, la personne chargée de cette tâche doit maîtriser non seulement le travail sur la couleur, mais également l'utilisation de logiciels et de matériels dont le fonctionnement évolue très vite.

Le propos ici est d'aider le donneur d'ordres à faire siens des savoirs élémentaires et un vocabulaire spécifique. Ainsi, il lui sera possible de dialoguer avec ses collaborateurs ou prestataires extérieurs, voire de se former auprès d'eux, pour arrêter des choix techniques et économiques pertinents. Ceci est d'autant plus important que les frais d'acquisition d'images, d'obtention des droits et de traitement technique représentent une part très importante du budget, en coûts fixes de surcroît.

Ce chapitre est donc consacré à l'image elle-même, puis à son traitement technique :
- qu'est-ce qu'une image (éditorialement et techniquement) ;
- la reproduction de la couleur ;
- le traitement technique de l'image ;
- la reproduction des différents types de documents ;
- la couleur sans scanner, Benday et tons directs ;
- les formats et la qualité des images numériques ;
- les documents de contrôle de la couleur ;
- les systèmes de gestion de la couleur : les profils.

Qui commande les illustrations ?

Le service éditorial, de communication, l'agence de création.

Qu'est-ce qu'une image ?

Cette question concerne à la fois : l'image en tant que représentation d'un sujet et l'image en tant que document à reproduire en série lors de l'impression.

Une représentation

Dans le contexte du support de communication imprimé, l'image représente quelque chose ou quelqu'un en noir et blanc ou en couleur. Elle vient en soutien d'un texte pour l'illustrer, lui donner un éclairage particulier. Elle peut aussi apporter elle-même un message, une information qu'une légende suffit à expliquer. La représentation de données sous forme de tableaux ou de graphiques, les cartes, les plans sont également des images.

Les illustrations d'un magazine, d'un livre d'art ou d'un catalogue d'articles de bureau n'ont évidemment pas la même vocation. Cependant, qu'elle soit illustrative ou informative, l'image est choisie avec soin pour « montrer », intéresser, accrocher l'œil et l'esprit, parler à l'émotion, à l'intelligence...

En général, le donneur d'ordres doit naturellement veiller à la qualité de reproductibilité de l'illustration : un document original mauvais ou mal traité donne un très mauvais document imprimé. Il arrive cependant que le message porté par l'image ou l'information qu'elle contient soient privilégiés en raison de leur actualité ou de leur rareté documentaire.

Les sources

Le donneur d'ordres peut choisir de faire réaliser les documents destinés à illustrer le sujet à traiter. Selon le genre des illustrations, il s'attache alors les services de photographes, d'illustrateurs et/ou d'infographistes – pour les cartes par exemple. Il peut également faire rechercher ces documents par le service ou la personne spécialisés au sein de sa propre structure, ou confier cette tâche à un iconographe extérieur, ou encore utiliser les deux moyens à la fois.

Les images de commande

Les personnes chargées de la réalisation sont sélectionnées. Pour les magazines et les revues, le responsable dispose de réseaux. Pour les autres types de supports de communication et si le donneur d'ordres est un peu novice, le bouche à oreille, les associations représentant illustrateurs, peintres et photographes avec leurs spécialités, Internet et, pourquoi pas, une annonce de recherche de collaborateurs peuvent lui fournir des contacts.

Le donneur d'ordres doit exposer très précisément ses besoins au(x) candidat(s) sélectionné(s) lors d'un ou plusieurs entretiens. Les attentes sont consignées dans un cahier des charges accompagné d'un contrat précisant l'usage à faire des illustrations et le type de droits qui en découle.

Les images existantes et la recherche

S'il faut faire une recherche de documents, les personnes chargées de l'iconographie interrogent les différentes sources possibles :

- la banque d'images de l'entreprise du donneur d'ordres si elle existe ;
- les musées, les bibliothèques, les archives ;
- les collections privées ;
- les grandes agence de presse : AFP (Agence France Presse), Reuters, Getty Images... ;
- les agences photo spécialisées sur certains sujets : archives, animaux, tourisme, astronomie, gastronomie... ;
- les regroupements de photographes ;
- les entreprises qui mettent à disposition, moyennant finance, leur banque d'images ;
- les banques d'images libres de droits ;
- l'ADAGP, organisme représentant des artistes peintres, graveurs, photographes, illustrateurs et qui propose leurs œuvres.

Qui cherche les images ?

L'iconographe, l'éditeur ou un collaborateur, le documentaliste, parfois le graphiste...

Toutes ces structures numérisent de plus en plus leur fond, et si certaines d'entre elles proposent encore des Ektas (diapositives) et des photos sur papier, aujourd'hui elles offrent surtout leurs services sur Internet. Il est ainsi devenu possible de visualiser et de télécharger les images en basse définition dans une qualité suffisante pour réaliser leur placement dans la mise en pages. Cette pratique, gratuite, est intéressante : le donneur d'ordres visualise immédiatement la représentation de l'illustration dans sa maquette. Les images retenues pour le document final sont ensuite téléchargées en haute définition pour permettre leur impression, ou gravées sur un CD ou un DVD si la commande est importante ou spécifique.

Remarque

Un rapide coup d'œil sur Internet permet de constater le nombre impressionnant de banques d'images et d'agences existantes.

Les droits de reproduction

La publication de la plupart des images dans un support de communication est soumise aux droits d'utilisation et de reproduction. Le domaine est complexe nous allons nous contenter de donner quelques généralités ; le donneur d'ordres est invité à se montrer d'une extrême vigilance et à consulter les ouvrages spécialisés ainsi que les sites Internet dont les coordonnées figurent dans la bibliographie à la fin de cet ouvrage.

Toutes les sources d'image énumérées plus haut font payer un droit d'utilisation pour les images qu'elles proposent, ce qui ne dispense pas de payer un droit d'auteur. Ainsi, par exemple, pour la reproduction des tableaux, gravures, sculptures, photographies et objets divers se trouvant dans les musées de l'État français, c'est auprès de l'agence photographique de la Réunion des musées nationaux, la RMN, qu'il faut traiter et payer un droit d'utilisation – accompagné de frais de vente ou de prêt des tirages pour les photographies. Si l'œuvre n'est pas tombée dans le domaine public, ce qui advient 70 ans après l'année civile du décès de l'artiste, des droits sont dus aux détenteurs des droits ou à leur représentant.

La pratique est à peu près identique dans les agences et autres organismes, que les images soient numérisées ou non, sauf si elles sont libres de droits. La somme versée représente alors de simples droits d'utilisation sans revendication de la part de l'artiste ou de ses ayants droit.

Remarques

La recherche d'images libres de droits, sur CD ou Internet demande de la persévérance. Elle n'est pas sans danger car, pour certaines images, il n'existe aucune assurance que personne ne viendra revendiquer des droits ni de garantie sur la qualité des images proposées.

Quand l'illustration est sélectionnée dans la banque d'images personnelle de l'entreprise, le donneur d'ordres doit s'informer de ses obligations car le service qui met à disposition les documents n'est pas forcément compétent dans ce domaine.

Lorsque l'image est une photo d'agence disponible sur Internet, l'accès au chargement en haute définition est possible grâce à un code pour le client régulier. Si tel n'est pas le cas, il faut ouvrir un compte ou payer des droits avant le téléchargement.

Les conditions d'utilisation des images sont généralement communiquées au donneur d'ordres lors de l'achat et en fonction de ce qu'il veut en faire. Mais la plus grande vigilance est recommandée dans le cas de photographies présentées par des photographes indépendants : des droits peuvent être demandés par des collectivités, des architectes ou des propriétaires privés pour la représentation sur un support imprimé de tel ou tel monument ou de telle ou telle installation. La jurisprudence corrige peu à peu les dérives dans ce domaine.

De même, dans le cadre du respect du droit à l'image pour les individus, le donneur d'ordres doit s'assurer que les personnes figurant sur les photographies, exception faite pour les individus dans une foule et les personnages publics dans le cadre de leur fonction, ont donné leur consentement écrit. Les mannequins, par exemple, doivent avoir signé une décharge et leur image ne doit pas être utilisée à d'autres fins que celles prévues dans le contrat.

Les modalités concernant les droits de reproduction sont différentes d'un pays à l'autre. En France, la réglementation est stricte. Les propriétaires des droits ou leurs représentants en fixent le montant, mais il est toujours possible de négocier, surtout si le donneur d'ordres sélectionne un important volume d'images de la même source ou s'il est un client fidèle...

Le montant des droits de reproduction est en général fonction :
- de la taille finale de l'image dans la publication : vignette, quart de page, demi-page, pleine page, double page... ;
- du type de reproduction : noir ou couleur ;
- de l'emplacement : intérieur du document ou couverture, page paire, page impaire ou belle page ;

- du chiffre de tirage ;
- de la zone d'utilisation : France, Europe, monde.

La reproduction d'images oblige légalement le donneur d'ordres à mentionner dans sa publication l'origine et la propriété des illustrations qui y figurent.

Conseil

Le donneur d'ordres, en dehors des questions de droits, doit être attentif à l'attitude à tenir en cas de réimpressions par exemple et au délai dans lequel il doit retourner les images, utilisées ou non.

Un document à reproduire

Avant d'être insérée dans une mise en pages et finalement imprimée, toute image doit subir un traitement technique. Celui-ci est différent selon qu'il s'agit d'illustrations originales non numérisées ou d'images numériques.

Les documents originaux

Ils ne sont pas numérisés, c'est-à-dire qu'ils n'ont pas été scannés (voir plus bas). Leur aspect physique et leur mode de reproduction les différencient :

- les Ektas, ou diapositives, positifs ou négatifs, sont fournis en différents formats par les agences, musées, bibliothèques, archives ou par les photographes : ces originaux sont transparents, la lumière peut les traverser lors de l'analyse par le scanner (voir plus bas) ;
- les photos sur papier, gravures, dessins, œuvres d'illustrateurs sur papier, carton, tissu... : ces documents sont opaques, la lumière ne les transperce pas lors de la scannérisation, leurs couleurs sont analysées par réflexion de la lumière.

Le donneur d'ordres est à même de juger du niveau de qualité de ces documents : il les a matériellement entre les mains.

Les images numériques

Déjà numérisées (voir plus bas), ces images peuvent être :

- les originaux évoqués plus haut déjà scannés. Le donneur d'ordres n'a aucune référence pour juger de la qualité de l'analyse : il n'a pas la vision de l'original ;
- numérisées lors de la prise de vue, issues d'un appareil photo numérique, en provenance d'un photographe, d'une agence... ;
- créées directement dans des logiciels du type Illustrator (dessins, graphiques, cartes et logos) ou dans XPress, InDesign ou Photoshop (fonds d'encadrés, typographies de couleur, logos, personnages, objets, etc.) par un illustrateur, un cartographe, un infographiste ou un graphiste (la frontière étant bien mince maintenant entre les deux).

Pixel Le plus petit élément de l'image.

Définition Nombre de pixels au pouce linéaire.

Résolution Taille du pixel ou point.

Ces illustrations sont récupérées gravées sur CD ou DVD, via Internet ou un serveur FTP, et construites en bitmap ou en vectoriel. Leur commande ou leur achat demande une connaissance de leur destination et des contraintes techniques liées à l'impression et à la qualité du papier. En effet, leur résolution d'analyse dépend directement du format final, sauf pour les images vectorielles (voir plus loin).

Méthode pour gérer les images

Selon qu'il a besoin d'images de commande ou d'images à rechercher auprès des divers fournisseurs possible, le donneur d'ordres agit un peu différemment.

Pour les images de commande

D'abord, le donneur d'ordres rencontre le photographe, l'illustrateur ou l'infographiste et lui donne le plus de détails possible sur le projet (voir chapitre 1). Ensuite, il établit un cahier des charges comprenant :

- la quantité, le genre, le format des documents attendus ;
- le support définitif sur lequel il souhaite les voir fixer : papier, support informatique, transmission Internet ou serveur, etc., et peut-être des consignes techniques (voir plus bas) ;
- le planning et le prix négocié.

Enfin, il élabore un contrat précisant les conditions d'utilisation des documents et la propriété des droits de reproduction.

Pour les images recherchées

La méthode est proche de la précédente. Lors du brief, le donneur d'ordres fournit le plus de renseignements possible et donne un synopsis du projet. Selon les cas, il se montre très directif ou laisse une marge de manœuvre à la personne chargée de la recherche, ou mêle les deux attitudes. Au moment de la commande, il transmet à l'iconographe un cahier des charges avec le planning et le prix négocié.

La tâche confiée à l'iconographe interne ou externe à la structure peut être la recherche de l'image ou la recherche et la négociation des droits, il s'agit alors d'un budget global. Dans tous les cas, il doit remettre au donneur d'ordres une liste précise des illustrations rassemblées avec mention de leur source et de la date d'acquisition.

Les documents du type Ektas ou photographies papier non sélectionnés pour la parution sont retournés immédiatement à leur propriétaire Les documents utilisés le sont après utilisation dans un délai négocié.

L'iconographe ou la personne en charge de la recherche des images, tout comme le photographe, propose plusieurs documents par image, s'il en existe plusieurs. Le donneur d'ordres et le graphiste effectuent alors la sélection.

Le suivi

Pour la recherche, la sélection et la transmission des illustrations, le donneur d'ordres doit :

- prévoir dans son planning un temps, éventuellement assez long, pour la recherche, la prise de vue des illustrations par le photographe, la réalisation des cartes... ;

- faire établir une liste de l'ensemble des documents présélectionnés ;
- sélectionner les documents qui doivent figurer dans le support imprimé ;
- retourner les illustrations non numérisées non sélectionnées ;
- télécharger en haute définition les images sélectionnées qui proviennent d'Internet ;
- contrôler ou faire contrôler la qualité de reproductibilité de l'ensemble des images – documents à scanner, résolution d'analyse des images déjà numérisées, définition des photographies numériques (voir plus bas les images numériques) ;
- définir avec le graphiste une procédure quant à la répartition des tâches entre le photograveur et lui ; retenir les tâches à accomplir et déterminer qui dispose de la compétence requise ;
- remettre au graphiste les documents soigneusement répertoriés, accompagnés d'un cahier des charges qui compile les contrôles à appliquer au fichier avant sa remise et le type d'épreuves souhaité pour valider la mise en pages (voir chapitre 4). Le graphiste peut aussi gérer en direct avec l'iconographe la sélection et la prise en charge des illustrations.

LES COÛTS

Les photographes, les illustrateurs et les infographistes sont généralement rémunérés à l'illustration, la photographie ou la carte... Pour les photographes, les frais techniques de déplacement ou d'hébergement viennent en supplément. Il est également possible de négocier un forfait. Ces prestations entrent dans les coûts fixes.

Les iconographes sont généralement payés au document retenu ou sur la base d'un forfait. Leurs prestations sont également des coûts fixes.
Les droits de reproduction sont des coûts fixes pour un chiffre de tirage et établis en fonction de critères évoqués plus haut.

Tous les documents disponibles, numérisés ou non, destinés à figurer dans le support imprimé, sont ensuite pris en charge par le maquettiste qui en fabriquera peut-être d'autres lui-même.

Avant de passer au traitement technique des illustrations qui comprend différentes opérations encore désignées globalement sous le nom de « photogravure », voici quelques informations sur la couleur et les principes de base permettant sa reproductibilité en impression.

La reproduction de la couleur

La lumière qui nous entoure est une lumière blanche, combinaison des sept couleurs spectrales constituant notre univers coloré. Chaque couleur du spectre est physiquement définie par sa longueur d'onde, mesurée en nanomètre (milliardième partie du mètre). Le spectre visible par l'œil humain s'étend sur à peu près 300 nm, de 385 pour le violet à 705 nm pour le rouge.

Il existe plusieurs procédés pour décrire les couleurs. La Commission internationale de l'éclairage (CIE) a notamment proposé l'espace colorimétrique CIELab, le plus conforme à la perception de l'œil humain. Indépendant des matériels (scanner, écran, imprimante...), il sert de référence pour l'attribution de profils colorimétriques ICC (*International Color Consortium*). Reproduire toutes les couleurs visibles par l'œil humain est impossible ; voyons maintenant comment analyser et reproduire au mieux la couleur des images lors de l'impression.

Avant que la couleur ne soit gérée informatiquement, la reproduction imprimée des images était effectuée photographiquement. L'objet ou le document à reproduire était photographié trois fois. Pour chaque cliché, un filtre de couleur différent était interposé entre le sujet et l'appareil photo. Voici pourquoi.

La synthèse additive

Il est possible de simuler n'importe quelle couleur à partir de trois faisceaux colorés en rouge (R), vert (V) et bleu (B). On parle de synthèse additive quand on additionne ces trois couleurs primaires en proportions variables pour obtenir les couleurs du spectre visible. Ce mode de reproduction des couleurs dit « RVB » (en anglais RGB – *Red*, *Green*, *Blue*) est celui des écrans de télévision, des projecteurs vidéo, des scanners, des moniteurs d'ordinateur, car il met en jeu des faisceaux colorés. En synthèse additive, le blanc est la somme des trois lumières à parts égales, et le noir, l'absence de lumière. Ce modèle est inadapté à l'impression qui ne fait pas appel à la lumière mais à de la matière, encres et pigments.

Remarque

Le champ colorimétrique du RVB est plus restreint que celui du CIELab, cité plus haut.

La synthèse soustractive

Chaque surface (matière) éclairée par une lumière blanche absorbe une partie de cette lumière ; c'est pour cela que l'on parle de « soustraction ». La couleur de la surface résulte de la lumière restante, celle qui a été réfléchie jusqu'à notre œil.

Lorsque le rouge de la lumière incidente est absorbé, le bleu et le vert sont renvoyés. Leur association donne du cyan (C) ; c'est donc de cette couleur que nous apparaîtra le support. De même, un support magenta (M) a absorbé la partie verte de la lumière et réfléchi le rouge et le bleu. Une surface jaune (J), elle, a absorbé la partie bleue de la lumière et a réfléchi le vert et le rouge. Ce système CMJ est celui des imprimeurs.

Théoriquement, le noir pourrait être reproduit avec ces trois couleurs primaires de l'impression. En pratique, on n'obtient qu'un gris/brun foncé ; le noir (N) a donc été ajouté comme quatrième encre (c'est lui également qui sert à la reproduction du texte), conduisant ainsi à la quadrichromie CMJN (en anglais CMYK – *Cyan*, *Magenta*, *Yellow*, *blacK*) ; ces quatre couleurs sont reproduites à l'impression par couches successives pour reconstituer l'ensemble des couleurs de l'image.

L'espace colorimétrique du CMJN est plus restreint que celui du RVB, il ne faut donc pas s'attendre à une reproduction des couleurs imprimées identique à celle de l'écran.

En résumé

Cyan = bleu et vert.
Magenta = rouge et bleu.
Jaune = vert et rouge.

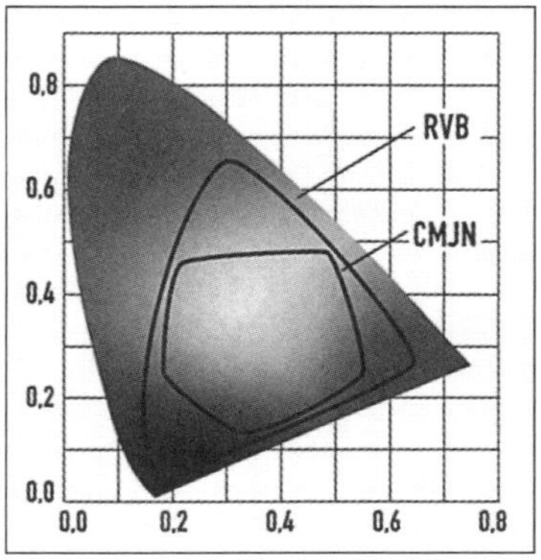

Volumes des espaces RVB et CMJN.

Le traitement technique

Il y a encore une vingtaine d'années, les tâches qui vont suivre étaient réservées presque exclusivement au photograveur. La démocratisation et la baisse des prix de l'outil informatique et des matériels ont déplacé une partie des opérations vers le graphiste ou l'imprimeur.

La qualité finale souhaitée pour le support de communication conditionne son traitement tout au long de la chaîne de production. Avant d'entreprendre les opérations de traitement technique de l'image, il est indispensable d'avoir déterminé le procédé et le niveau de qualité souhaités pour l'impression, choisi le support papier et le format final des illustrations telles qu'elles apparaîtront dans le support imprimé, ce qui implique leur modification.

La prise en charge dans la mise en pages

Avant la première étape, qui consiste à analyser les documents dans une résolution déterminée, il convient de connaître les dimensions finales occupées par les illustrations. Celles-ci sont alors confiées au maquettiste qui propose des modifications de formats ou de cadrages par rapport aux formats originaux afin d'incorporer harmonieusement les images dans la mise en pages.

Qui effectue la photogravure ?

Le photograveur ou le graphiste pour l'analyse, ou numérisation, des images, la séparation et les retouches.
Le graphiste pour la préparation du fichier.
Le graphiste, un responsable de la fabrication après le graphiste pour le contrôle du fichier avant la sortie des épreuves contractuelles.
Le plus souvent le photograveur ou l'imprimeur, plus rarement l'atelier de création du graphiste ou de l'agence pour les épreuves de contrôle « contractuelles ».

La taille de reproduction de l'image

Il est important de connaître la taille finale de l'image dans le document imprimé, car les tâches matérielles liées aux modifications de formats sont appliquées au document original lors de son analyse, la numérisation. De même pour des images déjà scannées en haute définition (voir plus loin) par le photograveur ou le graphiste.

Agrandissement ou réduction

Les modifications de format doivent s'effectuer de manière homothétique : les agrandissements et les réductions affectent les deux côtés du document dans les mêmes proportions. Voici une application du principe : le document original est une diapositive de format 24 x 36 mm exploitée en format paysage. Le graphiste souhaite donner une largeur de 100 mm au document final.

Remarque

Le principe de l'homothétie implique très souvent l'obligation de recadrer les images pour les intégrer dans la mise en pages. Des logiciels de mise en pages et de traitement d'images rendent toutefois possible leur déformation volontaire.

L'échelle d'agrandissement se calcule de la façon suivante : format du document final/format du document original (ici la diapositive), soit :
(100 mm/36 mm) = 2,77 ou 277/100.

Pour trouver le format en hauteur de l'image finale, cette échelle est appliquée à la hauteur de la diapositive, soit :
(24 x 2,77) = 66,4 mm.

Si cette dimension ne convient pas pour la maquette, il faut procéder à un cadrage avant agrandissement pour supprimer la matière excédentaire.

Pour la réduction, le même principe est appliqué. Pour une illustration originale de format 150 x 100 mm, dont la largeur (150 mm) est réduite à 100 mm dans la mise en pages, l'échelle de réduction est : format du document final/format du document original, soit :
(100 mm/150 mm) = 0,666 ou 66/100.

Cette échelle établie pour le côté du document que l'on souhaite conserver est appliquée à l'autre côté.

Exemple de recadrage.

Cadrage, détourage et imbrication

Pour que l'image s'insère convenablement dans une mise en pages, l'agrandir ou la réduire suffit rarement. D'autres modifications lui sont appliquées.

Le cadrage consiste à ne pas tenir compte d'une partie du document pour sa reproduction. Il se pratique sur les images qui doivent être agrandies ou réduites pour occuper l'emplacement qui leur est réservé. Il peut également être conçu afin de mettre en évidence un élément en particulier.

Le détourage consiste à enlever la matière entourant le sujet à reproduire, qui ne se présente plus alors sur un fond mais en relief sur le blanc (généralement) du papier. Cette opération est nécessaire pour composer un texte en habillage, c'est-à-dire entourant l'illustration.

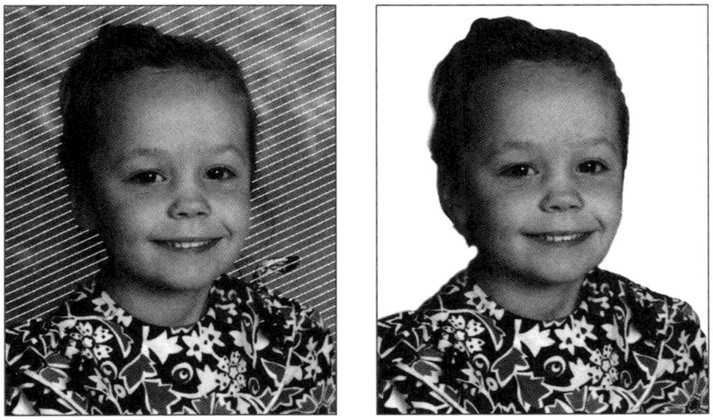

Exemple de détourage.

Les images, modifiées ou pas, peuvent aussi être imbriquées les unes dans les autres.

Dans les logiciels de mise en pages, la visualisation des agrandissements et des réductions apparaît instantanément ; il est alors facile de procéder au recadrage.

Numérisation et séparation

Voici une rapide présentation de ce que l'on entend par numérisation, séparation, retouches et formats d'images ; nous y reviendrons ensuite plus en détail.

L'analyse, ou sélection, intervient sur des documents non numérisés. Elle est réalisée à l'aide d'un scanner, d'où son autre nom de « scannérisation », qui permet de récupérer, grâce à une lumière Xénon ou tungstène blanche balayant l'illustration, la lumière en retour émise par celle-ci, et dont les longueurs d'ondes des couleurs sont identifiées. Cette opération est effectuée par transpercement pour les documents transparents et par réflexion pour les documents opaques.

Les images sont analysées en RVB, dans une résolution qui dépend de la trame de l'imprimeur et de la taille finale de l'illustration dans le document (voir détails plus loin). Elles sont fractionnées en une mosaïque de pixels. Ce mode de construction de l'image est le propre du format bitmap.

L'image scannée en RVB est convertie en CMJN (voir détails plus loin) et un réglage est effectué sur le point blanc, valeur la plus basse (la plus claire, mais qui contient les quatre couleurs), puis sur le point noir de l'image, valeur la plus haute (foncée, mais qui contient également les quatre couleurs) de l'image.

Ces valeurs servant de base de conversion sont réglées dans chaque couleur. La quantité et l'intensité de chacune des couleurs analysées dans les différentes parties du document s'échelonnent sur 256 niveaux pour une restitution optimale. Ainsi, la

Remarques

Des recadrages ne sont pas autorisés sur certaines reproductions de tableaux ou sur des photographies dites « à bords noirs ».
Dans d'autres circonstances, le recadrage ou l'exploitation d'un détail font l'objet d'un double droit de reproduction. Le donneur d'ordres doit y être attentif.

Remarque

En RVB, une couleur est codifiée sur 24 bits (1 octet pour le rouge, 1 octet pour le vert, 1 octet pour le bleu). Dans ce système, on a donc accès à (256 × 256 × 256) = plus de 16 millions de nuances.

Densitomètre Appareil servant à mesurer la densité. On mesure ainsi la densité des couleurs et le taux d'engraissement du point de trame déductible par l'écart constaté entre deux zones de même couleur, mais de différente intensité.

Colorimètre Appareil qui mesure la densité sur les couleurs RVB. La mesure est basée le plus souvent sur l'espace colorimétrique CIELab.

Spectrophotomètre Appareil qui déduit par calcul à l'aide d'un logiciel les informations que l'on peut obtenir grâce au densitomètre et au colorimètre. Ces calculs appliqués sur un grand nombre de plages de couleurs servent à caractériser les profils colorimétriques des matériels.

La densité des couleurs

La densité d'une couleur sur un support est le rapport entre la quantité de lumière reçue et celle qu'il réfléchit. Elle se mesure sur les aplats (100 % de la couleur). Chaque couleur a sa propre densité, plus ou moins bien rendue à l'impression selon le type d'impression et de papier utilisé. Le papier couché brillant (voir chapitre 7) permet de la restituer au mieux. Voici, à titre d'exemple, les standards sur ce type de support :
Cyan = 1,4/1,5
Magenta = 1,4/1,5
Jaune = 1,3/1,5
Noir = 1,7/1,9
Sur un papier non couché de type offset ou journal, les densités sont affaiblies, surtout dans les noirs. Par exemple, sur un couché, la densité du noir est égale à 1,7 et sur un papier journal à 1,4.
La balance entre les couleurs et leur déséquilibre permanent demande de nombreux contrôles sur machine lors de l'impression.

possibilité de reproduire en RVB les 16,77 millions de couleurs dont il est souvent question est le résultat de la combinaison de 256 nuances différentes dans chacune des trois couleurs.

Les autres réglages portent sur les courbes de couleurs, la luminosité, la balance des gris et le retrait des sous-couleurs qui anticipent sur le rendu à l'impression (voir détails plus loin). Les retouches, les détourages, etc., sont également effectués en CMJN. Les systèmes de gestion de couleur étant de plus en plus performants, les corrections s'effectueront bientôt en RVB.

Photoshop permet d'effectuer, sur une illustration déjà scannée, toutes les tâches vues précédemment. C'est idéalement au moment de la numérisation que les petits éléments indésirables, « les pétouilles », peuvent être supprimés ; sinon ils le seront dans Photoshop.

Si le scanner utilisé est à plat, l'opérateur pratique un pré-scan lisible à l'écran, effectue les réglages et lance ensuite la numérisation définitive. Mais avant de scanner ou de faire scanner, il faut connaître le devenir de l'illustration : impression en combien de couleurs ? à quel format ? avec quelle trame d'impression ? L'application d'une résolution d'analyse, qui dépend donc de l'utilisation prévue pour l'image, peut être illustrée par les exemples qui suivent. Mais il faut traiter d'abord du nombre de couleurs de reproduction.

Les types de reproduction

Au trait

Il n'y a pas de valeurs de tons intermédiaires entre le motif à reproduire et le blanc du papier. Il s'agit de dessins, gravures, cartes, etc., traités à 100 % de la couleur, souvent le noir.

Remarque

Le texte est reproduit comme un document au trait.

En simili
Il s'agit généralement de photographies en noir et blanc, pour la réalisation desquelles toutes les valeurs intermédiaires, les niveaux de gris permettant de passer progressivement du blanc au noir, sont analysées et restituées à l'impression au moyen de points plus ou moins gros constituant une trame. Ce sont des documents tramés (voir plus bas).

En deux couleurs
C'est la reproduction au trait, ou au trait et une couleur tramée mélangés : cartes, graphiques, plans... Ce peut être également des tramés appelés « similis deux tons » : en général, une image traitée en noir accompagné d'un ton direct (voir plus loin), un ton sépia pour restituer l'aspect ancien d'une photographie, ou encore une illustration en quatre couleurs convertie en deux...

En quadrichromie
Ce sont des illustrations en couleur, des photographies, des œuvres à la gouache, à l'aquarelle ou à l'encre, des logos, des cartes...

Illustration traitée au trait.

Illustration traitée en simili.

Les résolutions d'analyse

Nous avons vu que l'analyse est programmée dans une résolution, c'est-à-dire sur un certain nombre de petits éléments d'images ou pixels à analyser sur un pouce linéaire. La taille de chaque pixel est déterminée par son nombre au pouce linéaire.

Précisons d'abord ce qu'on entend par prépresse : cette étape de la chaîne graphique comprend le travail sur la mise en pages jusqu'à son aboutissement, la mise en place définitive du texte et des illustrations ainsi que le traitement de l'image et du texte pour les rendre reproductibles.

La haute définition pour la quadrichromie
Si une illustration est destinée à l'impression, il lui faut subir une analyse en haute définition. Celle-ci a un rapport direct avec la valeur de la trame utilisée en impression, exprimée en lpi (*line per inch*), ou ligne par pouce.

Lors de la conversion des données analogiques en données numériques, un facteur d'échantillonnage est appliqué, communément de 2, pour obtenir une qualité optimale de restitution à l'impression. Mais la valeur limite technique de la restitution est de 1,5.

Ainsi, pour reproduire une illustration en couleur dont le format final est identique au format original, avec une trame classique très employée pour reproduire la quadrichromie sur du papier couché, soit 150 lpi, l'analyse est faite généralement en 150 x 2 (le facteur d'échantillonnage), soit 300 dpi, c'est-à-dire que 300 pixels sont analysés sur 1 pouce linéaire. Avec un facteur d'échantillonnage de 1,5, la résolution est de (150 x 1,5) = 225 dpi.

> **Remarque**
>
> Dans le vocabulaire courant, les termes « basse définition » et « haute définition » reviennent souvent et le décryptage de ces « définitions », ou « résolutions » est souvent délicat. Ainsi en est-il également des expressions dpi (*dot per inch*), ppi (*pixel per inch*) et ppp (point par pouce), employées souvent indifféremment.

Si la même image est ensuite imprimée dans une trame de 170 lpi, le résultat ne sera pas choquant, puisque 300/170 donne un facteur d'échantillonnage de 1,76.

Cette même image, enfin, peut être imprimée agrandie à 200 %, échelle d'agrandissement 2. Elle est alors scannée à (150 x le facteur d'échantillonnage x l'échelle d'agrandissement) = (150 x 2 x 2) = 600 dpi. Si l'image finale ne requiert pas une qualité optimale même agrandie, elle peut être scannée à (150 x 1,5 x 2) = 450 dpi normalement mais, compte tenu des offres des scanners, elle le sera à 400 dpi.

Si elle est agrandie 10 fois, on obtient (150 x 2 x 10) = 3 000 dpi, et la résolution de l'image est toujours à 300 dpi dans son format final.

Ainsi, c'est la résolution maximale proposée par le scanner qui, divisée par 300 ou 225 dpi, donne la limite d'agrandissement possible d'une illustration par rapport à l'original.

Une fois scannée, l'image ne doit pas subir un agrandissement supérieur à 20 ou 25 % car ce sont les pixels qui grossissent. Exemple : une image scannée à 300 dpi et agrandie de 20 %, soit avec une échelle d'agrandissement de 1,2, donne une résolution de (300/1,2) = 250 dpi en final, ce qui reste dans la limite de la valeur technique requise.

Inversement, une réduction trop importante entraîne une perte de netteté de l'image.

La basse définition

La basse définition, celle des écrans, est de 72 dpi au pouce linéaire (les pixels sont gros). Cette définition allégée est très utile pour le placement des images dans la mise en pages. Suffisante pour les visualiser dans une maquette, elle permet de les manipuler, de les déplacer rapidement.

Les définitions intermédiaires

Des définitions moyennes de 150 ou 200 dpi peuvent être employées pour exécuter des maquettes de présentation attirantes ou dans le cas d'images réduites ou de petits formats.

Les définitions pour simili et trait

Pour les illustrations en simili, 300 dpi sont recommandés. Pour les textes ou documents au trait, les pixels aménagés dans une cellule lors de l'impression ne doivent

Remarques

Les images scannées sont en bitmap (grille de pixels) ; les illustrations créées dans Illustrator sont vectorielles (calculs mathématiques) : leur agrandissement, ou leur réduction, n'affecte pas leur qualité.
Si une illustration est enregistrée en «. psd » dans Photoshop, il est possible de récupérer l'image et son historique, c'est-à-dire les différentes étapes de sa transformation.

Une illustration en haute définition.

La même illustration en basse définition.

Les scanners

Les performances des scanners dépendent de la qualité de l'optique, de la résolution maximale obtenue lors de l'analyse, jusqu'à 10 000 dpi pour certains, et des logiciels de numérisation. Physiquement, ils sont de deux sortes : rotatifs et à plat. Les scanners rotatifs sont plus performants que les scanners à plat pour la recherche de détails sur des documents et pour les agrandissements ; mais pour des œuvres d'illustrateurs, l'analyse peut faire « remonter » le grain du papier. Les scanners à plat, eux, sont très appréciés lorsqu'il faut sélectionner des documents rigides.

subir aucune coupure, ils doivent se toucher. L'analyse est donc faite en 800 ou 1 200 dpi, selon le support papier sur lequel ils doivent être imprimés (voir chapitre 2).

Sur un scanner rotatif, les documents sont collés sur un cylindre d'analyse en verre. (Document Nord Compo)

La conversion RVB/CMJN

Le logiciel pilotant le scanner convertit, à l'aide de tables de séparation faisant références aux profils ICC (voir page 73), le RVB en quadrichromie CMJN. Il traite aussi les consignes qui anticipent sur l'impression : retrait des sous-couleurs, de la charge d'encre, de l'engraissement du point de trame.

Si la conversion est effectuée avec Photoshop, des profils d'impression sont appliqués, de la gamme Euroscale dans la plupart des cas, ou spécifiques s'ils ont été communiqués par l'imprimeur.

Pour formuler ces profils de façon pertinente, il est nécessaire de connaître le procédé d'impression ainsi que les types de machine, d'encre et de papier. Dans le cas contraire, il est préférable de laisser l'imprimeur les incorporer lui-même. Voici quelques précisions.

La balance des gris

C'est la prise en compte de la force des couleurs qui ne sont pas équilibrées en trichromie : le Magenta domine, vient ensuite le Jaune puis le Cyan. Ainsi, pour composer un gris neutre selon des valeurs établies, le Magenta sera à 40 %, le Jaune à 42 % et le Cyan à 50 %. Si les trois couleurs avaient la même valeur, le gris serait rougeâtre du fait que le Magenta domine. Une image dont la balance des gris est mal réglée présente des dominantes de couleur.

Le retrait des sous-couleurs

Cette opération (ou URC) consiste à remplacer les trois couleurs primaires dans les tons neutres par un noir ou bien à baisser les pourcentages dans deux ou trois couleurs et compenser par du noir afin de ne pas dépasser une certaine charge d'encre.

URC Under Color Removal.

Cette manipulation réduit l'encrage (économie d'encre) en modifiant à peine les couleurs, permet de mieux contrôler l'équilibre de l'impression et évite le maculage.

La charge d'encre

Imaginons une impression en quadrichromie. L'impression de chaque couleur à 100 % donnerait une charge d'encre de 400 %. C'est impossible en raison d'un phénomène qui se nomme « refus d'encre ». Sans aller jusque-là, une forte charge d'encre provoque une perte de détails et du maculage. Pour pallier cet inconvénient, une charge d'encre maximale est calculée, différente selon le procédé d'impression et le type de papier. Elle se situe entre 260 et 320 % selon le mode d'impression et le papier.

La conversion de l'image en CMJN est indispensable pour l'impression, qu'elle soit sur papier avec une imprimante laser, sur films ou sur plaques. Mais celle-ci ne pourra être effective qu'après l'écriture en langage PostScript des pages des fichiers natifs, textes et images (voir chapitre 4).

L'hexachromie

Ce procédé exploite six couleurs : les quatre couleurs primaires accompagnées d'un vert ou d'un bleu et d'un orange. Il est compréhensible que les couleurs de l'espace CMJN composées de la combinaison de deux couleurs de l'espace RVB dégradent les couleurs de ce dernier. La reproduction des verts et bleus vifs ne donne pas satisfaction en quadrichromie. Pour imprimer en hexachromie, il faut obligatoirement pratiquer le retrait des sous-couleurs.
Ajouter des tons supplémentaires à la quadrichromie permet d'élargir le champ colorimétrique afin d'obtenir, à l'impression, des images plus conformes au document original ou des tons spécifiques. Cette tendance se développe pour les produits hauts de gamme grâce à l'augmentation du nombre de groupes imprimants des presses actuelles. Il est rare, par exemple, que l'impression des emballages ne comporte que quatre couleurs. Le produit gagne en valeur ajoutée, mais le coût supplémentaire par rapport à la quadrichromie est important. Pour créer ces tons supplémentaires, les photograveurs ont leur recette. Par exemple : le scanner analyse tous les tons orangés de l'illustration puis est créée une couche supplémentaire à laquelle est attribué un ton orangé, choisi dans l'échantillonnier de tons directs (voir ci-dessous).

Il faut maintenant considérer les images et les couleurs qui ne passent pas par la sélection, soit parce qu'elles sont déjà scannées, soit parce que les couleurs sont créées et non analysées.

La couleur sans scanner

Il faut souvent « fabriquer » des couleurs pour obtenir, par exemple, des fonds de pages, d'encadrés, de cartes, de graphiques, des typographies en couleur, des logos, des personnages..., car il n'y a aucune base à scanner. Des couleurs sont fabriquées avec des logiciels du type XPress, InDesign, Photoshop selon un procédé qui s'apparente au Benday (d'après le nom de son inventeur), ou fonds tramés.

Le Benday

Il consiste à créer une couleur en données numériques à partir d'une, deux, trois ou quatre couleurs de la quadrichromie dans des valeurs tramées ou en aplat pour deux couleurs (voir plus loin). Les couleurs constituant le Benday sont imprimées dans les couleurs des encres primaires en même temps que la quadrichromie « normale ».

Le ton direct ou Pantone

À ne pas confondre avec le Benday. Il est imprimé en dehors de la quadrichromie et résulte d'un mélange d'encres effectué par l'imprimeur ou d'un mélange prêt à l'emploi proposé par le fabricant, déposé directement dans l'encrier de la machine. Un ton direct peut être utilisé en aplat ou tramé.

Comme il n'est pas affecté par les couleurs de la quadrichromie, il reste stable à l'impression. C'est utile pour les logos ou pour reproduire des couleurs comme l'or, l'argent, le bronze, les tons fluos ou encore, en élargissant le champ coloré, pour traiter des teintes difficiles à reproduire en quadrichromie. Utilisé en deuxième couleur pour constituer une bichromie, avec du noir par exemple, le ton direct offre une gamme étendue de propositions.

C'est une société américaine du nom de Pantone qui a mis au point un nuancier de couleurs « spéciales » commun à tous les fabricants d'encre. Le donneur d'ordres possède un nuancier des couleurs Pantone, dans lequel il choisit le ton direct qui lui convient en prenant garde de ne pas confondre les couleurs restituées sur papier couché, dans ce cas, le numéro du ton direct est précédé d'un C, et sur papier non couché, numéro précédé d'un U (voir chapitre 7).

Remarque

Certains nuanciers offrent la visualisation des tons Pantone convertis en CMJN. Le résultat est rarement satisfaisant. Si ce ton, ou ces tons directs, s'ajoute à la quadrichromie en couleur supplémentaire, il faut fournir à l'imprimeur un fichier incluant cette couleur (ou ces couleurs) lui permettant de fabriquer les plaques.

La qualité des images et leurs formats

Avant de passer au contrôle des images sur une sortie papier ou une épreuve contractuelle de chromie, il nous faut traiter de la qualité des images et des formats qui conviennent le mieux à la reproduction.

Les images se répartissent en deux grandes familles, bitmap et vectorielles, qui ont chacune leurs avantages et leurs inconvénients.

Les images en bitmap

Entrent dans cette catégorie deux types d'images : d'abord, les images scannées à partir d'un original (Ekta, photo, etc.), morcelées lors de la scannérisation en une grille de pixels, et dont le donneur d'ordres connaît le niveau de qualité ; ensuite, les images fournies numérisées, elles-mêmes de deux sortes.

Images préalablement scannées

Fournies déjà scannées d'après un original (photo, Ekta, etc.) dont la qualité est inconnue, elles sont fixées sur un CD, un DVD ou récupérées sur Internet en provenance d'une agence, d'une banque d'images ou encore transférées d'un ordinateur à l'autre : du donneur d'ordres au graphiste, ou l'inverse.

Ce sont la plupart du temps des images en RVB. Leur format d'enregistrement, c'est-à-dire les données de structuration (voir chapitre 4), est en :

- TIFF (*Tag Image File*), à préférer pour les images de qualité ;
- JPEG (*Joint Photographic Expert Group*), format usuel d'image et de compression des images en provenance des agences. En format d'image, il est naturellement compressé, le poids de l'image est donc allégé.

Lors de l'achat sur Internet entre autres, il faut s'intéresser aux caractéristiques de l'illustration, par exemple : poids 50 Mo/300 dpi/JPEG/A3/29,7 x 42 cm. Ces informations renseignent sur le poids du fichier, la définition de l'image, le format d'enregistrement et le plus grand format de reproduction possible sans altération. Cela signifie que l'original a été scanné dans une résolution adaptée à ce format.

Remarque

Autre possibilité : lors de l'achat, les renseignements fournis par le donneur d'ordres (utilisation et format définitif de l'image), permettent de télécharger l'illustration à la résolution adéquate.

Ces images, sous accord préalable, peuvent subir modifications et retouches, dans Photoshop par exemple. Mais trop de manipulations risquent de nuire à la qualité, tout comme les compressions avec perte (voir plus loin) utilisées lors des transferts pour alléger le poids des fichiers et qui restituent une image dégradée lors de la décompression.

Pour la reproduction de ces images, il n'y a aucune référence. La photo elle-même sert d'étalon telle qu'elle apparaît à l'écran, pas toujours correctement calibrée (voir plus loin). Sur quelles bases effectuer retouches et ajustements ?

Les prises de vue numérique

Les photographies réalisées à l'aide d'un appareil photo numérique sont de plus en plus nombreuses. La numérisation est faite au moment de la prise de vue. Le format des images varie :
- JPEG pour les appareils grand public ;
- TIFF ou RAW pour les appareils professionnels.

La différence de performance est très importante entre un modèle destiné à un utilisateur lambda et un modèle pour professionnel. La qualité des images dépend des capacités de l'appareil à générer 3, 5, 6, 7 millions de pixels, voire plus, de la définition programmée par l'utilisateur, de la taille et de la qualité des capteurs et de l'optique.

Comme pour le cas précédent, il n'y a pas de référence. Tout dépend de l'usage et du format de publication des images définitives. La photo numérique est une solution économique. Il n'est pas nécessaire de la développer pour la sélectionner.

Pour le donneur d'ordres, l'intéressant, c'est ce qu'il peut attendre de telles photographies. La définition maximale d'une image dépend de celle de l'appareil. Voici un exemple concret avec un appareil proposant une définition d'image maximale de 2 048 x 1 536 pixels.

Pour trouver la dimension de reproduction à ne pas dépasser dans le format final, il faut procéder ainsi : en largeur 2 048/300 dpi (définition sur un pouce) x 2,54 (pour la conversion en cm) = 17,4 cm à quelques millimètres près car le mille informatique est en réalité de 1 024. La vraie dimension est de 17,75 cm. Essayez et trouvez la dimension en hauteur.

Il est recommandé également de convertir ces images en CMJN, dans Photoshop par exemple, pour juger sur écran de leur comportement. Certaines couleurs dites « saturées » peuvent se trouver hors de l'espace colorimétrique de destination et demander des ajustements de courbes.

Les images vectorielles

Les images vectorielles ne passent pas par la scannérisation. Elles ne sont pas construites avec des grilles de pixels mais définies par des formules mathématiques.

Comme elles sont indépendantes de la linéature de la trame d'impression, leur agrandissement ou leur réduction n'affecte en rien leur qualité. Les logiciels Illustrator, Corel Draw et FreeHand produisent des images vectorielles.

Ces images sont le plus souvent enregistrées aux formats :
- EPS (*Encapsuled PostScript*) et DCS 2.0, en passe de devenir obsolète ; l'EPS peut contenir aussi bien des images en vectoriel qu'en bitmap. Il est également en passe de devenir obsolète, et sera vraisemblablement remplacé par le PDF ;
- PDF (*Portable Document Format*), format intégré dans les logiciels Illustrator et Photoshop.

Ces formats fonctionnent en RVB et CMJN. Pour diverses raisons, certains formats proposés par les constructeurs ne sont pas exploitables pour l'impression. Ainsi, le format PICT fonctionne seulement en RVB, tout comme le GIF, format pour Internet réservé au graphisme et à l'animation graphique.

Les formats de compression

Compresser une image ou un fichier sert à en alléger le poids. Cette technique est utilisée pour les transferts d'images ou de fichiers par Internet : messageries ou serveurs FTP (*File Transfert Protocol*), ou pour insérer les illustrations dans la mise en pages et fabriquer les épreuves de contrôle, afin de réduire le temps de manipulation.

Les formats de compression sont dits « sans perte » ou « avec perte », c'est-à-dire que, lors de la décompression, le résultat est identique ou pas à l'image originale compressée.
- JPEG est un format d'image mais également de compression avec perte. En option d'enregistrement de qualité maximum, il ne dégrade presque pas l'image visuellement. Mais ensuite, plus le pourcentage de compression appliqué est important, plus l'image subit de dégâts. Ce format est très utilisé pour exploiter les données en haute définition dans un fichier EPS.
  L'image peut souffrir beaucoup de toutes ces manipulations. Mais tout dépend de l'usage auquel l'illustration est destinée : quel type de produit, quel procédé d'impression, quelle trame, quel support et quel format. Une illustration de qualité médiocre exploitée dans un petit format ne choquera pas. Certaines illustrations figurant dans les magazines sont des captures d'écran. Très réduites, elles remplissent leur fonction…
- LZW est une compression sans perte, utilisable au format TIFF.

Pour comprendre les effets des compressions avec et sans perte, il est courant de prendre comme exemple une affiche. Si celle-ci a été roulée, elle ne présente aucun dommage lors de sa remise à plat. En revanche, si elle a été pliée ou froissée, elle en conserve la trace.

Remarques

Attention, le JPEG est naturellement compressé et la compression intervient à chaque enregistrement. Pour travailler sur l'image, il ne faut utiliser ce format que pour le tout dernier enregistrement.

La taille et le poids de l'image indiquent si celle-ci a été compressée et à peu près dans quelle mesure. Pour calculer rapidement le format exploitable, voici des équivalences très approchantes de résolution en centimètres :
- 72 dpi = 29 pixels sur 1 cm.
- 300 dpi = 120 pixels sur 1 cm.

Le poids des images

Pour calculer le poids d'une image, il suffit de multiplier le nombre de pixels d'un document en largeur par le nombre de pixels en hauteur puis de multiplier le résultat par le nombre de couleurs.

Exemple pour une illustration en quatre couleurs : format final 16 x 10 cm, à l'italienne, résolution 300 dpi. Sur 1 cm (2,54 étant la longueur d'un pouce en centimètre), il y a :

- (300/2,54) = 120 pixels environ, donc en largeur (16 x 120) = 1 920 pixels et en hauteur (10 x 120) = 1 200 pixels ;
- soit, en tout : (1 920 x 1 200 x 3 couleurs RVB) = 6 912 000 pixels, ou 6,9 Mo ;
- et en CMJN : (1 920 x 1 200 x 4) = 9 216 000 pixels, ou 9,2 Mo.

La conversion réduit le nombre de couleurs reproduites, mais il y a une couche supplémentaire.

Une fois toutes ces opérations sur l'image accomplies, le donneur d'ordres a besoin, comme c'est le cas pour le texte et la mise en pages, d'épreuves papier pour visualiser et corriger si nécessaire l'illustration avant son impression définitive. Le fichier est alors contrôlé et converti avec le même soin que pour l'impression définitive (voir chapitre 4).

Les épreuves contractuelles

Rappelons d'abord qu'une épreuve est un document permettant de « juger ». L'objectif de l'épreuvage est donc de produire pour le donneur d'ordres et l'imprimeur un document le plus conforme possible à la publication finale. C'est une assurance pour les deux partenaires : l'épreuve, si elle est fiable, porte des informations techniques lisibles par l'imprimeur qui les exploitera au mieux pour s'en approcher au plus près lors de l'impression.

Des épreuves circulent pendant toute la phase de mise en place des éléments pour évaluer la conformité du texte, de la mise en pages, du placement et du format des images. Elles ne permettent pas de juger de la restitution de la couleur à l'impression. Ce sont des épreuves de placement sans barres de contrôle, en général des sorties laser couleur générées par des matériels aux performances insuffisantes.

Les épreuves considérées comme fiables pour la restitution de la chromie et servant de référence lors de l'impression sont dites « contractuelles ». Leur réalisation coûte cher, mais peut éviter des conflits par la suite.

Il ne faut cependant pas perdre de vue que, si l'épreuve se rapproche du document final, elle ne peut pas y être absolument conforme. Des systèmes de gestion de couleurs anticipent sur l'impression définitive afin d'optimiser la reproduction des couleurs. Mais chaque système a ses caractéristiques : les encres, les papiers et les trames utilisés, sauf exception, ne sont pas les mêmes qu'en impression.

Le Syndicat national des industries de la communication graphique et de l'imprimerie française (Socogif) propose des procédures de certification des épreuves contractuelles. Cette certification signifie qu'elles répondent à un certains critères qualitatifs pour la reproduction des couleurs grâce à la calibration du matériel et à la conservation de l'intégrité des données.

Le donneur d'ordres se décide d'abord pour une épreuve analogique ou numérique. Dans ce dernier cas, les paramètres à prendre en compte sont la qualité souhaitée et les considérations économiques : le coût d'une épreuve peut varier de 1 à 5 environ, en fonction du coût du matériel utilisé. Le temps de réalisation de l'épreuve peut aussi être un critère de choix lorsque les délais sont très serrés, comme c'est le cas dans la presse.

Pour la réalisation de ces épreuves, le photograveur est encore le prestataire privilégié. Cependant, l'imprimeur ou une grosse agence possédant un département de photogravure intégré, propose souvent ce genre de service. Quant aux graphistes ou aux studios de création, ils disposent rarement des imprimantes et des compétences nécessaires pour produire ce type d'épreuves.

Les épreuves analogiques

Elles sont en voie de disparition. Leur fabrication s'effectue après les opérations de photogravure, mise en pages définitive, vérification des fichiers et leur conversion en PDF par exemple. Une flasheuse génère un film de chaque couleur (CMJN) par page dans la linéature de la trame de l'impression. Les films sont insolés, c'est-à-dire soumis au rayon laser qui « grille » les zones destinées à disparaître au développement. Ne restent que les motifs qui seront reproduits à l'impression. Ensuite, les films de chaque couleur sont insolés successivement sur un support sensible, épais et très blanc, pour reconstituer la quadrichromie à l'aide de poudres ou de films de couleur. Ce sont des épreuves très flatteuses, tel le cromalin analogique. En comparaison, le support imprimé est souvent décevant.

> **Remarque**
>
> Au coût des épreuves, il faut ajouter celui de la réalisation des films.

Les films sont aménagés sur un support transparent du format des formes imprimantes, les plaques offset servent ensuite à les fabriquer. Les points de trame des films sont copiés à l'identique. L'imprimeur exploite alors une procédure quasiment obsolète, la fabrication de la plaque à partir de films en page : l'offset traditionnel.

Les raisons du choix de ce type d'épreuves sont diverses. L'objectif du donneur d'ordres peut être de se procurer des documents de présentation qui flattent l'œil. Les films réalisés pour produire les épreuves seront peut-être jetés ensuite, le procédé de fabrication des plaques s'en passant. Le fichier sera alors réinterprété avec tous les risques d'erreurs qui y sont liés.

Le donneur d'ordres peut avoir l'habitude de corriger ce genre d'épreuves. Il accorde une confiance relative aux épreuves et aux procédures numériques en général et se fie à son œil : les points de trame sont ou ne sont pas sur les films… La fabrication de la plaque est alors faite de façon traditionnelle avec montage de films et copie de ceux-ci sur la plaque.

Les épreuves numériques

La réalisation d'épreuves numériques ne passe pas les films. Après les opérations évoquées précédemment, le RIP pilote des imprimantes couleur de haute technologie, dont les principales sont le jet d'encre et le laser à sublimation (voir Kodak Approval plus bas).

Ces imprimantes ont leurs qualités et leurs défauts. Le coût et le type de documents à traiter – avec ou sans quadrichromie, de qualité standard ou haut de gamme, etc. –, feront choisir un genre d'épreuves plutôt qu'un autre.

Les imprimeurs ont aussi leur mot à dire car ils sont plus à l'aise avec tel ou tel type d'épreuves.

Quel que soit le genre d'épreuves, le donneur d'ordres doit s'informer de :
- la technologie exploitée ;
- la résolution : il faut être attentif à ce qui se cache derrière les résolutions des imprimantes, un artifice technique permet parfois d'annoncer une résolution élevée ;
- la capacité d'imprimer sur le papier du tirage final. Mais les grammages bas, en dessous de 50 g, ne passent pas sur des imprimantes de types différents.

Les imprimantes à jet d'encre

Le jet d'encre continu a été remplacé par le jet d'encre à la demande, DOD (voir chapitre 6). Les épreuves sont du type Iris, Veris, Cromalin digital, PictroProof, Sherpa, MatchPrint, Inkjet Proofer... À quelques exceptions près, elles sont non tramées, bien qu'il soit possible sur certaines, de simuler la trame et les angles de trame.

Remarque

Les épreuves Epson simulent les trames et les angles de trame et utilisent des encres encapsulées pour réduire les effets du métamérisme, phénomène qui fait changer la couleur en fonction de la lumière qui l'éclaire.

Les imprimantes au laser

Les épreuves exécutées en Kodak Approval ou MatchPrint Spectrum sont tramées comme pour l'impression finale.

Photo de la machine qui génère les épreuves Kodak Approval. Imprimerie Mame.

Kodak Approval

Cette épreuve est fabriquée à partir de films des quatre couleurs primaires. Les points de trame sont générés sur ces films et les quatre couleurs successives se reportent par fusion sur un matériau souple, fixé sur un cylindre. L'image en quatre couleurs est alors transférée sur le papier qui est ensuite laminé (pelliculé). Le papier du tirage final peut être utilisé, ce qui est intéressant lors de l'utilisation de supports teintés.
De solide, l'encre passe à l'état gazeux. Cette technologie est appelée « sublimation ».

Lorsqu'il exploite, en partie ou totalement, des données numériques pour fabriquer la forme, parce qu'il utilise des procédures CFT (*computer to film*), CTP (*computer to plate*) ou DI (*Direct Imaging*), l'imprimeur offset n'a pas besoin de films (voir chapitre 5).

La qualité des épreuves générées par un matériel haut de gamme n'aura bientôt plus rien à envier à celle des épreuves analogiques.

Remarque

Dans le procédé héliogravure, la forme est toujours fabriquée numériquement.

Sur presse à essai

Les presses à essai sont de véritables presses à imprimer : les plaques sont flashées et calées sur la machine. Cependant, leur vitesse est réduite pour l'impression de quelques exemplaires seulement et ne permet pas d'intégrer l'engraissement du point de trame qui se produit lors de la production réelle. Les épreuves réalisées sont donc les plus proches du document imprimé final, mais pas tout à fait identiques.

Très coûteuses, elles conviennent pour les produits très haut de gamme et pour constater les réactions sur des matériaux inhabituels, comme les papiers de création à matière.

Présentation des épreuves

Toutes les épreuves se présentent dans différents formats – A5 (15 x 21 cm), A4 (21 x 29,7 cm), A3 (30 x 42 cm) et A2 (40 x 60 cm) – et peuvent être demandées en vrac ou en pages montées.

Lorsque les illustrations sont demandées en vrac, elles sont rassemblées sur une ou plusieurs épreuves de grand format. Des raisons économiques, des contraintes ou des décalages dans les phases du planning président à ce choix : la production avance cahier par cahier, les textes ne sont pas prêts, la mise en pages pas finalisée, etc.

Avec les textes montés, la mise en pages et les textes sont finalisés ou presque et il est toujours possible de faire des corrections. Les épreuves sont les représentations des pages finales imprimées.

La correction des épreuves

Les éléments à contrôler en dehors de la chromie sont évoqués plus loin. Si des corrections générales d'ambiance n'entraînent pas un gros travail pour le photograveur ou le studio graphique, en revanche, des corrections par zones demandent la création de masques avant la retouche et suscitent des frais assez conséquents.

Il est important de fixer dès le départ le niveau de qualité attendu car les corrections engendrent des problèmes de responsabilité : manque de mise en garde de la part du photograveur, budget sans retouches...

Si les images sont scannées par le photograveur, elles doivent lui être remises préparées avec référence, formats, cadrages, détourages, etc., et l'indication éventuelle des retouches à effectuer, auquel cas il y aura moins de corrections ultérieures et le budget photogravure s'en ressentira.

Remarque

La correction des épreuves contractuelles est la seule étape dans la chaîne de production où une intervention efficace sur la couleur est possible.

Des corrections sur les épreuves analogiques obligent le photograveur à refaire les films. Si les épreuves sont numériques, les corrections sont faites à l'écran. Dans un cas comme dans l'autre, si les corrections sont minimes, le photograveur les effectue mais ne produit pas forcément une nouvelle épreuve. Les modifications sont portées sur celle qui a déjà été fabriquée et l'imprimeur en tient compte. Si les corrections sont nombreuses ou importantes, il est indispensable de demander une nouvelle épreuve.

La coédition, les éditions multilangues

Pour la coédition ou les éditions multilangues, le texte doit être séparé du noir de la quadri et traité comme un ton direct (une 5e couleur) dans les fichiers à remettre à l'imprimeur.
Pour les documents destinés à être produits en plusieurs langues, il faut prendre plusieurs précautions :
- ne pas mettre des textes en couleur, ils apparaîtraient avec la quadrichromie ;
- ne pas mettre de texte à l'intérieur d'une illustration, ce qui obligerait à scanner de nouveau ou à retoucher l'image ;
- laisser dans le noir quadri, les schémas, cartes, flèches, symboles (s'ils ne doivent pas être traduits).

La gestion de la couleur

Des systèmes dont l'ambition est de garantir la permanence, ou presque, des couleurs tout au long de la chaîne de prépresse et d'impression, ont été mis au point. Ils proposent des normes communes de description des caractéristiques des couleurs. Ainsi, il devient possible d'attribuer des profils colorimétriques aux matériels qui produisent de la couleur – scanners, écrans, imprimantes, presses d'impression –, avec la prise en compte des spécificités des papiers et des encres. La norme actuelle, ICC, a été conçue à l'initiative d'un groupement de fabricants de logiciels et de matériels informatiques, International Color Consortium.

Les profils

Les matériels qui produisent de la couleur – scanners, appareils photo numériques, écrans, imprimantes, presses offset ou autres – ont leur propre « vision » de la couleur.

Le profil colorimétrique d'un périphérique est la description de son espace colorimétrique, de ses capacités avec ses qualités et ses défauts. Le profil du matériel est établi en comparant la restitution des couleurs qu'il produit avec celles de l'espace de référence CIELab.

Certains matériels sont fournis avec des profils standards, mais chaque matériel est utilisé dans un contexte donné et le profil de l'un n'est pas forcément celui de l'autre. Grâce à des mesures prises à l'aide d'un spectrophotomètre ou d'un colorimètre (en RVB) et traduites en calculs par un logiciel, il est possible d'établir des profils propriétaires. Caractérisation est le nom donné au processus de création d'un profil ICC.

Gamut Espace colorimétrique d'un appareil de captation ou de reproduction d'image.

La calibration

Cette opération consiste à régler un matériel périphérique d'entrée ou de sortie dans des conditions colorimétriques reconnues et, après mesure des écarts, à rétablir les capacités optimales. Une recalibration doit souvent être effectuée pour conserver la stabilité des conditions colorimétriques. Mais combien de structures font calibrer régulièrement leurs matériels ?

Pour le prépresse

Prenons l'exemple d'un scanner spécifique. Son profil, comparé aux valeurs de référence basées sur l'espace colorimétriques CIELab, permet d'établir un profil ICC qui tient compte des différences entre les deux valeurs pour compenser les imperfections. Il en est de même pour les écrans et les imprimantes. L'objectif est de produire une image numérique aussi fidèle que possible à l'original. Le fichier contenant les profils ICC d'une image en donne la carte d'identité.

Les profils qui optimisent le rendu de la couleur pour l'impression finale, sur une presse offset par exemple, doivent tenir compte également des conditions de cette impression. La personne qui prépare le fichier les connaît-elle vraiment ?

Pour l'impression

Les profils pris en compte à l'impression pour tenter de reproduire au mieux la couleur intègrent des caractéristiques évoquées précédemment.

Des imprimeurs transmettent à leurs gros clients habituels des profils établis en fonction de paramètres précis qui concernent un travail spécifique sur une machine en particulier, etc. Mais, actuellement, la plupart d'entre eux ne s'engagent pas dans la création de profils : c'est un travail de Titan exploitable seulement si la personne qui les intègre comprend ce qu'elle fait.

Les profils les plus souvent exploités par les imprimeurs français sont standardisés, type Eurostandard (Euroscale), communs pour les machines, les papiers et les encres les plus utilisés. Les profils SWOP sont très employés dans le monde anglo-saxon.

En France, le Sicogif (Syndicat national des industries de la communication graphique et de l'impression française) propose ses normes, affaire à suivre… L'ambition est d'établir des normes européennes.

Actuellement, pour que le système de gestion de la couleur soit performant, il faut que les matériels le soient et que tous les acteurs de la chaîne soient compétents. En extrapolant, rien n'empêche d'imaginer que la standardisation et la maîtrise des profils rendront possible, dans certains secteurs professionnels, de se passer d'épreuves de photogravure sur papier. Dans un avenir plus ou moins proche, car le manque de formation et de moyens pour s'équiper est patent, les corrections de chromie seront sans doute effectuées uniquement sur écran grâce au *soft proofing* qui permet une prévisualisation de la reproduction de couleurs à l'impression. Les imprimeurs prendront en charge des flux de production à partir du RVB.

Méthode pour traiter les illustrations

Qui, du graphiste ou du photograveur, traite techniquement les illustrations ? Quel type d'épreuve choisir ? Qui contrôle et sécurise les fichiers ? Les temps sont durs pour le donneur d'ordres car les alternatives sont nombreuses et dépendent de trois grands facteurs : le niveau de qualité, les compétences et les contraintes économiques. Pour élaborer son budget, il doit trancher, même si en cours de route il est parfois contraint de rectifier sa stratégie, le travail sur les images réservant bien des surprises…

Pour la numérisation et les retouches

De moins en moins de documents non numérisés sont exploités par les éditeurs de supports de communication courants. Mais dans le milieu des produits de beauté ou de luxe et dans celui de l'édition de beaux livres et de catalogues d'exposition, les photograveurs ont encore leur place pour scanner et faire des retouches sur des photographies analogiques ou ne faire que les retouches sur des images numériques…

Voici quelques points de repères :

- le niveau de qualité est élevé : le traitement est confié à un photograveur choisi en fonction des produits qu'il traite. Il possède un savoir-faire et un équipement idoine ;
- le niveau de qualité est moyen bon : le donneur d'ordre peut opter pour un compromis. Certaines illustrations sont prises en charge par le graphiste, d'autres par le photograveur ;

- le niveau de qualité est moyen, moyen bas : si le graphiste est compétent, bien équipé, le volume d'images à scanner pas trop important, les illustrations de petite taille, etc., numérisation et retouches peuvent lui être confiées.

Pour les épreuves contractuelles

Les photograveurs, les agences bien équipées ou les imprimeurs fournissent ce type de document. Les propositions étant nombreuses, le choix dépend à la fois de raisons économiques, de l'équipement du prestataire et parfois des habitudes de l'imprimeur qui préfère un type d'épreuvage à un autre.

Si son budget est très serré et l'exigence de qualité moyenne, le donneur d'ordres peut demander des épreuves pour une partie seulement des pages illustrées, les plus représentatives, du support imprimé. Pour le reste, il se contente des sorties laser ou jet d'encre couleur, par exemple, non contractuelles. À l'imprimeur de faire de son mieux.

Le suivi

Lorsque tous les documents provenant des diverses sources sont entre ses mains, le donneur d'ordres les remet directement ou les transmet *via* Internet ou un serveur, bien répertoriés et accompagnés d'un cahier des charges, au graphiste avec qui il a mis au point la procédure de travail.

Lorsque l'état de la maquette est un peu avancé, il est en mesure de sélectionner un photograveur, à qui il fait appel pour la numérisation, la retouche des images ou la fourniture des épreuves ou les trois.

Sélection des photograveurs

Les photograveurs sont sélectionnés en fonction de leur équipement. Celui-ci doit correspondre aux besoins :
- type, définition, densité maximale de l'analyse et format des scanners ;
- types d'épreuves fournies, formats possibles.
Il doit aussi proposer un bon rapport qualité/prix. Le matériel et la clientèle du photograveur renseignent sur son niveau de qualité.

Lors de l'entrevue avec le photograveur, le donneur d'ordres doit :
- estimer le nombre et le type – trait, simili, quadrichromie… – des illustrations confiées au prestataire ;
- estimer, s'il en est capable, le format des illustrations. Cette information dépend du degré d'avancement de la maquette dont il peut montrer une copie au prestataire.

S'il a besoin d'une rapide évaluation du budget de photogravure et que la réalisation de la maquette n'est pas assez avancée, il peut donner l'information sous cette forme : 1, 1 et demie, 2 ou 3 illustrations par page par exemple.

Lors de l'entretien destiné à faire établir le devis de photogravure, il doit préciser la nature des prestations attendues :

- le procédé d'impression et la linéature de la trame, le type de papier ;
- les opérations particulières : détourage, imbrication, retouches, etc. ;
- le type d'épreuves : Epson, Cromalin numérique, Kodak Approval... ;
- le mode de présentation des épreuves : en vrac ou en pages montées ;
- le nombre d'épreuves, si toutes les pages ou toutes les images ne doivent pas être « épreuvées », en précisant lesquelles doivent l'être ;
- le volume de corrections sur épreuves compris dans le prix négocié ;
- la fourniture de basses définitions pour le graphiste, s'il y a lieu ;
- la fourniture d'un CD d'archivage ;
- la sécurisation des fichiers.

Il négocie également un planning. Lors de l'établissement du bon de commande comportant le prix arrêté, toutes ces indications sont reprises dans un cahier des charges. La présence du graphiste et du fabricant est indispensable lors du brief.

Procédure de travail

Voici une procédure de travail applicable au cas pratique n° 1 traité plus loin. Elle permet de comprendre la nature des tâches à accomplir. Dans cet exemple, les images sélectionnées sont, pour les unes déjà scannées (photographies numériques et images d'agence prises sur Internet), pour les autres à scanner : Ektas et photographies papier. Graphiste et photograveur interviennent successivement pour exécuter leur tâche respective. Le graphiste est chargé de la mise en pages de l'ensemble du document, intérieur et couverture.

Catalogues de beauté, de produits de luxe, de VPC

La mise en place de procédures de travail est indispensable. La validation des images créées par les photographes ou issues des banques d'images et celle des documents de contrôle est faite par de nombreuses personnes – agences, services de communication et de fabrication –, ce qui entraîne de nombreux allers et retours et beaucoup de gaspillage d'énergie... si elle n'est pas canalisée.

Cette méthode n'est pas universelle, mais certains points sont à retenir. La mise en basse définition des images est utilisée lorsqu'un document de pagination importante comporte de nombreuses illustrations. En effet, le poids des fichiers en haute définition rend leur manipulation dans la mise en pages difficile. Pour les couvertures et les documents comportant une centaine d'illustrations ou plus, tout dépend de la taille des images. Travailler en haute définition ne pose pas de problème à condition de scinder les fichiers dans le logiciel de montage.

Lorsque le graphiste travaille en basse définition, il fait un lien avec l'image en haute définition. C'est aussi le cas du photograveur qui scanne des images et les fournit

QUI FAIT QUOI ?

Donneur d'ordres	Graphiste	Photograveur
	1. Le texte validé ou presque est en place dans la mise en pages, il regroupe les illustrations : - référence images de l'agence et photos du photographe, les bascule en basse définition et conserve la version originale ; - scanne en basse définition Ektas et photos papier non numérisés ; - effectue agrandissements, réductions et cadrages sur les basses définitions qu'il intègre dans la maquette en les référençant comme les hautes définitions. Référencement possible par ordre d'entrée dans la mise en pages. Exemple : CATXY.P801 et ainsi de suite jusqu'à CATXY.P6080.	
4. Vérifie l'ensemble du document : texte, placement et taille des illustrations.	2. Exécute en basse définition des propositions pour la couverture. 3. Remet au donneur d'ordres des sorties couleur des pages intérieures et de la couverture.	
6. Vérifie l'ensemble du document, corrige et donne son accord.	5. Effectue corrections et modifications de mise en pages demandées et soumet une nouvelle sortie couleur.	
	7. Effectue les dernières corrections et transmet au photograveur : - un fichier pour la mise en pages avec, dans les pages, les images référencées sans les basses définitions ; - les Ektas et photos papier à scanner préparés (taille, cadrage, etc.) et référencés ; - un fichier des illustrations d'agence et les photos du photographe en haute définition ; - les sorties papier de la mise en pages (illustrations en basse définition en place), intérieur et couverture avec références des illustrations et travaux particuliers à effectuer (corrections chromatiques, fonds perdus, effets spéciaux ou calque).	
	8. Rassemble les informations, vérifie la présence de tous les éléments, liste les points de contrôle dans le fichier de mise en pages avec les textes qu'il remet au photograveur en même temps que tous les éléments énumérés en phase 7.	9. Scanne les illustrations, Ekta et papier, dans les formats indiqués sur les sorties couleur, en haute définition, en les nommant comme le graphiste (pour l'archivage). 10. Réduit, agrandit les illustrations en haute définition. Intègre les illustrations dans la mise en pages. Contrôle les fichiers, les convertit et certifie le PDF. (Liste des contrôles et consignes au chapitre 4.) 11. Fabrique les épreuves, cromalins numériques en pages de l'ensemble du support imprimé, qu'il remet au graphiste ou au donneur d'ordres.
12. Corrige avec le graphiste et le fabricant, s'il y en a un, les épreuves de chromie et y porte les corrections.		13. Effectue les corrections de chromie et refait de nouvelles épreuves des pages comportant trop de corrections. Les corrections faites sur écran sans sortie de nouvelles épreuves sont reportées à la main sur les épreuves existantes. Soumet les nouvelles épreuves au donneur d'ordres.
14. Corrige éventuellement et donne son BAT.		15. Effectue les ultimes contrôles, reconvertit le fichier en PDF, le certifie et le sécurise avant sa remise à l'imprimeur (voir chapitre 4).

Contrôle

La correction des épreuves doit être effectuée en lumière du jour ou avec une lumière qui la restitue.
Le donneur d'ordres porte son attention sur les points ci-dessous, qu'il valide ou corrige :
- le format des documents ;
- le format des illustrations ;
- les textes et la présence de tous les éléments, si les épreuves sont fournies en pages ;
- la présence de la matière nécessaire aux fonds perdus pour les images destinées à dépasser du format rogné du document (voir chapitre 1) ;
- la qualité de reproduction dans les dégradés et les modelés ;
- la qualité de reproduction des filets ;
- la densité des couleurs contrôlée avec un densitomètre sur les gammes imprimées sur « la barre de contrôle » ;
- le respect des couleurs en comparant avec les originaux.

Après avoir porté ses corrections sur les épreuves ou les avoir validées, le donneur d'ordres date et signe. Sa signature a valeur juridique.

dans un fichier en basse définition au graphiste. Ainsi, lorsque les images en haute définition doivent prendre la place des basses définitions pour entrer dans le flux de production, la bascule se fait grâce au système OPI (*Open Prepress Interface*), à condition que les images en basse et en haute définition portent une référence identique et que celle-ci ne soit absolument pas modifiée pendant la mise en pages. Dans le cas contraire, l'image en haute définition ne se substitue pas à l'image en basse définition car elle n'est pas identifiée.

Il faut retenir que convertir un fichier dans un format de sécurisation – PDF, TIFF IT P1... – consiste à figer son contenu et à le rendre capable de s'insérer dans le flux de production de l'imprimeur, d'être reconnu par le RIP. Pour cela, le fichier doit auparavant passer par un certain nombre d'étapes et toutes les sécurisations ne se valent pas (voir chapitre 4).

Les tâches de conversion et de certification des fichiers sont actuellement réparties entre graphistes, photograveurs et imprimeurs (voir tableau précédent).

LES COÛTS

La photogravure est un coût fixe qui se décline en :
- coût de numérisation qui dépend du format final du document ;
- coût d'épreuvage ;
- coût de retouches, si celles-ci dépassent le niveau négocié.

Les prestataires peuvent proposer leur service sous forme de tarif établi par format, par nombre de couleurs et par type d'épreuvage.

CAS PRATIQUE n° 1

Reprenons l'étude de ce cas, un catalogue édité pour le centenaire de la firme XY, afin d'établir un prix de revient des prestations en jeu.

Caractéristiques techniques nécessaires à cette étape :
- format : 22 x 28 cm ;
- nombre de pages : 64 ;
- iconographie, source et nature des documents.

Le service communication s'est chargé de rassembler les illustrations :
- 34 diapositives couleur au format 24 x 36 mm, appartenant à l'entreprise, sélectionnées par le donneur d'ordres et le graphiste, 17 quarts de page, 16 demi-pages, et la couverture ;

- 10 photographies anciennes sur papier appartenant à l'entreprise, sélectionnées par le donneur d'ordres, 2 pleines pages servant de fond d'image, 8 quarts de page ;
- 32 photos couleur réalisées par un photographe avec un appareil photo numérique et fixées sur un CD ;
- 5 photographies d'agence, téléchargées sur Internet d'abord en basse puis en haute définition.

Le coût des images

Voici la répartition des coûts dans la grille de prix de revient. (Pour la rémunération du graphiste, voir chapitre 1.)

Le coût de la photogravure

La qualité des images est un peu inégale, compte tenu des diverses sources. Le parti pris du donneur d'ordres est de faire numériser par un photograveur les illustrations qui ne pas sont pas fournies sur support informatique, soit 34 Ektas couleurs, dont un pour la couverture, et 10 photographies anciennes traitées en simili. Au total, 44 images.

Pour les épreuves de photogravure, le donneur d'ordres a choisi des Cromalins numériques.

COÛT DES IMAGES

	Frais fixes	Frais variables	Mille suivant
Droits de reproduction dans une agence, *via* Internet : 5 illustrations en couleurs devant occuper 1/4 de page dans le catalogue. Avant le téléchargement des images en haute définition, pour régler le montant des droits d'utilisation, le donneur d'ordres a fourni des renseignements sur l'exploitation qu'il comptait faire des images. Il a réglé 50 € par illustration (coût de l'utilisation) et ensuite en moyenne 62 € pour les droits de reproduction (France uniquement), soit 112 € par illustration : (112 € x 5) =	560 €		
Photographe Il est difficile de donner des tarifs, même approximatifs. Tout dépend du sujet et de la renommée du photographe. Le donneur d'ordres lui a commandé 32 photographies. Chaque photographie retenue a été négociée 130 €, droits de reproduction compris mais dans certaines conditions (à négocier avec le photographe). Il n'est pas légal d'inclure les droits, mais dans la pratique... (130 € x 32) =	4 160 €		
Frais technique (pas de frais de déplacement) Le donneur d'ordres aurait pu proposer un règlement forfaitaire à la journée.	250 €		
Total des coûts	**4 970 €**		

Tarif fourni de photogravure

Deux photographies anciennes traitées en simili occupent des pleines pages, donc à fond perdu. La valeur de ces similis sera affaiblie pour venir en fond d'ambiance avec faire un effet calque.

Le format du document est 22 x 28 cm, alors que le format des épreuves A4 propose 21 x 29,7 cm. Le format rogné, les hirondelles de coupe pour la rogne et les fonds perdus doivent apparaître sur l'épreuve.

Le donneur d'ordres se trouve alors confronté à deux solutions :
- il tient absolument à voir les épreuves dans le format réel du document, auquel cas il devra les demander dans un format A3 ;
- sa préoccupation est économique : il peut demander au photograveur de réduire l'impression à 90 % lors de la sortie. Ainsi, tout sera

Scan quadri	Épreuves quadri	
	Cromalin numérique	Kodak Approval
A5 : 15 €	A5 : 20 €	A5 : 30 €
A4 : 20 €	A4 : 25 €	A4 : 40 €
A3 : 35 €	A3 : 35 €	A3 : 50 €

Pour les similis, multiplier les prix par 0,6.
Pour les détourages simples, multiplier les prix par 1,20.
Sécurisation TIFF IT : 7,50 € la page A4.
Sécurisation PDF : 4,50 € la page A4.

COÛT DE LA PHOTOGRAVURE

	Frais fixes	Frais variables	Mille suivant
8 photographies anciennes traitées en simili sont scannées dans le tarif en A5. Format final des illustrations : 6 x 10 cm ou 10 x 6 cm (15 € x 0,6 x 8) =	72 €		
2 photographies anciennes traitées en simili, scannées en A3, format final : 22,5 x 29 cm, avec les fonds perdus qui débordent en hauteur et sur le côté latéral extérieur. La matière supplémentaire disparaît à la rogne. (35 € x 0,6 x 2) =	42 €		
33 Ektas scannés en A5 : 16 Ektas 1/2 pages scannés dans le tarif en A5 : (15 € x 16) = 17 Ektas 1/4 de pages scannées dans le tarif en A5 : (15 € x 17) =	 240 € 255 €		
Retouche, cadrage, agrandissement, réduction des illustrations déjà scannées (37 documents x 25 €) =	925 €		
Intégration des illustrations dans la mise en pages : forfait	100 €		
Épreuves traitées en A4 (choix dangereux, il faut être attentif aux formats dans le fichier) et en quadrichromie car les illustrations sont en pages et des similis et des quadris sont présentes sur ces mêmes pages. 64 épreuves en pages de l'ensemble du document : (25 € x 64) =	1 600 €		
Contrôle, conversion, certification en PDF (64 pages x 4,50 €) = Fourniture d'un CD d'archivage	288 € gratuit		
Coût total de photogravure de l'intérieur	**3 522 €**		
Coût moyen à la page (2 949 €/64)	**46,08 €**		
Forfait couverture, scan et épreuves	**150 €**		
Coût total de photogravure	**3 672 €**		

visible sur une épreuve en format A4. Mais il doit être ensuite très vigilant et en avertir de façon claire l'imprimeur.

Comment se servir du tarif

Les illustrations dont la dimension finale ne dépassent pas le A5 ressortent du tarif du A5. Au-delà, le tarif du format A4 doit être appliqué. Les quarts de pages étant nombreux dans notre cas, il serait possible de négocier une remise sur les scans...

Attention

La prise en compte des fonds perdus ne doit porter que sur le format extérieur du document, pas à l'intérieur le long du pli. Exemple : format de la page avec les fonds perdus 22,5 cm (soit 22 cm + 0,5) x 29 cm (soit 28 cm + 0,5 x 2).
Pour la numérisation, il faut tenir compte du format final des illustrations.

Résumé des tâches

1. Recherche et sélection des illustrations.
2. Traitement des images en basse définition. Intégration dans la mise en pages.
3. Correction et validation de la mise en pages.
4. Exécution de la mise en pages définitive.
5. Incorporation des images en haute définition.
6. Conversion et contrôle des fichiers pour la fabrication des épreuves.
7. Fabrication et correction des épreuves.
8. Contrôle, conversion et sécurisation des fichiers pour l'impression.

Ces trois dernières tâches seront reprises plus en détail dans le chapitre suivant.

4 Le traitement des fichiers

Les pièces du puzzle – texte, images et mise en pages définitive – ont été traitées et validées. Les opérations de conversion, contrôle et sécurisation des fichiers en vue de l'impression, évoquées dans le chapitre 3 et développées ici, constituent une étape d'autant plus importante de la fabrication d'un support imprimé qu'elles suscitent nombre d'inquiétudes du fait des problèmes rencontrés à l'occasion de leur réalisation. La manipulation des données numériques peut en effet provoquer, si elle n'est pas maîtrisée, erreurs et pertes de temps.

Les avancées technologiques récentes ayant contraint graphistes, photograveurs et imprimeurs à se former sur l'ensemble de la chaîne graphique, à repenser leur métier pour rester en vie, il est difficile aujourd'hui d'établir de manière définitive qui fait quoi en matière de prépresse. Les habitudes et les attentes des donneurs d'ordres ou des prestataires importants imposent pour l'instant les règles à des clients et des fournisseurs prestataires ne disposant pas tous des mêmes niveaux de compétence ou d'équipement. Mais les systèmes de gestion de l'ensemble de la chaîne, tel le JDF (*Job Document Format*), qui se mettent en place de manière chaotique car les parcs machines actuels ne les intègrent pas encore, deviendront incontournables à plus ou moins long terme.

La réalisation des fichiers destinés à s'intégrer dans le flux de production de l'imprimeur n'est pas du domaine du donneur d'ordres. En revanche, le coût supplémentaire de leur mauvaise conception le concerne directement. Aussi peut-il, dans un premier temps, éviter les erreurs récurrentes en fournissant au graphiste, s'il fait appel à un prestataire extérieur, un cahier des charges rassemblant les procédures de vérification et de conversion ainsi que des recommandations. Pour cela, il doit en comprendre au moins le vocabulaire et l'application. Ce chapitre devrait l'y aider ; il abordera successivement :

- le rappel des tâches propres aux étapes qui précèdent le contrôle des fichiers ;
- les exigences de l'impression : trame et linéatures, résolutions d'impression, angles de trame ;
- les formats « sécurisés » (PostScript, PDF et TIFF IT), le traitement des fichiers chez l'imprimeur pour passer du numérique à l'analogique, interprétation, rastérisation et tramage.

Remarque

Par souci de cohérence, les coûts des opérations de sécurisation ont été présentés en fin de chapitre 3 avec le coût global de la photogravure, cette tâche ayant été confiée au photograveur.

Une méthode de travail incluant un modèle de cahier des charges, des précisions sur la conversion et la certification ainsi que des indications sur le suivi des tâches termine ce chapitre.

Rappel des tâches

Pour mieux appréhender les phases de développement de ce maillon de la chaîne, le contrôle du fichier à remettre à l'imprimeur, et pour faire lien avec le chapitre précédent, il n'est pas inutile de résumer les étapes qui doivent le précéder :

- la composition et la validation du texte sur des sorties papier ;
- le traitement des images dont la définition est en lien direct avec la linéature de la trame de l'imprimeur ;
- la validation de l'ensemble de la mise en pages sur des sorties papier couleur, les images pouvant être en basse définition ;
- la validation de la chromie et de la qualité des images, en haute définition, sur des épreuves contractuelles.

Les procédures de travail doivent s'adapter aux circonstances. De plus en plus, des images déjà scannées ou issues de prise de vues numériques sont utilisées, en dépit de leur faible qualité. Le photograveur va vérifier leur qualité et fournir des épreuves de contrôle.

Les matériels et les outils de contrôle de plus en plus performants permettent la mise en place de cellules qui prennent en charge l'intégralité du prépresse jusqu'au moment où le fichier sécurisé et les épreuves de photogravure sont remis à l'imprimeur qui va fabriquer les formes imprimantes et procéder à l'impression. Toutes les combinaisons sont imaginables, à condition de confier les tâches à des personnes compétentes et de valider toutes les étapes.

Pour appréhender la complexité du traitement des fichiers, il faut repartir des fichiers natifs et enchaîner les diverses opérations qui conduisent à la fabrication de la forme imprimante, sans incidents de préférence… L'essentiel, c'est qu'il faut imprimer et le passage du numérique à l'analogique se fait par la reconstitution des sujets à l'aide de petits points disposés dans une grille, c'est-à-dire en mode bitmap. Mais pour en arriver là quelles sont les exigences de l'impression ?

Qui commande ?

Les services éditorial, de fabrication, de communication, l'agence de création si le prépresse lui est intégralement sous-traité.

Qui contrôle les fichiers ?

Le graphiste avant de les remettre au donneur d'ordres, qui doit les faire contrôler avant sécurisation ou transmission à l'imprimeur.

Qui certifie ?

Le graphiste, le photograveur ou l'imprimeur certifie le fichier. Le photograveur ou l'imprimeur le sécurise.

Les exigences de l'impression

Lors de l'impression, les points dont les centres sont équidistants les uns des autres s'accrochent dans les cellules d'une grille définie en lpi (*line per inch*), ou ligne par pouce, la trame. Selon le procédé d'impression et la qualité requise pour le document final, elle comporte plus ou moins de lignes, ce que l'on nomme la « linéature de la trame ».

La trame, les linéatures

Voici des exemples de linéatures de trame en impression offset :
- 80 ou 100 lpi pour les journaux ;
- de 120 à 133 lpi pour l'impression des produits en noir ou en bichromie avec ou sans similis ou pour certaines impressions en couleur sur du papier non couché ;
- 150 lpi, la plus courante, 170 ou 200 lpi pour la quadrichromie sur des papiers couchés, les deux dernières étant réservées aux documents de très bonne qualité ;
- 300 lpi lorsque la technologie Waterless, ou sans eau, est exploitée (voir chapitre 5).

D'un procédé d'impression à l'autre, la linéature des trames est différente :
- en héliogravure, 170, 175 pour l'impression sur les supports papiers ;
- en fléxographie, de 90 à 120 lpi ;
- en sérigraphie, de 50 à 100 lpi.

Remarque

Plus la linéature est élevée, plus les points situés à l'intérieur de la cellule sont fins. Exemple : un point ayant une valeur de 50 %, occupe, quoi qu'il arrive, la moitié de la matrice de points. Le point en linéature 150 est quatre fois plus petit qu'en linéature 75. Le point de trame qui s'inscrit dans la linéature est lui-même composé de petits points.

Les résolutions d'impression

Les petits points de grosseur constante, les dpi, vont se poser dans une matrice de 16 par 16 cellules, pour donner la possibilité de reproduire les 256 niveaux de tons. Ainsi, pour une linéature de 150 lpi, la résolution de flashage de la plaque est de (150 x 16) = 2 400 dpi linéaire. Avec une linéature de 200 lpi, elle est plus élevée (200 x 16) = 3 200 dpi.

À l'inverse, avec une résolution de 1 200 dpi dans une linéature de 150 lpi, c'est une matrice de 8 cellules qui est créée (1 200/150) = 8 ; 64 niveaux de tons (8 x 8) peuvent donc être fabriqués, et non 256.

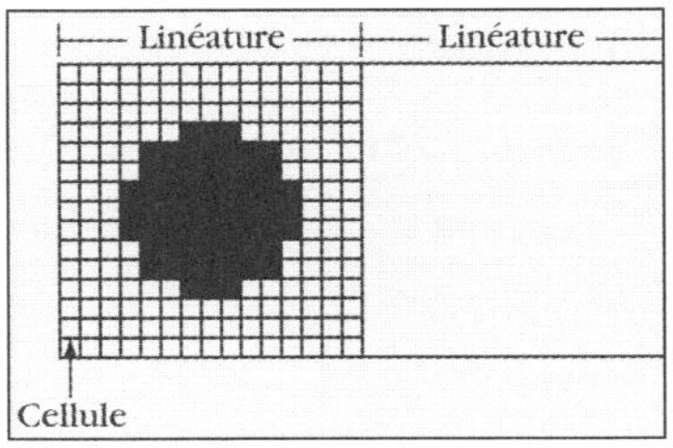

Exemple de trame.

Les cases des cellules sont plus ou moins remplies. C'est la quantité de blanc entourant le point constitué qui restitue les niveaux de ton pour l'œil.

La trame classique est également appelée « AM » (*Amplitude Modulation*), ou modulation d'amplitude : les points varient en grosseur. Mais des trames aléatoires, ou stochastiques, les trames FM, ou modulation de fréquence, qui ne sont pas de type linéaire, sont également exploitées : les points ne varient pas en grosseur mais en nombre par unité de surface. Certaines, équivalentes à une trame 500, exigent un soin minutieux lors de la gravure des plaques et de l'impression, mais permettent un rendu plus intéressant et des économies d'encre.

Très récemment sont apparues des trames hybrides qui empruntent aux trames classiques et à modulation de fréquence. Elles offrent de meilleures restitutions dans les trames faibles et moyennes.

Les points de trame sont ronds, mais il existe des trames dont les points sont carrés, elliptiques ou spécifiques. Elles sont destinées aux « effets spéciaux ».

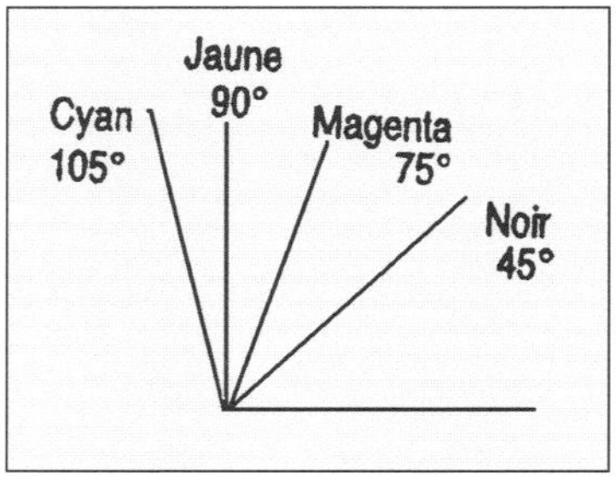

Les angles de trame.

Les angles de trame

Lors du tramage, une inclinaison particulière, propre à chaque couleur, est donnée aux points afin que ceux-ci s'imbriquent les uns dans les autres à l'impression et ne se superposent pas. C'est l'angle de trame. L'écart entre les couleurs est de 30°, sauf le jaune. Le noir est généralement disposé à 45 %. Exemple : Cyan 105, Magenta 45, Jaune 0 et Noir 45.

Si l'écart entre les couleurs n'est pas respecté, des effets de moirage (de flou) surviennent à l'impression.

Les formats

Le format d'un fichier est son langage de description, son dictionnaire en quelque sorte. On imagine aisément ce qui risque de se produire lors des transmissions si au départ et à l'arrivée le même langage n'est pas utilisé ou si ce langage est mal interprété... Un bref rappel concernant le format PostScript ne nuira pas à la compréhension de la suite.

Le format PostScript

Ce langage de description standard est indépendant de celui du périphérique utilisé – imprimante, flasheuse de films ou système de gravure des plaques et des cylindres. Il liste chaque élément contenu dans une page – texte, images, filets, etc. –, et le définit comme un objet composé de tracés décrits par des formules mathématiques (voir chapitre 3).

C'est le langage adopté par la PAO, intégré dans la majorité des plates-formes. Exemple : un graphiste crée une page complète composée de divers éléments et souhaite l'imprimer. Il lance l'imprimante. Le programme interne au système convertit le fichier au format PostScript puis le RIP de l'imprimante l'interprète et le traduit en bitmap, c'est-à-dire une suite de petits points dont la taille dépend directement de la résolution proposée par l'imprimante, bien qu'il soit possible de choisir des résolutions plus basses que celle qui est indiquée comme maximum.

Si c'est peut-être suffisant pour les épreuves de placement, ça ne l'est ni pour les épreuves de chromie ni pour la fabrication des plaques car le langage PostScript peut être interprété différemment selon les matériels et le contenu des fichiers peut être modifié.

Remarque

Actuellement, les parades consistent à convertir les fichiers dans des formats qui en figent le contenu, c'est-à-dire en PDF et TIFF IT.

Les formats « sécurisés »

Le PDF

Le PDF a été créé pour lire un fichier sur n'importe quelle plate-forme, sans qu'il soit nécessaire d'avoir les logiciels ayant servi à sa création, et de façon que ce dernier prenne le moins de place possible lors du transfert et du passage dans les réseaux. Le logiciel Acrobat qui crée ce format existe en plusieurs versions. L'une, Acrobat Reader, convient pour la lecture seule et l'impression du fichier si son créateur l'autorise ; la version Acrobat Reader7 permet, avec l'autorisation de l'auteur du fichier, d'effectuer des corrections. Une autre, Acrobat Distiller, convient parfaitement pour l'écriture en format PDF des fichiers destinés à la fabrication, après interprétation, des épreuves de chromie numériques et des formes imprimantes (numérique, offset héliogravure...).

Ce format génère, en quelque sorte, une image de la page, fidèle, lisible. Le fichier conserve l'intégralité de son contenu quel que soit le matériel utilisé, alors que la restitution d'une page en PostScript ne peut se voir que lorsqu'elle a été imprimée. Il faut retenir que ce format nécessite malgré tout une interprétation pour être converti au format bitmap nécessaire pour passer à l'analogique.

Le TIFF IT P1

Et non « TIFF » tout court. Ce format interprète les fichiers natifs et les convertit en fichiers bitmap haute résolution, sans passer par un format intermédiaire. Le fichier est pré-interprété, une image virtuelle est créée. Seul format dont on puisse dire qu'il est sécurisé, c'est en quelque sorte la représentation des films d'avant le CTP. Le donneur d'ordres a la certitude que la sortie sera conforme au contenu du fichier.

Très lourd, le TIFF IT P1 est surtout employé dans la presse, les délais n'autorisant pas de corrections avant le calage des machines, ou lorsque le document n'est pas trop volumineux. Certains imprimeurs ne travaillent pas en TIFF IT P1 car ce format demande un matériel capable de prendre en charge des fichiers très lourds.

Pour exemple : le rapport de poids d'une page A4 peut être de 10 Mo en PDF, 30 Mo en PostScript et 50 en TIFF IT P1.

PDL *Page Description Language* : langage de description des pages. Par exemple, PostScript et PDF sont des langages de description des formats.

Le compactage

Pour transférer les fichiers chez l'imprimeur *via* Internet, il est nécessaire, même en format PDF, de les compacter, de les compresser s'ils sont très volumineux afin d'en alléger le poids. À défaut, des informations risquent d'être perdues.
Pour transférer les fichiers sur le serveur FTP d'un imprimeur, il faut suivre ses recommandations.

Si le donneur d'ordres remet à l'imprimeur des fichiers en formats natifs, celui-ci les convertit en PDF ou TIFF IT. Passons maintenant au traitement des fichiers par le prestataire après leur conversion.

Le fichier chez l'imprimeur

Le fichier au format PDF ou TIFF IT est pris en charge par l'imprimeur qui y incorpore numériquement l'imposition, c'est-à-dire l'aménagement des pages du document sur la forme imprimante (voir chapitre 5). Ensuite, avant la gravure des plaques, il fabrique, grâce à une imprimante laser ou à jet d'encre, une épreuve de contrôle, le « traceur numérique », représentant l'ensemble du document avec les pages disposées dans l'ordre chronologique de lecture.

Après le retour du traceur, le fichier « imposé » sert à fabriquer directement les plaques. Le matériel du CTP (*computer to plate*) le prend en charge.

Interprétation, rastérisation et tramage

Le fichier en format PDF est interprété par le RIP, « ripé », pour passer en mode bitmap. C'est le moment où sont fabriqués sur la plaque les points, les pixels, dont la grosseur et le nombre au pouce linéaire dépendent de la linéature de la trame et de la résolution générée par le RIP qui a reçu des ordres précis à ce sujet (voir plus haut). Les angles des trames spécifiques de chaque couleur sont également créés à ce moment.

Remarque

Avant de scanner un document déjà imprimé, qui a donc déjà subi un tramage, il faut le faire passer par une opération de détramage, option que propose les scanners. Elle consiste à neutraliser la trame existante qui afin d'éviter un effet de moirage (de flou) à l'impression.

Autre définition du mot trame

La trame de l'imprimeur est exprimée en lpi (*line per inch*), ou ligne par pouce. Mais lorsqu'une couleur est « tramée », c'est qu'elle a été affaiblie par introduction de blanc. La couleur à 100 % de sa valeur est un aplat. Par exemple, un magenta à 20 % signifie que cette couleur a perdu 80 % de sa valeur par introduction de blanc.

Méthode de travail

Pour améliorer les procédures de travail, le donneur d'ordres peut faire élaborer un cahier des charges type, qu'il transmettra au graphiste chargé de le rendre lors de la remise des fichiers.

Avant tout, il est préférable de comprendre la nature des points de contrôle et pourquoi ils sont nécessaires à une étape donnée. Le cahier des charges est un excellent pense-bête pour aborder la vérification du fichier. La conversion de celui-ci dans l'un des formats cités plus haut et la certification d'un fichier en format PDF seront présentées ensuite.

Un fichier très bien préparé, conforme aux impératifs de l'impression, peut normalement se passer de certification ; mais pourquoi ne pas le faire par sécurité ?

Modèle de cahier des charges

Nature du document

Titre :
Format :
Nombre de pages :

❑ Noir et banc ❑ Quadri
❑ 2 couleurs réf. 1 réf. 2 ❑ 3 couleurs réf. 1 réf. 2 réf. 3
❑ Ton direct en 5e couleur réf. ❑ Ton direct en 6e couleur réf.

Linéature de la trame : ❑ 120 ❑ 133 ❑ 150 ❑ 170 ❑ autre
Système utilisé : ❑ Mac ❑ PC/Windows
Support utilisé (indiquer la quantité) : ❑ CD-Rom ❑ JAZ ❑ DVD-Rom ❑ ZIP
Polices de caractères utilisées, sauf avec PDF 1.3, uniquement Adobe Postscript Type 1
Joint polices écran et utilisées dans les imports ❑ oui
Images enregistrées : ❑ TIFF ❑ TIFF colorisées dans XPress
❑ EPS Binaire ❑ EPS compression JPEG ❑ PDF
Dessins vectorisés : ❑ Illustrator version… ❑ FreeHand version… ❑ Autre
Type de fichiers : ❑ Natif ❑ PostScript ❑ PDF ❑ TIFF IT P1
Pour les fichiers natifs :
❑ XPress version… ❑ InDesign version… ❑ PageMaker version…
❑ FrameMaker version… ❑ Autre

Préparation du fichier

- Format de page du fichier : au format final du document ❑ oui ❑ non
- Informations de défonce/recouvrement vérifiées ❑ oui
- Joint une épreuve laser séparée ❑ oui
- Fonds perdus : les 5 mm de débord ont été respectés ❑ oui
- Le fichier est en CMYK ❑ oui
- Les couleurs personnalisées et Pantone devant être imprimées en quadri ont été converties ❑ oui
- Les intitulés des dossiers sont explicites (images, polices…), subdivisés et limités à l'essentiel ❑ oui
- Les fichiers trop lourds ont été subdivisés ❑ oui
- Le nom des fichiers de mise en pages est identique à la foliotation finale ❑ oui

Si les couleurs sont générées dans XPress ou InDesign :

- Pour le ton Pantone, couleur d'accompagnement, l'info de quadri est désactivée ❑ oui
- Les couleurs de travail ne sont pas restées enregistrées ❑ non
- La fonction « Rassembler les informations pour la sortie » a été activée ❑ oui
- Les éléments ne devant pas figurer dans le document final ont été supprimés ❑ oui

Remarque

Lorsque, par exemple, un texte en couleur est placé sur un fond de couleur, afin que 5 couleurs ne se nuisent pas lors de l'impression, il faut pratiquer un « trou » de la même forme que le texte pour que cèlui-ci soit imprimé sur la surface blanche du papier.
Attention : ne pas prévoir de fond perdu dans le dos de l'ouvrage.

- Toutes les pages, y compris les blanches, sont incorporées ❑ oui
- Le rapport sur le document a été importé dans XPress (fichier texte) ou InDesign ❑ oui

Pièces à joindre

Pour les documents en couleurs :

❑ épreuve couleur de la dernière version des fichiers.

Pour les documents en 2 couleurs :

❑ sortie laser séparée de la dernière version des fichiers.

Pour les documents en noir :

❑ une épreuve en noir de la dernière version des fichiers.

Recommandations

Voici maintenant la liste, non exhaustive, des précautions à prendre pour éviter les principales causes d'erreurs.

- Contrôler que toutes les images sont présentes et à jour.
- Ne pas utiliser le même nom pour deux fichiers différents.
- N'utiliser que des lettres et des chiffres pour l'intitulé des fichiers.
- Ne pas utiliser de lettres accentuées ni les caractères + = < > () , . ; : ! ? & ' ^ * / § « » # @ espace.
- Ne pas générer de fichier en planche (double page). Lorsque l'imprimeur effectue le montage électronique des pages, l'imposition, il prend les pages une par une pour créer la forme imprimante.
- Les « fichiers pages » doivent faire référence aux pages qu'ils contiennent. Exemple : une lettre pour le contenu Page = P, des chiffres pour les folios, 099 = page 99. Trois lettres (au moins) pour désigner le format du fichier, soit « P099.PS ».
- Pour les imports, inclure dans le nom du fichier une extension désignant le format de fichier. Il s'agit des fichier importés dans la mise en pages (TIFF, EPS...).
- Pas de TIFF pour la fourniture d'une épreuve IRIS. Le RIP qui génère les épreuves IRIS ne reconnaît pas le TIFF.
- En TIFF, jamais de fond transparent (mode aucun), image sur fond blanc ou de couleur.
- En EPS, enregistrer en 1 seul fichier, pas en DCS qui utilise 5 fichiers.
- Pas d'image en basse définition.
- Les images doivent être obligatoirement en CMJN.
- Pas de blocs de texte ou d'images en dehors des pages.
- Tous les fichiers au même format.
- Ne pas utiliser le menu ou les commandes clavier pour le style gras ou italique.
- EPS compression JPEG seulement pour 1 document quadri.
- La valeur minimum des filets : 1 couleur 0,3 point. Plusieurs couleurs 0,5 point. Pas de filets maigres.
- Les filets vectorisés spécifiés « contour » et non pas « fond ».

- Les Bendays, ou fonds tramés, définis en CMJN ou Pantone à l'exclusion de tout autre mode.
- Ne jamais utiliser de pourcentage de trame inférieur à 5 %.
- Dans une page XPress, il est préférable d'enregistrer les images dans le même format, TIFF ou EPS.
- Pour l'impression sur papiers non couchés, offset et création, penser au retrait des sous-couleurs.
- Pour l'engraissement du point de trame, il s'agit d'anticiper sur l'engraissement naturel du point de trame lors de l'impression, exprimé en pourcentage, pour en réduire les conséquences. L'écrasement entre les cylindres, l'encrage et le mouillage provoque l'élargissement du point sur sa périphérie.
  Les logiciels proposent des engraissements standards par rapport au type de machine et de papier, mais il et préférable d'interroger l'imprimeur. Des papetiers fournissent également des profils pour utiliser au mieux leurs supports.
- La charge d'encre à ne pas dépasser : à renseigner d'après les informations de l'imprimeur selon le procédé d'impression et le papier. Afin d'éviter les problèmes de surcharge d'encre et de séchage lors de l'impression, la somme des pourcentages des couleurs utilisées, par exemple pour créer un cartouche dans XPress, ne doit pas dépasser les valeurs citées précédemment. Exemple : Magenta 60 %, Jaune 60 %, Bleu 80 %, Noir 40 %...

Sélection

Les résolutions :

- au trait : minimum 800 dpi. Pour les bandes dessinées 1 200 dpi ;
- simili (niveaux de gris) et quadri 300 dpi. Une résolution supérieure n'améliorera pas la qualité, au contraire.

Le format PostScript :

- fichier PostScript niveau 2/3, format binaire, polices incluses ;
- les hirondelles de coupes doivent figurer ;
- sous FrameMaker, impossible d'imposer numériquement des fichiers séparés.

Cette énumération n'est pas exhaustive et les données changent avec les versions des logiciels. Au donneur d'ordres de s'entourer de personnes capables de remettre régulièrement à jour ce cahier des charges.

On parle beaucoup du format PDF, très répandu et de plus en plus fiable. C'est la vie d'un document traité en PDF que nous allons donc suivre.

La conversion et la certification

La première étape consiste à contrôler dans un logiciel de PA0 la présence de tous les éléments nécessaires : textes, polices, mise en pages, images, dans les conditions du cahier des charges, grâce à une fonctionnalité du logiciel de mise en pages qu'il faut bien sûr activer : « rassembler les informations ». Le logiciel Flightcheck permet également de contrôler les fichiers natifs.

Remarque

Pour coloriser un fichier image dans un logiciel de mise en pages, il faut utiliser le format TIFF trait ou niveaux de gris.

Conseil

Il est pertinent de s'informer de leur pratique auprès des imprimeurs avant d'intégrer/d'encapsuler des profils concernant l'impression dans un fichier.
Avec l'accord de l'imprimeur, le donneur d'ordres peut faire intégrer des profils standard – Euroscale, Swop, Fogra... – ou personnalisés que l'imprimeur a spécialement créés.
Sinon il ne met rien. C'est le prestataire qui intègrera les profils.
Certains papetiers proposent maintenant des profils appropriés à leurs papiers.
Cette procédure est surtout intéressante pour les papiers de création.

Tagguer encapsuler des profils dans un fichier.

Remarque

À un récent salon professionnel, les imprimeurs ont rappelé que 80 % des problèmes venaient encore des polices, manquantes ou défectueuses.

La conversion

Pour la génération du fichier en format PDF, deux solutions se présentent :

- à partir des logiciels de PAO : XPress à partir de la version 6, InDesign dans sa version CS2 également. Avec la version CS, censée le faire, les problèmes subsistent, de transparence entre autres, et il faut repasser par le PostScript. Divers logiciels proposent également la génération du PDF ;
- à partir d'Acrobat Distiller ; la génération directe du PDF proposée par divers logiciels pose encore des problèmes aux imprimeurs. Dans la mesure du possible, il est préférable de passer par Acrobat Distiller qui en est à la version 7. Pour les versions antérieures à celle-ci, il faut passer par le PostScript, c'est-à-dire sélectionner une imprimante qui, pour l'impression, transforme le fichier en PostScript sans l'imprimer, puis ouvrir le fichier PostScript dans Acrobat Distiller et, enfin, renseigner les paramétrages de Distiller pour générer le PDF. Distiller est une barrière supplémentaire qui attire l'attention sur les oublis et les principales erreurs. Le fichier est en PDF certes, 80 % des imprimeurs les reçoivent dans cet état, mais il n'est ni certifié ni sécurisé.

La certification

Le PDF est certifié lorsqu'il a été analysé par un logiciel tel PitStop d'Enfocus qui, sur la base de profils de référence, examine le fichier et dresse un état des erreurs. Instant PDF, lui, permet d'enchaîner la création du PDF et la certification.

Les profils ne peuvent pas tenir compte de tous les cas de figure et le contrôle n'est pas fiable à 100 %, mais c'est déjà un grand pas. Une partie des erreurs est rectifiée automatiquement, les autres demandent une intervention. Après remise en ordre, le fichier est certifié : une signature y est apposée, tampon qui apparaît à l'ouverture et implique un suivi des modifications ultérieures.

Ensuite, le fichier est dit sécurisé, verrouillé. Toutefois, il ne doit pas l'être avec un mot de passe qui empêcherait l'imprimeur d'y insérer les paramètres nécessaires à l'imposition. La sécurisation du fichier donne normalement la possibilité de le verrouiller, de figer les informations pour s'assurer que le contenu ne pourra pas être modifié, mal interprété. En fait, la véritable sécurisation est faite par l'imprimeur lorsqu'il « ripe » le fichier et en crée une image virtuelle pour fabriquer ses plaques. C'est pourquoi le format TIFF IT, pré-interprété, est actuellement, nous l'avons vu, le seul format véritablement sécurisé.

Des procédures de fabrication des PDF et TIFF IT sont proposées sur les sites de certains imprimeurs. Les critères et recommandations retenus pour la certification se trouvent sur celui du Sicogif : www.sicogif.com ou encore sur celui d'un groupement fondé en 2002 par l'éditeur de logiciels Enfocus, afin de promouvoir « les bonnes pratiques de la gestion des flux de production dans les arts graphiques » qui réunit chaque année syndicats d'imprimeurs et professionnels des arts graphiques européens pour faire le point sur les avancées : www.ghentpdfworkgroup.org

Conseil

Le donneur d'ordres doit toujours conserver une version non sécurisée du fichier, en format natif.

Remarque

Toutes ces informations permettent au donneur d'ordres de décrypter et de vérifier les cahiers des charges fournis par les imprimeurs. Même si certaines notions lui échappent encore, il ne sera pas démuni pour s'informer auprès des prestataires.

Le suivi

Le donneur d'ordres doit :

- remettre un cahier des charges au graphiste ;
- vérifier la conformité du fichier avec le cahier des charges, s'il en a la compétence ou faire vérifier le fichier avant conversion en format PDF ou TIFF IT, si les deux tâches, contrôle et conversion, ne sont pas confiées à la même personne ;
- faire convertir les fichiers ;
- confier le fichier ou le transférer, sécurisé ou non, via Internet à l'imprimeur, accompagné des épreuves contractuelles et des sorties couleurs du document.

Remarque

Dans certains cas, l'imprimeur génère lui-même des épreuves contractuelles avant la sécurisation pour vérifier la chromie.

Résumé des tâches

1. Listage de tous les points de contrôle*.
2. Certification et sécurisation des fichiers.
   L'imprimeur envoie ensuite au donneur d'ordres un traceur numérique et, si des erreurs apparaissent encore sur ce document de contrôle avant la gravure des plaques, nous verrons au chapitre suivant quelle attitude adopter et les conséquences financières qui en découlent.

* Étapes et la chaîne des contrôles, par exemple :
1. Validation du texte :
- préparations éditoriale et typographique du texte,
- validation de la prémaquette,
- correction des épreuves,
- choix des illustrations.
2. Traitement des illustrations :
- correction des épreuves de chromie,
- validation de la mise en pages définitive,
- contrôle des fichiers,
- certification et sécurisation des fichiers.

5 L'impression offset

Nous abordons maintenant la phase cruciale du travail, l'impression. Ce chapitre traite spécifiquement du procédé offset qui s'est développé en France à partir des années 1950, remplaçant progressivement la typogravure. De tous les procédés d'impression proposés (les autres seront traités au chapitre 6), ce n'est pas le plus important en termes de nombre de pages imprimées, mais celui qui concerne le plus large éventail de produits. En deçà d'un certain chiffre de tirage, presque tous les supports de communication sont en effet imprimés en offset : livres, imprimés publicitaires ou d'entreprises, journaux, magazines, catalogues de toutes sortes, plaquettes publicitaires ou de bilan, agendas, étiquettes, jaquettes de CD ou de DVD, emballages, etc.

Pour bâtir le prix de revient d'un document imprimé, le calcul des coûts de l'impression, du papier et du façonnage nécessite, bien plus encore qu'au cours des phases précédentes, que le donneur d'ordres ait fait siennes certaines connaissances techniques. Celles-ci concernent aussi bien la formulation précise de ses besoins que les offres du marché (prestataires, machines). Nous traiterons donc successivement dans ce chapitre :

- l'achat d'impression offset ;
- le processus d'impression offset : origine, spécificité, préparation de la forme imprimante, calage, mise en route des presses et roulage ;
- les presses offset feuilles ;
- les presses rotatives offset ;
- les qualités de l'impression offset et les contraintes qu'elle impose ;
- les avancées technologiques prévisibles dans ce secteur ;
- le principe de l'imposition ou aménagement des pages d'un document dans une feuille d'impression ainsi que les impositions particulières ;
- la sélection des machines en fonction du type, du nombre de groupes imprimants, du format ;
- les consommables : solution de mouillage, encres.

Le chapitre se termine par la description de méthodes qui pourront être appliquées à tous les autres procédés d'impression, développées à partir de deux cas pratiques : celui que nous suivons depuis le premier chapitre, et un second cas, introduit ici, pour les calculs de coûts d'impression.

Qui commande ?

Le service de fabrication, achat ou communication des éditeurs, des groupes de presse ou des agences.

Remarque

Les constructeurs de machines ne sont pas très nombreux et les mêmes presses exploitant des technologies plus ou moins avancées sont utilisées dans le monde entier par de nombreux imprimeurs. L'acheteur doit trouver celui qui, après une mise en concurrence et une sélection rigoureuse, répond le mieux à ses besoins. En fonction des critères retenus, le donneur d'ordres lance la recherche des fournisseurs. Selon les produits, celle-ci peut s'étendre à l'Europe et à d'autres continents : Asie et Amérique du Sud. En dehors du prix et du niveau de qualité, le service et l'éloignement géographique entrent en effet en ligne de compte dans la prise de décision.

L'achat d'impression offset

Un bon acheteur, s'il veut optimiser ses choix, doit savoir identifier le procédé d'impression convenable – offset feuilles, rotative offset, rotative hélio, numérique... – et le type de machines – formats, nombre de groupes imprimants, donc de couleurs. Autrement dit, il doit connaître les machines présentes sur le marché et savoir « lire » les parcs machines des prestataires. Il lui faut également posséder les notions d'imposition proposées dans ce chapitre et dans le suivant ; en permettant de calculer le nombre de pages imprimables en une seule fois sur une machine, elles orientent son choix vers la machine au format adéquat.

Le bouche à oreille tout comme la consultation des plaquettes publicitaires, des annuaires professionnels, des sites Internet et la fréquentation des salons spécialisés dans les arts graphiques (voir page 253) constituent des occasions de trouver des prestataires ainsi que les renseignements concernant leur parc (nombre et type de machines, formats d'impression, nombre de groupes imprimants et de groupes spécialisés pour le vernis ou le façonnage par exemple) et leur clientèle.

En préambule, il est bon de retenir que le choix du procédé est lié au rendu de qualité attendu pour le document, à son format, à son support d'impression et à son chiffre de tirage. De plus, la sélection du format de la machine est, pour l'essentiel, fonction du format et du nombre de pages de la publication, mais parfois aussi du chiffre de tirage. Enfin, le nombre de groupes imprimants de la presse choisie va de pair avec le nombre de couleurs, primaires et tons directs, à reproduire ainsi qu'avec la présence de vernis offset, à dispersion, acrylique ou UV.

Le processus d'impression

Le procédé offset permet généralement d'imprimer avec un bon, voire un très bon rendu des documents en une à six couleurs. Le nombre de couleurs peut aller jusqu'à dix sur des machines convertibles utilisées en ligne. Un grand nombre de presses traitent aussi les vernis.

Les presses offset impriment des feuilles ou des bobines de papier pour la réalisation de documents dont le chiffre de tirage varie en général de 400 à 350 000 exemplaires. Il peut aussi, dans certains cas, atteindre plusieurs millions, par exemple si le format et le nombre de pages du document empêchent son impression en rotative.

De nombreux supports papiers conviennent à l'impression offset : bouffant, papier journal, papier journal amélioré, magazine, offset, couché, dans une fourchette de grammages de 22 à 450 g environ, selon le type de machine, ainsi que le carton et, plus rarement, le plastique ou le métal.

Petite histoire de l'offset

L'ancêtre de l'impression offset est la lithographie (du grec *lithos* : pierre). Au début du XIXe siècle, Senefelder, à la recherche dit-on d'un moyen de reproduire des partitions, découvre cette technique aujourd'hui considérée comme artistique et artisanale.

Le procédé consiste à dessiner un motif à l'envers, sur une pierre plane, calcaire, grainée, avec une encre ou un crayon très gras. Le dessin est ensuite effacé, la pierre mouillée à l'eau et encrée. L'encre rentre dans les pores de la pierre où le gras de l'encre ou du crayon utilisé pour le dessin a pénétré, tandis qu'elle est repoussée partout ailleurs par l'eau. Le phénomène physico-chimique selon lequel l'eau et le gras se repoussent mutuellement est ici exploité. Le motif encré est ensuite reproduit sur le papier fortement pressé contre la pierre.

Plus tard, dans certains ateliers, des plaques de zinc recouvertes d'une couche photosensible remplacent progressivement la pierre dont le coût est élevé. Au début du XXe siècle, aux États-Unis, un chef d'atelier, Ira Ruben, découvre par hasard que l'impression sur le papier est bien meilleure si la plaque de zinc reporte d'abord le motif sur un support intermédiaire qui prend le nom de blanchet. Peu à peu, les plaques de zinc sont remplacées par des plaques bimétalliques.

Offset De l'anglais *off-set*, signifie « décalque », « report ». Le nom désigne à la fois un procédé d'impression et une famille papetière qui a vu le jour lorsque le procédé d'impression s'est développé.

Spécificité de l'impression offset

L'impression offset exploite donc ces deux « découvertes » : l'eau et le gras se repoussent mutuellement ; la qualité d'impression est meilleure si un support intermédiaire transfère le sujet de la plaque sur le papier.

La plaque de métal ou de polyester, entièrement recouverte d'une couche photosensible, subit un traitement préalable, par exposition à la lumière ou la chaleur, afin que cette couche ne demeure que sur les zones imprimantes. Puis elle est accrochée sur le cylindre porte-plaque de la machine. Lors de l'impression, encre grasse et eau sont déposées successivement sur la forme imprimante. L'encre grasse est attirée par les parties de la plaque où se trouve la couche sensible et l'eau se dépose partout ailleurs, empêchant l'encre d'envahir les zones non imprimantes.

Le report, offset, qui donne son nom au procédé, est réalisé grâce à un blanchet, cylindre revêtu de caoutchouc et de toile sur lequel l'encre de la plaque se transfère et qui la reporte ensuite sur le papier. Le blanchet est d'ailleurs indispensable car la présence de l'eau interdit le contact direct avec le papier. De plus, l'effet d'abrasion de ce dernier détruirait rapidement le revêtement sensibilisé de la plaque.

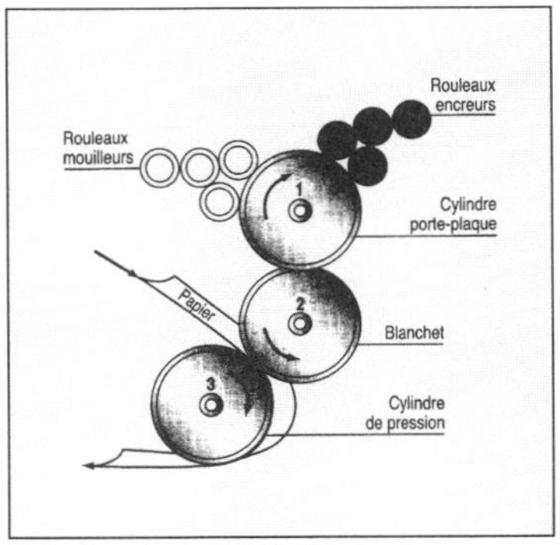

Principe du procédé offset.

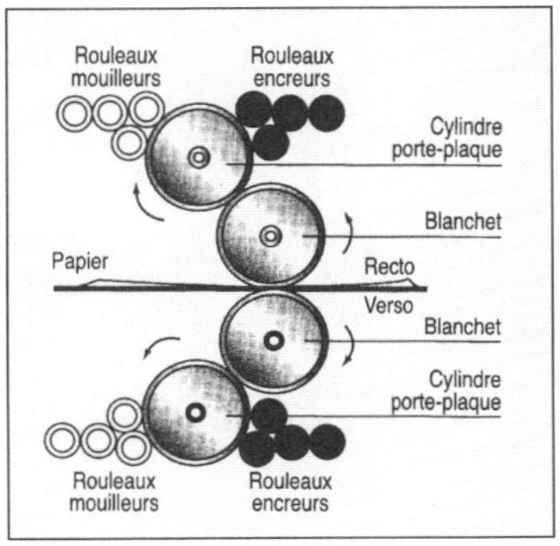

Principe du procédé offset blanchet contre blanchet.

La couche d'encre déposée a toujours la même épaisseur et tous les niveaux de tons présents dans un document sont reproduits dans une trame à l'aide de points de différentes grosseurs (voir chapitre 3).

Les zones imprimantes et non imprimantes étant sur le même plan, il s'agit d'un procédé d'impression à plat, particularité qui permet d'imprimer, soit un seul côté, soit le recto et le verso du papier simultanément.

Un groupe classique, imprimant des feuilles d'un seul côté, est composé des éléments suivants :

- un cylindre porte-plaque supportant la plaque imprimante sur laquelle se trouvent les sujets à reproduire ;
- des rouleaux encreurs et des rouleaux mouilleurs qui déposent l'encre et l'eau de mouillage simultanément sur la plaque ;
- un cylindre supportant le blanchet ;
- un cylindre de contre-pression pour guider le papier et le plaquer contre le blanchet.

Une manière classique d'imprimer le papier recto verso, très employée en rotative ou sur des machines feuilles à retiration, consiste à le faire passer entre deux blanchets. Cette configuration s'appelle « blanchet contre blanchet » (voir page 97).

La présence d'eau de mouillage dans le processus de reproduction est encore largement répandue. Cependant, certaines presses Waterless fonctionnent déjà depuis quelques années. L'absence d'eau de mouillage est rendue possible par les propriétés encrophiles et encrophobes de la plaque et par l'aménagement sur la presse de systèmes de refroidissement de l'encre (voir plus bas les différents types de machines).

Avant de passer aux différentes phases de l'impression, un rappel rapide de quelques points clés abordés pour la photogravure (voir chapitre 3) s'avère nécessaire.

Dans la plupart des cas, le donneur d'ordres remet à l'imprimeur un fichier numérique dont il a préparé les données en tenant compte de la linéature de la trame utilisée pour l'impression.

En général, des trames de 120 à 133 lpi sont utilisées pour la reproduction des publications en noir et en bichromie avec ou sans similis ou pour de l'impression en rotative. Les trames de 150, la plus utilisée, 170 ou 200 lpi servent pour la quadrichromie, les deux dernières étant réservées aux documents de très bonne qualité. Il s'agit là de trames classiques. Les autres principaux types de trames sont énumérés dans le chapitre traitant de la photogravure.

Avant la réalisation matérielle des plaques, l'imprimeur doit prévoir l'aménagement des pages sur les feuilles d'impression. Cette opération, effectuée numériquement, ou manuellement dans le cas de l'offset traditionnel, se nomme l'imposition. Elle est détaillée plus loin.

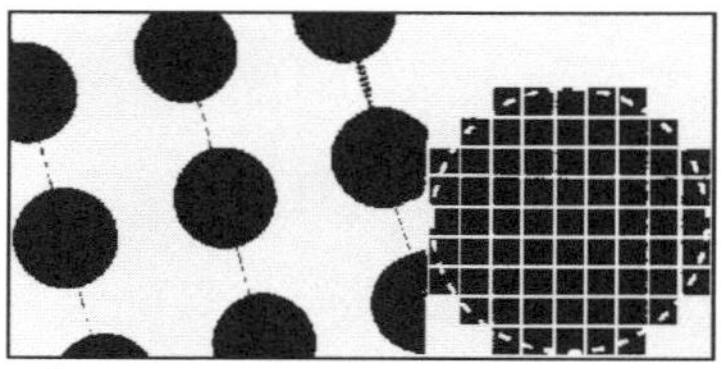

Reconstitution d'un point de trame en 150 lpi. Le point de trame est constitué de points plus petits, plus ou moins nombreux (ici en haute résolution pour l'impression, voir photogravure). Il est aménagé dans la linéature de la trame.

Remarque

La rubrique traitant de la présentation des machines propose des configurations par retournement du papier ou satellitaires.

Rappel

En impression, la trame est une grille virtuelle composée de lignes, appelée « linéature de la trame », qui se définit en lpi (*line per inch*), ou ligne par pouce linéaire. Le document à imprimer est transformé en une succession de points reproductibles de différentes grosseurs, dont le nombre varie en fonction de la linéature et de la résolution, qui se déposent à l'intérieur des lignes (voir chapitre 3).

La préparation de la forme imprimante

La préparation de la plaque, ou matrice, permet de délimiter les zones imprimantes qui reçoivent l'encre et les zones non imprimantes qui accueillent l'eau. Sous la couche destinée à retenir l'encre, la plaque est constituée de micros-alvéoles ou d'une couche qui retient l'eau.

La technique du CTP (*computer to plate*), ou plaque directe, est la plus répandue pour effectuer cette opération. Une rubrique est consacrée à la préparation de la forme imprimante en offset traditionnel et en CTF (*computer to film*), bien que ces techniques soient en voie de disparition. En effet, il est ensuite plus facile de comprendre l'adaptation numérique des opérations appliquées à la fabrication des plaques.

Rappel

L'écriture des points de trame est réalisée par le matériel de sortie : la flasheuse pour les films, l'imageuse pour les plaques, selon les instructions du RIP.

En offset traditionnel

Le donneur d'ordres fournit au prestataire des films tramés, un par page et par couleur. Ainsi, dans le cas d'un catalogue de 64 pages, imprimé en quadrichromie, le donneur d'ordres remet au prestataire 256 films pour reconstituer l'intégralité du document (64 pages x les quatre couleurs de la quadrichromie).

L'imprimeur trie ces films puis les classe par côté de feuille d'impression et par couleur. Ensuite, le film de chaque page est collé sur un support transparent selon l'ordre d'imposition (voir plus loin). C'est l'étape du montage, ou assemblage des pages d'un côté de feuille à imprimer en une couleur.

Dans l'exemple cité, si le catalogue de 64 pages est constitué de deux feuilles d'impression de 32 pages, l'imprimeur fabrique 16 montages :
4 montages par côté de feuille (1 par couleur) x 2 pour les deux côtés de la feuille x 2 pour les deux feuilles d'impression.

Montage du noir d'un côté de feuille. On aperçoit les traces du scotch qui fixe les films des pages.

Lorsque le montage des films de la totalité d'un document est terminé, l'imprimeur reprend les montages, en général de deux couleurs par côté de feuille, et les copie par l'action des rayons ultraviolets – UV – sur du papier photosensible qu'il développe ensuite. Il plie cette copie sur papier en cahiers qu'il assemble pour confectionner l'Ozalid, document de contrôle envoyé au donneur d'ordres.

Contrôle

L'Ozalid

Représentation monochrome de la totalité du document qui doit être validée par le donneur d'ordres avant la préparation des plaques. Le mot « Ozalid », encore déposé, vient du procédé diazoïque (vapeurs d'ammoniaque) qui sert à le produire. Il est donc impropre d'appeler ainsi un document de contrôle généré numériquement (voir plus bas).
Le contrôle par le donneur d'ordres consiste à vérifier si le format est conforme, ainsi que la présence de tous les éléments et la chronologie des pages.

Le support sur lequel sont fixés les films est ensuite copié de manière analogique, couche des films contre couche de la plaque, par insolation. Les UV « grillent » les zones qui ne sont pas protégées par le film. Puis la plaque est développée, rincée et corrigée si besoin pour éliminer certains éléments indésirables, comme des salissures sur le châssis d'insolation qui se seraient reportées sur la plaque.

Les zones non imprimantes, non protégées par le film, sont éliminées. Il y a autant de plaques que de montages. Cette technique est quasiment obsolète, sauf en cas de réimpressions pour lesquelles l'imprimeur a gardé les montages.

Contrôle

Le traceur numérique

Ce document de contrôle, bien qu'il soit en couleur du fait de la technologie utilisée, joue le même rôle que l'Ozalid : les éléments contrôlés sont identiques, la chromie ne l'est donc pas. Il est fabriqué à l'aide d'une grande imprimante à jet d'encre, un traceur, ou d'un copieur connecté, avant le flashage des films dans la procédure CTF, et avant la gravure des plaques dans les procédures CTP et DI.

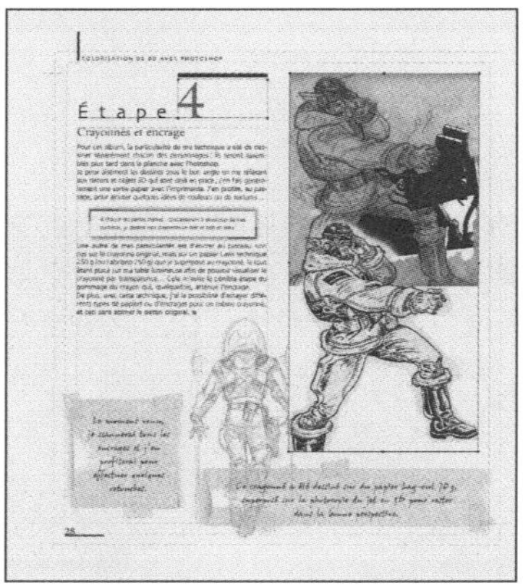

Exemple de traceur numérique. (Traceur © Groupe Eyrolles. Illustrations Robur © 2004 Formosa, Albin Michel)

En CTF, ou film direct

Avec cette technique, le montage manuel des pages est éliminé. Le donneur d'ordres fournit des fichiers convertis dans un format exploitable (voir chapitre 4) pour fabriquer les épreuves de contrôle avant la gravure des plaques, puis les plaques elles-mêmes. Si ce n'est pas le cas, le prestataire doit les convertir lui-même.

Lorsque le fichier est vérifié, l'imposition y est incorporée informatiquement. Ensuite, un RIP pilote une imprimante numérique, le plus souvent de grand format, pour fabriquer un document de contrôle numérique qui porte le nom de « traceur numérique ». Celui-ci est envoyé au donneur d'ordres qui le valide.

Au retour du traceur, le prestataire reprend le fichier préparé et incorpore les corrections. Il est préférable qu'il n'y en ait pas car toute correction entraîne un coût important. Le RIP, cette fois, pilote une flasheuse qui produit de grands films « imposés » au format des plaques imprimantes, sur lesquels les pages du document sont disposées dans l'ordre de l'imposition.

Ensuite, suivant la même procédure que pour l'offset traditionnel, les films sont copiés sur des plaques elles-mêmes développées puis rincées. Il y a autant de plaques que de grands films, une plaque par couleur et par côté de feuille. Cette technique est également en passe de devenir obsolète.

En CTP, ou plaque directe

La procédure est en partie identique à celle du CTF. Des fichiers numériques sont remis à l'imprimeur. Après leur vérification, l'imposition est incorporée numériquement. Le document de contrôle, le traceur numérique, est soumis au donneur d'ordres. Après les éventuelles corrections portées sur le traceur, des plaques (voir plus bas) sont fabriquées et non plus des films. Elles sont ensuite développées, rincées et passées au four pour augmenter leur résistance.

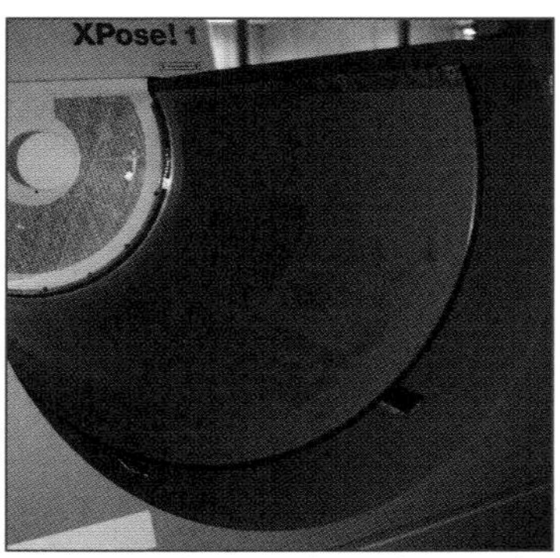

Gravure d'une plaque grâce à un système rotatif. Imprimerie Mame.

Développement d'une plaque, disparition d'une partie de la couche. Imprimerie Mame.

Impression d'un côté de feuille en quadrichromie : quatre plaques rincées, traitées et prêtes à être fixées sur les cylindres porte-plaque. Imprimerie Kapp Lahure.

Les plaques

Les plaques sont constituées d'un support recouvert de plusieurs couches chimiques. Préparer la plaque consiste à la traiter pour ne garder, à sa surface, qu'une couche destinée à attirer l'encre lors de l'impression. Les plaques CTP actuelles les plus utilisées sont numériques.
1. Les plaques thermiques sont constituées d'une plaque d'aluminium, d'une couche d'impression et d'une couche sensible à des longueurs d'onde élevées. La chaleur fait apparaître le point de trame sur la couche d'impression en détruisant la couche thermosensible. Cette technologie, majoritaire actuellement, permet les longs tirages et le point généré est net. Les plaques thermiques en version ablative, sensibles à des longueurs d'ondes très élevées, sont utilisées dans les technologies Waterless (voir plus bas).
2. Les plaques au laser violet : leur couche est sensible aux longueurs d'ondes basses, 410 à 530 nm environ. Le point est créé par la lumière. Économe d'énergie, cette technologie est contraignante : les plaques ne peuvent pas être manipulées à la lumière du jour.
3. D'autres plaques sont utilisées, notamment les plaques argentiques constituées d'une plaque d'aluminium et de couches sensibles (les UV créent les points) et les plaques polyester, surtout employées dans le Waterless.

Sont apparues également des plaques sans développement ou sans chimie, qui représentent une véritable technologie d'avenir :
1. Les plaques ablatives comportent deux couches. La couche qui ne doit pas rester sur la plaque après la gravure est traitée, les particules sont aspirées, et la plaque est nettoyée. Ce procédé est employé pour le Waterless. L'expression « graver la plaque » est alors appropriée car les zones qui attirent l'encre sont en creux par rapport à la couche de silicone non imprimante.
2. Les plaques non ablatives sont plus employées pour les presses humides. La couche non insolée est transférée sur les premières feuilles grâce aux rouleaux encreurs. Ces plaques nécessaires dans les systèmes de gravure embarqués, le DI, sont déjà présentes sur le marché. Les constructeurs soucieux de l'environnement proposent pour les presses humides des plaques « révélables » à l'eau et d'autres technologies non ablatives ne nécessitant pas de procédé d'aspiration des particules indésirables.

Comme dans les procédures précédentes, il faut une plaque par couleur et par côté de feuille. Il n'y a ni montage ni film. Cette technique offre qualité, le point de trame étant de la première génération, et rapidité.

En DI, ou computer to press

Le donneur d'ordres fournit un fichier numérique. L'imposition y est incorporée par l'imprimeur. Les procédures de contrôle avant la réalisation de la plaque sont identiques à celles qui sont utilisées pour les procédés CTF et CTP : un traceur numérique est remis au donneur d'ordres.

Les plaques fixées sur le cylindre porte-plaque sont gravées grâce à un système de gravure intégré sur la machine ; on parle de « CTP embarqué ». Elles sont sans développement et utilisées sur les presses hybrides, qui sont de deux types : avec eau de mouillage (humide) et sans eau de mouillage (Waterless). Il n'y a ni montage, ni films. Les temps de calage et de mise en route de la machine sont réduits au minimum.

En résumé

L'offset traditionnel utilise une technologie analogique pour fabriquer la plaque tandis que CTF, CTP et DI font appel au numérique pour la fabriquer en partie ou totalement. Les procédures de contrôle, dans l'un et l'autre cas, sont reprises page 145.

Le calage

Les plaques sont lues par un lecteur de plaques. Les profils d'encrage (voir chapitre 3) que la presse prendra en compte sont enregistrés grâce aux données recueillies. Ils peuvent aussi être transmis directement à la machine sans passer par la lecture des plaques.

Les plaques sont alors prêtes à être accrochées sur les cylindres porte-plaque.

Sur les machines de technologie récente, le calage est semi direct ou direct. Les plaques sont déposées dans des sortes de râteliers. Après l'expulsion des plaques du travail précédent, elles prennent leur place automatiquement autour des cylindres porte-plaque, sauf s'il s'agit de la procédure DI pour laquelle gravure des plaques et calage sont simultanés.

Sur une presse offset feuilles en blanc à trois groupes (voir figure 104) il faut caler deux fois la machine pour imprimer une feuille recto verso. Pour de l'impression en quadrichromie, les quatre plaques utilisées pour l'impression du recto d'une feuille sont calées sur les quatre groupes de la machine puis la mise en route et l'impression sont effectuées. Les plaques sont ensuite décrochées et remplacées par les plaques nécessaires à la réalisation du verso. Le papier imprimé au recto est retourné et, après un temps nécessaire au séchage, il est procédé à la mise en route puis à l'impression du verso des feuilles.

Les machines à retiration ou convertibles (voir page 107) nécessitent un seul calage par feuille. Les plaques du recto et du verso sont calées en même temps et le papier sort de la machine imprimé des deux côtés.

En rotative, le calage nécessite, d'une part, la mise en place des plaques du recto et du verso car les deux côtés du papier qui passe en continu sont imprimés simultanément, d'autre part, le réglage des plieuses d'où sortiront les cahiers (voir page 111).

La mise en route

Le conducteur de la presse effectue, depuis un pupitre de commandes, appelé « piano » dans le jargon de l'imprimerie, les opérations nécessaires au bon fonctionnement de la machine : réglage et ajustement du margeur, c'est-à-dire de l'entrée des feuilles, des encriers et des mouilleurs, de la pression, de l'exacte superposition des couleurs, etc. La machine est mise en route et les feuilles sont amenées sous le groupe imprimant : la vérification et la validation des opérations de réglage sont effectuées uniquement sur une feuille imprimée. De nouveaux réglages interviennent au fur et à mesure que des feuilles sortent de la presse, jusqu'à l'obtention de celle qui sera considérée comme « bonne ».

Gâche de calage Une importante quantité de papier est utilisée à chaque calage pour atteindre la qualité d'impression acceptable. Ce papier est ensuite éliminé : c'est la gâche de calage (voir chapitre 7). La gâche de roulage est le papier éliminé lors de l'impression proprement dite.

Pour parvenir à un résultat satisfaisant, le conducteur de la presse se réfère aux épreuves de chromie, de photogravure, fournies par le donneur d'ordres, ou à un document déjà imprimé.

Dans certains milieux professionnels, la grande distribution surtout, le donneur d'ordres ne fournit plus d'épreuves de photogravure : la validation des couleurs avant la remise du fichier se fait directement sur écran. Les profils colorimétriques appliqués sont définis en accord avec le donneur d'ordres et le prestataire, (voir chapitre 3). À moyen ou long terme, cette procédure se généralisera sans doute, mais souvent encore l'imprimeur sort des épreuves de chromie pour son propre compte.

Contrôle

Lorsque la bonne feuille est obtenue, le donneur d'ordres, s'il est présent, ou le chef d'atelier, signe le bon à tirer (BAT) ou bon à rouler (BAR), signifiant qu'il donne son accord pour l'impression de l'intégralité du tirage du document à partir des critères de qualité retenus. Ces derniers sont énumérés en fin de chapitre, dans le résumé des tâches. Pour un premier travail avec un prestataire ou dans le cas de travaux pour lesquels la qualité de reproduction est importante (catalogues de vente par correspondance, magazines, catalogues, imprimés de mailing, brochures publicitaires, livres illustrés de qualité...), la présence du donneur d'ordres est indispensable lors de la mise en route.

Le roulage

Après la signature du BAT, les feuilles ou les cahiers sont imprimés jusqu'à ce que soit atteint le chiffre de tirage désiré. La qualité d'impression, durant tout le roulage, doit être au plus près de celle du BAT. Des contrôles et des réajustements sont donc effectués tout au long du processus et les feuilles ou cahiers qui ne sont plus conformes au BAR sont éliminés. Toutes les opérations décrites – imposition, préparation de la forme imprimante, calage et roulage – sont identiques, que l'on imprime un seul côté ou les deux côtés de feuille à la fois.

Calage d'une plaque.

Le donneur d'ordres ayant assimilé les phases de l'impression offset doit apprendre à connaître les différents types de machines présents sur le marché. Le procédé offset propose en effet, dans différents formats et nombre de groupes imprimants, divers types de presses que le donneur d'ordres sélectionne en fonction de leurs utilisations. Les presses offset feuilles comprennent :

- les presses normales, dites anciennement « en blanc », imprimant le support, papier ou autre, côté par côté ;
- les presses offset feuilles à retiration ou convertibles imprimant les deux côtés d'une feuille en un seul calage.

Les presses rotatives offset impriment en même temps les deux côtés d'un ruban de papier qui passe en continu et délivrent généralement des cahiers pliés en sortie. Elles englobent :

- les rotatives de presse ;
- les rotatives de labeur ;
- les rotatives spécialisées pour l'impression en continu ou les livres.

Feuille imprimée pour vérification et réajustement de l'encrage à partir du pupitre de commande.

Les formats des machines, aussi bien en feuilles qu'en rotatives, sont rectangulaires et définis par la largeur et la longueur de la surface imprimable ou le format de papier accepté par la presse. Le choix entre offset feuilles et rotative offset, pour l'impression en quadrichromie, est principalement lié au chiffre de tirage, mais aussi au format du document.

Les presses offset feuilles

Les machines à feuilles impriment et délivrent en sortie du papier en feuilles. Elles permettent que la dimension du support à imprimer, en longueur et en largeur, soit différente de celle du format de la machine. Si la quantité est suffisante, cet avantage donne la possibilité d'acheter le papier seulement dans le format utile à l'impression, sans perte. C'est moins simple en rotative (voir plus bas).

Normales ou « en blanc »

Ces presses n'impriment qu'un côté de la feuille de papier à la fois. Les machines à trois cylindres actuelles (cylindre porte-plaque – blanchet –, cylindre de contre-pression) qui impriment une couleur ou de la bichromie, comportent un ou deux groupes pour produire des documents en noir ou en deux couleurs. Pour reproduire de la quadrichromie ou plus, il faut quatre, cinq ou six groupes imprimants, le plus souvent en ligne l'un derrière l'autre. Les groupes imprimants peuvent aussi déposer du vernis offset ou des tons directs (de la gamme Pantone par exemple) ; des groupes spéciaux de vernis acryliques ou UV (voir chapitre 8) équipent également certaines presses. Les imprimeurs appelaient autrefois ce type de presses des machines « en blanc ». Leur configuration est décrite ci-dessous.

- À l'entrée de la machine, le margeur, où sont empilées les feuilles de papier vierge, comprend les systèmes d'acheminement des feuilles vers le groupe imprimant.
- Le groupe imprimant est l'élément où les feuilles sont imprimées. Elles y sont amenées une par une, le grand côté du papier entrant parallèlement au grand côté de la machine, entre le blanchet et le cylindre de contre-pression.
- La réception, ou recette, reçoit les feuilles, imprimées d'un seul côté, après séchage et poudrage. Le poudrage fait écran, évitant la salissure, ou maculage, des feuilles déposées les unes sur les autres à la sortie.

Le groupe imprimant comprend :

- des bacs qui reçoivent l'encre et la solution de mouillage ainsi que des systèmes de rouleaux qui amènent l'encre et la solution de mouillage à la plaque ; les presses Waterless ne possèdent évidemment pas de système de mouillage ;
- un cylindre porte-plaque ;
- un cylindre porte-blanchet ;
- un cylindre de contre-pression ou cylindre de marge qui plaque le papier au blanchet.

Si la machine est équipée de plusieurs groupes, la feuille est guidée successivement par un cylindre sous les autres groupes imprimants après le passage sous le premier groupe. L'impression d'une publication en quadrichromie, par exemple, est réalisée par les passages successifs de la feuille sous quatre groupes.

Les formats de machines sont souvent homothétiques les uns par rapport aux autres et compatibles avec les formats de papier en stock. Selon les constructeurs, ils sont souvent proches. Ainsi, on peut trouver une presse 70 x 100 cm et une 72 x 102 cm, 72 x 103 cm, etc.

Les machines en blanc existent en trois catégories de formats : petits, moyens et grands. Les principaux sont indiqués ci-dessous avec le nombre de groupes imprimants proposés sur le marché par les différents prestataires ainsi que leurs utilisations préférentielles.

Un très petit tirage en offset feuilles commence à 400 ou 500 exemplaires. Un fort tirage peut atteindre plusieurs centaines de milliers, si le document n'entre pas dans la catégorie des produits « rotativables ».

Angle de marge Pour assurer un bon repérage des motifs imprimés, c'est-à-dire un bon registre – superposition du recto et du verso de la feuille – et un façonnage convenable, une marque (l'angle de marge) est matérialisée sur deux bords de la feuille, celui de la prise de pince et un des bords latéraux.

Tournée En offset, feuilles en blanc, impression d'un côté de feuille.

Les petits formats

Principaux petits formats de machines offset feuilles en blanc

Formats	Nombre de groupes imprimants	Nombre de pages en A4 recto seul
21 x 29,7 ou 28 x 39,4 cm	1	1
33 x 45, 35 x 51 ou 36 x 52 cm	2, 4 et 5	2
45 x 64, 48 x 64 ou 66 cm	1, 2, 4 et 5, 6	4
52 x 72 ou 74 cm	1, 2, 4 et 5 + vernis	4

Ces presses sont principalement destinées aux produits de faibles paginations, 4 à 16 pages environ, selon le format de la machine et celui du document à imprimer. Elles concernent les publications de petits ou moyens chiffres de tirage : brochures, plaquettes publicitaires, prospectus, imprimés de communication interne, ou encore les produits imprimés d'un seul côté tels qu'étuis de CD ou de DVD, couvertures et jaquettes de livres. Les plus petits formats de machines sont réservés aux travaux de ville : cartes de visite, cartes commerciales, en-tête de lettre... Ils peuvent aussi être préférés pour des documents en couleurs exigeant une excellente qualité. En effet, plus la machine est petite, plus les problèmes liés au repérage des couleurs et aux bandes d'encrage sont réduits.

Les moyens formats

Principaux petits formats de machines offset feuilles en blanc

Formats	Nombre de groupes imprimants	Nombre de pages en A4 recto seul
58 x 78 cm 65 x 92 cm	4 1, 2, 4	8
70 x 100, 102, 71 x 102, 72 x 102, 72 x 104 ou 74 x 105 cm	1, 2, 4, 5, 6 + vernis	8

Les grands formats

Principaux petits formats de machines offset feuilles en blanc		
Formats	**Nombre de groupes imprimants**	**Nombre de pages en A4 recto seul**
80 x 112 cm 93, 96,5 ou 98 x 130 cm	4, 5, 6	16
100 x 140 ou 102 x 142 cm	2, 4, 5, 6 + vernis	16
112 x 162,8 cm	4,5, 6 + vernis	16 ou 20
120 x 160 cm	4, 5, 6	16 ou 20
138 x 185 cm	4, 5, 6 encore très rare	
140 x 200 cm (Ces formats sont destinés à l'impression des affiches et du matériel de publicité sur les lieux de vente.)	4, 5, 6	

Les presses évoquées dans ces deux tableaux sont destinées surtout à l'impression de documents dont les paginations (16 pages et plus) et les tirages sont moyens ou importants : supports de communication en tous genres, plaquettes, magazines, catalogues, étiquettes, emballages, agendas, blocs intérieurs de livres illustrés, affiches. Les chiffres de tirages varient, en général, de 1 000 (ou 1 500) à 50 000 exemplaires.

Supports et vitesse

Tous formats confondus, ces machines acceptent un large éventail de papiers : bouffant, offset et couchés dans des grammages allant en général de 40 (exceptionnel), mais plutôt 60/70 g à 400 g.

Les papiers de grammage très bas, 28 ou 30 g, ne passent pas en offset feuilles. Ils sont difficiles à maîtriser car ils ne sont ni tenus ni tendus comme dans une presse rotative.

Il est également possible d'imprimer du plastique. Dans ce cas comme dans celui de l'impression sur calque, le donneur d'ordres doit rechercher des presses équipées de sécheurs UV qui durcissent très vite l'encre, car ces supports sont non poreux. Les vitesses de ces machines varient, selon leur technologie, de 6 000 à 18 000 feuilles à l'heure en moyenne pour les plus récentes.

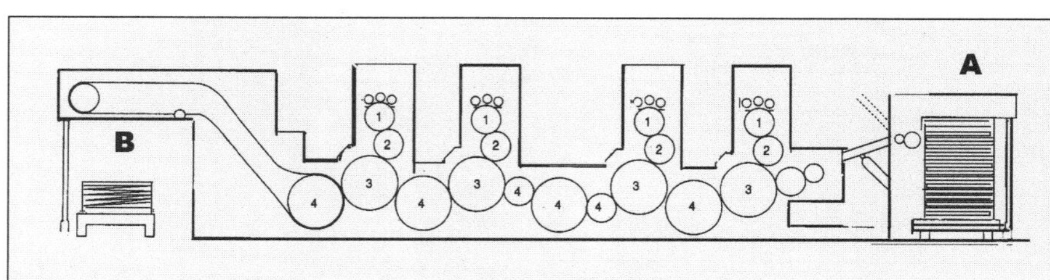

Schéma d'une machine offset feuilles en blanc 4 couleurs. A. Marge : 1. Cylindre porte-plaque. 2. Cylindre porte-blanchet. 3. Cylindre de contre-pression. 4. Cylindre de transfert du papier. B. Recette.

« À retiration » et convertibles

Comme les presses en blanc, les machines offset feuilles à retiration et convertibles traitent du papier en feuille. Les presses à retiration uniquement impriment le même nombre de couleurs au recto et au verso du papier, tandis que les presses à retiration convertibles offrent de nombreuses combinaisons. Ainsi, une presse de huit groupes peut traiter quatre couleurs au recto et quatre couleurs au verso ou huit couleurs en ligne (plutôt rare). Autre exemple, sur une presse cinq couleurs, le papier pourra être imprimé en deux couleurs recto et deux couleurs verso plus un vernis. En impression, le code pour indiquer le nombre de couleurs du recto et celui du verso se présente ainsi : pour la première presse 4/4 ou 8/0, pour la seconde 2/2 + vernis.

L'impression peut être effectuée de deux manières. Dans un cas, la feuille de papier passe entre deux groupes imprimants superposés et les presses impriment le même nombre de couleurs au recto et au verso de la feuille. Dans l'autre cas, après l'impression du recto, la feuille est retournée, à l'aide d'un dispositif de retournement situé derrière un groupe, pour être imprimée au verso. Le retournement du papier pose des problèmes de repérage – le papier doit être parfaitement lisse et tendu – et de traces de marquage laissés par les éléments qui retournent la feuille.

Pour éviter ces phénomènes, des presses très récentes proposent des technologies sans retournement : le papier passe, par exemple, dans des groupes d'impression décalés, l'un en haut l'autre en bas, dont les séquences de couleurs ont été inversées.

Il est important de distinguer les presses qui impriment une ou deux couleurs recto verso et sont donc équipées de deux ou quatre éléments imprimants, de celles qui produisent de la quadrichromie, voire six couleurs recto verso. Voici la liste des principaux formats de machines dans chacune des catégories avec leurs utilisations préférentielles.

En une ou deux couleurs recto verso

Quelques formats de machines à retiration en une ou deux couleurs

Formats	Nombre de couleurs
52 x 74 cm 72 x 100 cm 86 x 96 cm 90 x 126 cm 100 x 140 cm ou 102 x 142 cm 112 x 160 cm 109 x 162 cm 120 x 162 cm	2 groupes soit : – 1/1 ou si elles sont convertibles 2/0 4 groupes soit : – 2/2 ou 4/0 couleurs recto seul.
117 x 184 cm	1/1

Présentes depuis longtemps sur le marché, elles sont utilisées essentiellement pour l'impression de livres de littérature générale, de livres ou de revues techniques, de journaux, de livrets ou de notices et imprimés en tous genres, en une ou deux couleurs sans aplats. Ces machines sont intéressantes pour des tirages à partir de 800 ou 1 000 exemplaires car leur coût d'exploitation est relativement faible. Pour un document nécessitant une très bonne reproduction d'images en simili, on préférera l'offset feuilles en blanc si le procédé d'impression de la presse est blanchet contre blanchet.

Les supports

En raison de la spécialisation de ces machines, des papiers bouffants et offset sont utilisés, dans des grammages variant de 70 à 110 g.

En quatre ou six couleurs recto verso

Quelques formats de machines à retiration ou convertibles pour la quadrichromie ou plus	
Formats	**Nombre de couleurs**
52 x 72 cm	8 groupes
70 x 100, 74 x 102 cm ou approchant	8, 10, 12 groupes
82 x 115 cm	8 groupes
110 x 162 cm	8 groupes
120 x 160 cm	8 groupes

Elles sont attirantes pour tous les supports de communication dont les tirages se situent « théoriquement » entre 2 000 et 30 000 exemplaires selon les types de produits, en raison des nombreuses combinaisons qu'elles proposent. Ce système avec lequel on imprime par exemple en sept, huit, voire neuf ou dix couleurs, intéresse beaucoup le milieu du packaging toujours à la recherche d'impressions et de solutions originales.

De nombreux prestataires s'équipent de machines de format 70 x 100 cm ou approchant car la qualité, considérée jusqu'à présent comme inférieure à celle d'une offset feuilles en blanc, continue de s'améliorer grâce à la minoration des problèmes liés au retournement du papier et à l'utilisation d'encres adaptées.

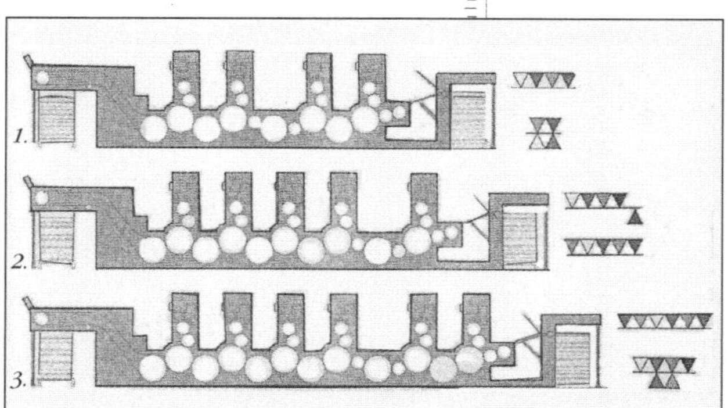

Différents types de configuration avec retournement du papier. La barre de fraction permet d'indiquer le nombre de couleurs au recto et au verso de la feuille. 1. 4/0 ou 2/2. 2. 4/1 ou 5/0. 3. 4/2 ou 6/0. (Document Caractère*)*

C'est au donneur d'ordres de s'informer auprès des fournisseurs sur les possibilités de leur matériel. Ces presses qui proposent également des encres UV et des vernis acrylique, offset ou UV (voir chapitre 8), concurrenceront bientôt les presses offset feuilles en blanc pour les impressions en recto verso, et les rotatives pour des catalogues et revues de moyens tirages.

Supports et vitesse

Ces machines accueillent théoriquement des papiers offset et couché de 45 à 250 g environ, mais les papiers de forts grammages (voire au-delà de 135 g, risque de marquage) et minces, en dessous de 70 g, sont plus difficiles à gérer.

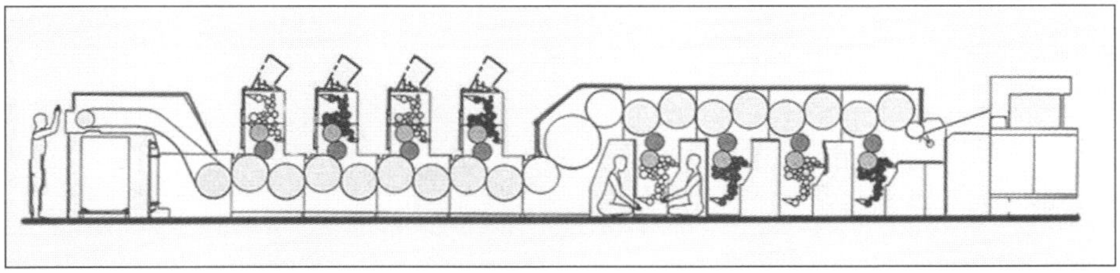

Configuration d'une machine offset feuilles convertible huit groupes sans retournement du papier. (Document Caractère*)*

Leur vitesse dépend du nombre de couleurs à imprimer et du papier. Elle varie de 8 000 à 15 000 feuilles à l'heure.

Les presses DI

Ces presses, encore peu nombreuses, se distinguent des autres machines offset :
– le système de gravure de la plaque est intégré, aussi bien sur les presses humides que Waterless ;
– les plaques sont sans développement.
Les dernières nées, feuilles et rotatives, actuellement en fonctionnement sur le marché français, sont de petits et moyens formats.

Comme le fichier numérique fourni par le donneur d'ordres parvient directement au poste de pilotage de la presse, intervertir l'ordre des travaux au dernier moment ne présente aucune difficulté. Ces machines fonctionnent presque comme des périphériques de sortie, flasheuses de films, CTP… Leurs atouts sont importants :
– leur réactivité les met en concurrence avec le tout numérique (voir page 158) sur les très petits tirages car les temps de calage et de réglage sont très courts, de 5 à 15 minutes, et leur vitesse est plus importante qu'en tout numérique (voir page 158) ;
– la qualité d'impression correspond à celle de l'offset et la gâche de papier est très faible ; les formats de ces presses sont petits de 25 à 50 feuilles en moyenne pour un calage en quadrichromie ;
– pour certains documents, comme les manuels techniques en plusieurs langues, elles sont rentables à partir de 300 exemplaires et exploitées jusqu'à 10 000 ;
– elles impriment à peu près tous les supports papiers utilisés en offset à des vitesses variant de 5 000 à 7 000 exemplaires/heure.
Enfin, les constructeurs proposent maintenant des encres UV à séchage rapide, dont l'utilisation a pour effet d'augmenter les vitesses des machines.

Formats des presses DI Waterless

Formats	Nombre de groupes
34 x 46 cm 36 x 52 cm 52 x 72 cm 70 x 100 cm	2, 4, 5 ou 6 couleurs + vernis en ligne ou à retiration de 8 à 12 groupes.

Les presses rotatives

Initialement prévues pour la presse, elles ont pris la place des presses rotatives typographiques et présentent trois différences essentielles par rapport aux machines offset feuilles : le support papier est en bobine et passe en ruban continu entre les groupes imprimants ; il est imprimé des deux côtés, sauf pour certaines configurations planétaires ou satellitaires ; les machines sont équipées de systèmes de façonnage.

L'équipement des presses – alimentation papier, groupes imprimants recto verso et système de pliage en ligne – coûte cher. Les coûts fixes, très importants, doivent être amortis sur un grand nombre d'exemplaires. C'est pourquoi les rotatives réservées à la quadrichromie sont essentiellement destinées à des supports de communication dont les chiffres de tirage s'élèvent au moins à 20 000 ou 30 000 exemplaires et atteignent parfois plusieurs millions pour des magazines, imprimés publicitaires, catalogues, mailings, certains livres scolaires, couvertures et encarts de magazines ou de catalogues de VPC dont l'intérieur est réalisé en héliogravure. Les cahiers déjà pliés et imprimés à des vitesses trois ou quatre fois supérieures à celles des machines offset feuilles sont délivrés en sortie : environ 20 000 à 80 000 exemplaires à l'heure selon le nombre de pages à imprimer et à façonner. Certaines presses proposent une sortie en feuilles.

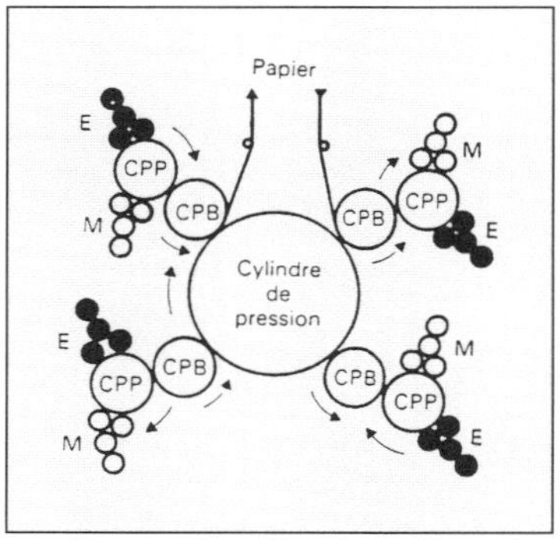

Une rotative offset de configuration satellitaire ou planétaire

Les machines rotatives sont du type blanchet contre blanchet (voir page 97) ou satellitaires ; ces dernières offrent l'avantage d'imprimer un nombre de couleurs différent au recto et au verso du papier.

Le nombre de groupes imprimants peut varier de un à douze en général, parfois plus, disposés horizontalement ou verticalement, en tour, sur un ou deux niveaux. Les combinaisons sont nombreuses et complexes. La technique du pliage au cône est spécifique des presses classiques : la bande de papier imprimé passe d'abord sur un cône pour être pliée en deux, dans le sens du déroulement du papier. Cette bande est ensuite coupée avant d'entrer dans les plieuses pour y subir d'autres plis. Dans d'autres cas, des coupeuses permettent de conditionner la bobine de papier imprimée en feuilles à plat.

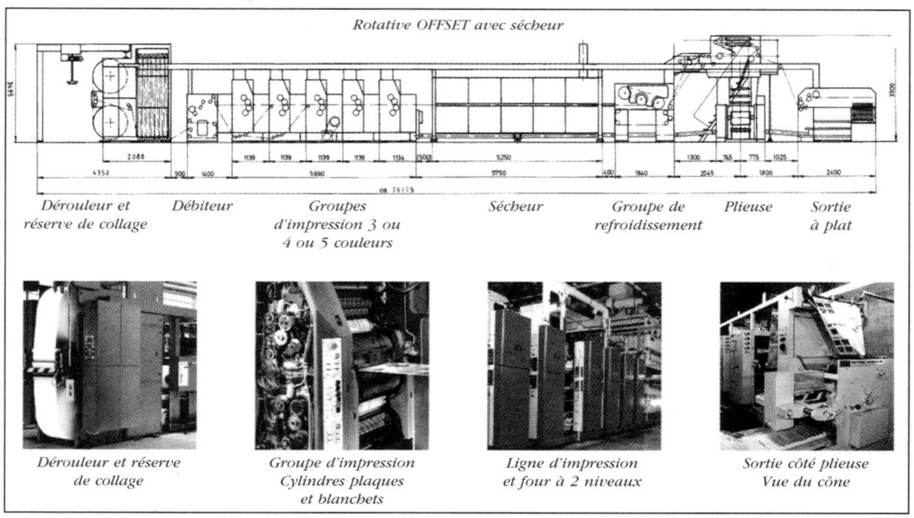

Une rotative offset à deux étages imprimant en quadrichromie. (D'après document Heidelberg Michel Martin, 2001)

Une presse rotative offset labeur classique, blanchet contre blanchet, comprend les éléments suivants :

- un ou plusieurs dérouleurs qui supportent une bobine de papier et le système de tension du papier ;
- un ou plusieurs groupes imprimants composés chacun d'encriers, de mouilleurs, d'un cylindre porte-plaque, d'un premier blanchet, d'un second blanchet, d'un second cylindre porte-plaque et d'un second système composé d'encriers et de mouilleurs (le support d'impression, un ruban de papier, passe en continu entre les deux blanchets pour être imprimé des deux côtés ; c'est le système blanchet contre blanchet) ;
- un four de séchage, tunnel plus ou moins long, à flamme, à air chaud ou à UV ;
- un système de refroidissement et d'humidification de la bande de papier avant son entrée dans la plieuse ;
- une ou plusieurs plieuses destinées à transformer la bande de papier imprimée en cahiers ;
- un système de conditionnement « en stacker », d'empilement et de constitution de blocs de cahiers facilitant le transport chez le façonnier.

On distingue quatre catégories de rotatives. La première est destinée à la presse, la deuxième au labeur, qui représente à peu près tout ce qui n'est pas de la presse quotidienne, la troisième est réservée au continu pour des imprimés spécifiques – factures, bon de commande... –, la dernière concerne de petites rotatives spécialisées dans l'impression en noir ou en deux couleurs de livrets, de livres de littérature générale, d'ouvrages techniques, de dictionnaires et d'encyclopédies.

Les rotatives pour la presse

Ces rotatives très complexes ne sont pas équipées de sécheurs, à la différence des rotatives pour le labeur. Elles offrent un grand nombre de combinaisons possibles. Ainsi, une bande de papier imprimée en une couleur sur un groupe imprimant peut venir se superposer, avant le passage dans la plieuse, à une bande imprimée en deux couleurs sur deux autres groupes, donnant ainsi l'illusion, à la sortie, de cahiers tout en deux couleurs. Dédiées à l'impression de la presse quotidienne, aux annuaires et aux travaux de grande distribution n'exigeant pas un grand rendu qualitatif, elles impriment généralement quatre, huit et seize pages au format journal ou quotidien (A2).

Supports et vitesse

Les supports d'impression sont des papiers non fermés (du fait de l'absence de sécheur) : bouffant, journal, journal amélioré, magazine offset n'ayant pas subi de fort calandrage, dans une fourchette de grammages de 45 à 90 g. Les vitesses varient de 30 000 à 70 000 exemplaires.

Les rotatives pour le labeur

Ces machines sont plus utilisées que les rotatives de presse ou de continu pour l'impression des supports de communication - catalogues, livres, brochures publicitaires, etc. Équipées de sécheurs, elles impriment des travaux de meilleure qualité que les rotatives destinées à la presse, en général 8, 16, 32, 64, 72 ou 96 pages de format magazine (A4) ou bien, si la configuration le permet, le double du nombre de pages dans le format A5.

Il est difficile de donner des indications précises : la tendance des constructeurs étant à la personnalisation, ils adaptent leurs machines aux besoins des prestataires. Les informations qui suivent doivent surtout aider le donneur d'ordres à lire un parc machines rotatives et à poser les bonnes questions.

Supports et vitesse

Les papiers utilisés sont des offsets et des couchés de 28 à 150 g. Le grammage le plus usuel tend vers 57 g. Ces presses produisent de 20 000 à 80 000 cahiers à l'heure, selon le format et la génération de la machine.

Les plieuses installées en ligne derrière les groupes imprimants limitent le nombre de pages des cahiers. Voici quelques exemples :

- pour un cahier de 48 pages imprimé soit sur une seule presse, soit sur une configuration triplex (superposition de bandes de papier issues de trois rotatives de 16 pages), le grammage du papier ne doit pas dépasser 80 g, si l'on désire conserver une bonne qualité de façonnage ;
- pour un cahier unique de 16 pages et selon le type du papier, le grammage peut atteindre 150 g, s'il s'agit d'un couché brillant ;
- dans le cas d'une sortie à plat, le grammage peut atteindre 250 g.

Direct Imaging ou *direct to press*

Comme sur les machines feuilles, la fabrication de la forme imprimante est effectuée directement sur la presse. Citons la KBA Cortina en Waterless, la Wifag utilisant des plaques thermiques sans développement et la DicoWeb dont le système d'impression est différent des autres procédés exploités en DI. Il s'agit d'une presse humide composée d'un cylindre hydrophile sur lequel l'image est créée par transfert thermique (grâce à un rayon laser à infrarouge) à partir d'un ruban donneur recouvert de polymère. Les particules déposées matérialisent les zones imprimantes qui attirent l'encre. Pour une nouvelle impression, le cylindre imprimant est nettoyé comme un blanchet, mais avec des solvants spéciaux.

Les formats en rotatives

Les formats imprimables des rotatives offset pour la presse et le labeur sont reconnus en fonction de leur laize et de leur coupe. La laize peut être simple, double ou triple, c'est-à-dire qu'une, deux ou trois plaques y sont disposées.

Journal, magazine, *digest*

Pour désigner les formats des produits imprimés en rotative, le milieu professionnel utilise un vocabulaire spécifique. Ainsi, le format journal, ou quotidien, correspond plus ou moins au format A2 (40 x 60 cm), le format tabloïd au format A3, le magazine à celui du A4 (21 x 29,7 cm) et le digest plus ou moins à celui du A5 (14,8 x 21 cm).

Il existe une grande diversité de formats, de 33 x 21 cm à 1980 x 120 cm. Les configurations double ou triple laize et double développement offrent une forte capacité de production. Une des évolutions prévisibles des rotatives est la variabilité des coupes déjà présentes sur le marché : la longueur d'impression est modifiée en changeant le diamètre des manchons qui accueillent plaques et blanchets.

Le nombre de pages qu'il est possible d'imprimer sur une machine dépend de l'indication de simple, double ou triple laize et simple ou double développement. Le donneur d'ordres doit lire attentivement le parc machines afin d'y décrypter les possibilités offertes et se renseigner auprès des prestataires sur leur capacité à traiter des formats à l'italienne et sur le type d'installations de façonnage en ligne, très complexes, pour lesquels ils ont optés. Certains façonnages sont incompatibles entre eux et avec certains papiers.

Laize Largeur de papier maximum que peuvent accueillir les rotatives.

Coupe Endroit fixe où la bande de papier est coupée pour séparer les cahiers. Il correspond au développé ou à la moitié du développé du cylindre imprimant. On parle de simple ou double développement (une ou deux plaques).

Formats de coupes des rotatives labeur 4, 5 ou 6 couleurs les plus utilisés

Laize 50,8 cm, coupe 63	4 pages journal	8 pages magazine	16 pages *digest* sens travers
Laize 66 cm, coupe 45,2	4 pages journal	8 pages magazine	16 pages *digest* sens travers
Laize 96,5 ou 98 cm, coupe 57,8 ou 59 ou 60	4 pages journal	16 pages magazine	32 pages *digest* sens travers
Laize 96,5 ou 98 cm, coupes 61, 62, 62,5, 63 et 63,8 cm		16 pages magazine	32 pages *digest* sens travers
Laize 96,5 ou 98 cm, coupe 120		32 pages magazine	64 pages *digest* sens travers
Laize 96,5 ou 98 cm, coupe 126		32 pages magazine	64 pages *digest* sens travers
Laize 145, coupe 111,2 ou 120		48 pages magazine ou 2 cahiers de 24 pages	96 pages *digest* sens travers
Deux machines en duplex identiques à la précédente		96 pages magazine en 2 cahiers de 48 pages	
Laize 190,5, coupe 120 ou 124		64 pages magazine ou 2 x 32 pages	
Laize 198, coupe 120		72 pages magazine, en 2 cahiers de 36 pages par exemple	

Des matériels spécifiques répondent aux besoins des documents publicitaires, des mailings, etc., et proposent diverses options :

- coupeuse (*rotary cutter*) ;
- collage aux plis ;
- agrafage, perforation ;
- numérotation ;
- gommage ;
- cellage : pose de colle de façon à former une enveloppe lorsqu'un volet du document est replié ;
- dépôt d'encre à gratter ;
- application de parfum qui laisse échapper son odeur lors du décollement d'un rabat ;
- découpes, fenêtres…

Les plieuses équipant les presses rotatives proposent plusieurs types de pliage (voir chapitre 8).

Les rotatives spécialisées

À l'origine, ces rotatives ont été conçues pour l'impression des livres en noir ou en deux couleurs. Elles peuvent être exploitées pour d'autres documents – petits catalogues, magazines d'entreprise par exemple –, pour des chiffres de tirage variant de 1 500 à plusieurs dizaines de milliers d'exemplaires. Les principales sont la Timson, la Bookomatic et la Variquik. La Cameron est également une presse spécialisée pour l'édition de livres, mais son mode d'impression étant flexographique, le détail de son fonctionnement se trouve dans la rubrique flexogravure (voir page 169).

Les constructeurs de ces presses ont essayé de se placer dans une niche non occupée par leurs concurrents. Ainsi, Cameron et Bookomatic délivrent des produits finis, mais les ouvrages sont obligatoirement non cousus. La Cameron, cependant, ne pourra pas être utilisée si le document comporte des similis, car la trame en flexogravure est très grossière. La Timson et la Variquik ont aussi leurs adeptes. Format, nombre de couleurs et chiffre de tirage des publications feront choisir l'une ou l'autre.

La Timson

Cette presse imprime blanchet contre blanchet en une ou deux couleurs et délivre des cahiers pliés ; elle est équipée ou non de sécheurs. Le papier peut passer verticalement ou horizontalement. Elle produit des ouvrages de littérature générale, parascolaires, des produits de presse de petits formats comportant des similis ou bien des produits qui pourraient être imprimés en Bookomatic ou Cameron, mais dont les cahiers doivent être cousus.

Remarque

En général, les imprimeurs n'aiment pas effectuer de calage pour des tirages inférieurs à 2 000 ou 1 500 exemplaires mais, dans les périodes creuses, ce tirage minimum peut être revu à la baisse.

Quelques formats de Timson	
Laize/coupes (en mm)	**Nombre de couleurs**
1 190/96	1 couleur
1 016/1 220	
1 270/1 016	
1 448/1 536	
1 119/1 067	
1 295/914	2 couleurs
1 016/1 092	
1 016/1 330	
1 016/1 448	

Le pliage des cahiers s'effectue à partir de bandes superposées de sorte que, sur certains formats en hauteur, il est possible d'imposer des documents en double pose ou *coming and going*, permettant des économies de façonnage (voir page 127).

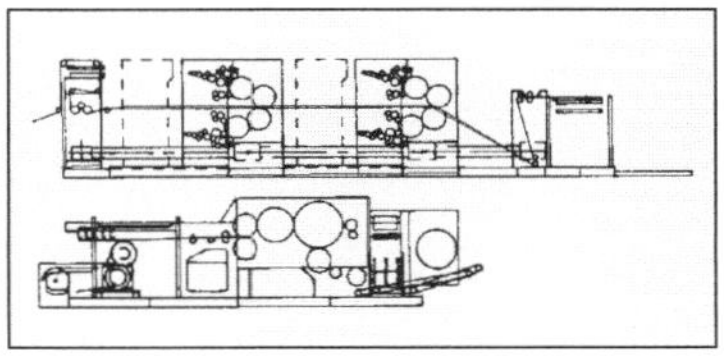

Croquis d'une Timson 2 couleurs.
Les éléments imprimants sont composés de deux éléments : le premier (en pointillé) comprend le système de mouillage et d'encrage, le second, le porte-plaque et les blanchets.
La plieuse figure sur le croquis du bas.
(Document Timson)

Cette machine offre de nombreuses possibilités combinables entre elles : variabilité du nombre de bandes d'impression et des formats de pliage, possibilité de demi-coupe, c'est-à-dire de couper la bande de papier imprimé sortant de la presse à la moitié de la circonférence du cylindre imprimant. Elles peuvent comporter une ou deux plieuses permettant la confection de plis croisés ou parallèles ou être équipées de systèmes de façonnage en ligne pour traiter des cahiers en Burst binding ou Noch binding, etc. (voir chapitre 8). Comme sur toutes les rotatives, le format du document doit exploiter au mieux la coupe.

En France, le nombre de rotatives Timson est important. Les offres proposées par ces presses étant très complexes, le donneur d'ordres ne doit pas manquer de s'informer auprès de l'imprimeur sur les capacités de ses machines.

Supports et vitesse

Les papiers utilisés sont en général des bouffants et des offsets, plus rarement du couché (il faut alors des sécheurs), dans des grammages variant de 22 à 120 g.

La vitesse horaire, variable selon les paginations et le nombre de plis, est estimée en moyenne à 6 000 cahiers.

La Bookomatic

C'est également une presse rotative blanchet contre blanchet. Elle délivre des ouvrages finis en littérature générale et divers produits en deux couleurs, des catalogues de référencement par exemple, pour des chiffres de tirage à partir de 3 000 exemplaires. La qualité fournie est bonne en raison de la possibilité d'imprimer en trame 150.

Remarque

Comme c'est le cas pour la Timson, le prestataire peut aider le donneur d'ordres à exploiter au mieux la laize et la coupe de cette presse qui, contrairement à la Timson, est rare.

Comme la Cameron, la Bookomatic est hors norme du fait, d'une part, de la grande dimension des plaques – laize de 150 cm et coupe de 308 cm –, qui permet d'imprimer la plupart du temps l'intégralité des pages d'un ouvrage et, d'autre part, de son façonnage en ligne qui délivre des produits finis. L'impression et le façonnage d'un ouvrage complet, ou d'une partie du bloc intérieur de l'ouvrage dans le cas d'une pagination très importante, sont réalisés à chaque tour de cylindre. La bande de papier imprimée sortant des groupes imprimants est d'abord subdivisée en bandes plus petites qui sont pliées au milieu puis recoupée en cahiers de 4 pages. Le bloc ainsi reconstitué pénètre dans une chaîne de reliure sans couture (dos carré collé) pour être fixé à la couverture, déjà imprimée, introduite dans la chaîne de façonnage.

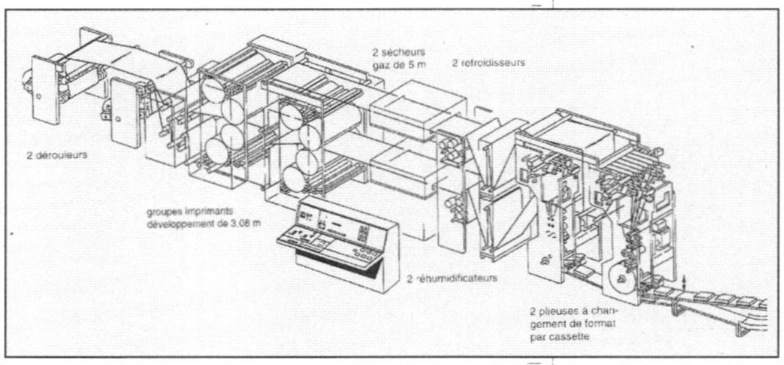

La presse Bookomatic délivre des produits finis. (Document Maury)

Supports et vitesse

Les supports utilisés sont des papiers bouffants, des offsets et des couchés de 30 à 170 g. La productivité, qui dépend du format de l'ouvrage, est estimée à environ 5 000 ouvrages de littérature générale par heure.

La Variquik

Remarque

Comme la Bookomatic, ces presses sont peu nombreuses.

Cette presse rotative du type blanchet contre blanchet imprime en une couleur et délivre des cahiers pliés. Son originalité tient à ce que le calage s'effectue en même temps que la production, ce qui réduit considérablement les temps de mise en route, les gâches papier et donc les coûts fixes. Pour cette raison, elle peut convenir aux faibles tirages.

Elle se compose d'une tourelle d'impression munie d'un dispositif d'encrage et de mouillage mobile supportant trois blocs imprimants superposés, équipés chacun de systèmes d'impression cylindre porte-plaque, cylindre porte-blanchet, cylindre porte-blanchet, cylindre porte-plaque. Le papier passe verticalement entre les deux blanchets. Pendant qu'un premier cahier est imprimé sur l'élément central, les plaques sont accrochées sur le bloc du haut. Lorsque le chiffre de tirage est atteint pour le premier cahier, le dispositif d'encrage et de mouillage vient prendre place sur l'élément du haut et l'opération se répète pour le troisième cahier, qui est alors imprimé sur l'élément du bas.

La Variquik est exploitée aussi bien pour des ouvrages de littérature générale de faible tirage, à partir de 800 à 1 000 exemplaires, que pour des tirages beaucoup plus importants. Il ne convient pas de donner des formats comme pour la Timson, car la laize de papier maximum est de 72 cm, et l'imprimeur peut acquérir des blocs imprimants dans des coupes correspondant aux besoins de son marché, par exemple : 86,9 cm, 91,6 cm, 92,4 cm, 98,4 cm, 101,6 cm ou 115 cm.

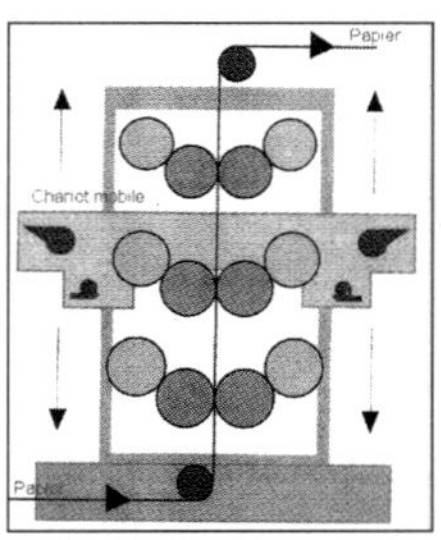

Sur une presse Variquik, l'impression d'un cahier se déroule sur l'élément du milieu. À la fin de l'impression, le système d'encrage et de mouillage se déplace vers le haut. (Document Variquik)

Supports et vitesse

Les supports utilisés sont des papiers bouffants, des offsets et des couchés dans des grammages variant de 26 g (avec des installations spécifiques) à 120 g ; les plus couramment employés sont des papiers non couchés de 45 à 90 g. La vitesse horaire moyenne est de 10 000 cahiers à l'heure.

Presses rotatives offset en continu

Ces presses ne concernent pas les supports de communication imprimés à proprement parler. Généralement de petits formats, elles impriment notamment des formulaires, des factures et des bons de commande, principalement en liasses, sur du papier autocopiant plié et livré en paravent. Les formulaires présentent souvent, dans le sens du déroulement, des bandes latérales garnies de trous, dites « caroll », destinées à faciliter le passage en continu des supports imprimés dans les imprimantes. Le format de ces presses est défini en pouces.

Les sections suivantes présentent les savoir-faire indispensables pour sélectionner des machines, suivre et contrôler la qualité de l'impression et élaborer les coûts. Avant d'aborder les méthodes d'analyse et de travail, quelques informations sur la qualité, les contraintes et les avancées technologiques en impression offset sont nécessaires.

Qualités et contraintes de l'offset

En offset feuilles, la qualité est bonne, voire très bonne. En rotative, la qualité est assez bonne, voire bonne, mais inférieure en général à celle que l'on obtient en offset feuilles en raison de la vitesse d'une part, et de l'écrasement du point de trame d'autre part (voir plus bas). Dans les deux cas, cette qualité est fonction d'une bonne adéquation entre la finesse de la trame, la qualité du support d'impression, le format de la forme imprimante, le soin apporté à la préparation en prépresse et le contrôle exercé durant l'impression.

Les gammes de barres de contrôle aident le conducteur de machine à vérifier si l'impression reste conforme aux standards retenus en ce qui concerne la densité des couleurs, l'engraissement du point de trame, la qualité de gravure des plaques, la frappe de la presse, etc.

Des dérives qualitatives par rapport aux épreuves de photogravure sont inévitables. Certaines sont acceptables pour différentes raisons.

Les bandes d'encrage

Lors de l'impression, l'encre est déposée sur la plaque par zones, ou « bandes d'encrage », délimitées par les vis ou lames d'encrier disposées parallèlement au grand côté de la feuille et espacées les unes des autres de 3 centimètres. La lame des encriers, en s'écartant ou en se rapprochant de la plaque, permet de délivrer plus au moins d'encre.

En haut, les vis d'encrier.

Modifier l'encrage sur une image, ou une partie de celle-ci, pour s'approcher au plus près de l'épreuve de photogravure entraîne des changements de couleur sur la totalité de la feuille dans la largeur, affectant ainsi les illustrations ou les fonds tramés qui se trouvent au-dessus ou au-dessous, et cela sur toute la largeur de la ou des bande(s) d'encrage, voire sur les bandes voisines.

En conséquence, cette contrainte oblige à trouver des équilibres et des compromis acceptables sur l'ensemble des couleurs d'une feuille d'impression (voir plus loin le contrôle du BAT) ; plus la feuille de papier est grande, plus ils sont importants. L'accord, le BAT ou BAR, est donné sur une feuille imprimée ou un cahier où les compromis semblent satisfaisants.

Lors de l'impression de documents comprenant beaucoup de fonds tramés (Benday), la question se pose en ces termes : faut-il privilégier les fonds tramés afin qu'ils soient toujours plus ou moins de la même couleur, ou bien les illustrations qui les accompagnent ? Lorsque l'utilisateur veut garantir la constance d'un ton sur un tirage, pour un logo par exemple, il peut utiliser un ton direct en plus de la quadrichromie. En effet, le ton direct, ou Pantone, est indépendant : il ne peut donc être affecté par les modifications d'encrage de la quadrichromie.

Certaines machines offrent la possibilité de modifier l'encrage sur la moitié de la longueur de la bande seulement. D'autres sont libérées des contraintes des encriers segmentés.

L'engraissement du point de trame

Le point de trame s'élargit lors de chaque report sur la plaque, le blanchet et le papier successivement, la solution de mouillage contribuant au phénomène ainsi que la presse elle-même et la qualité du papier. C'est l'une des causes de dégradation de la couleur durant l'impression. Cet élargissement peut aller jusqu'à 12 % en offset feuilles dans les valeurs tramées à 50 %. Il est moins important dans les valeurs basses et hautes. En rotative, il peut aller jusqu'à 18 % du fait de l'écrasement supplémentaire provoqué par la compression du papier entre les blanchets qui ne sont pas en acier, ce qui donne un rendu moins fin des différents niveaux de tons.

Ces phénomènes doivent être pris en compte lors de la préparation des fichiers afin d'en limiter les effets.

Moirage et charge d'encre

Enfin, d'autres dérives, moins graves, peuvent être évitées, comme les effets de moirage, provoquant du flou dans l'impression, souvent provoqués par le non-respect des angles de trame (voir chapitre 3).

En quadrichromie, il faut veiller par ailleurs à ne pas dépasser la charge d'encre préconisée par l'imprimeur pour le type d'impression et de papier utilisés, sous peine de voir se produire le phénomène de refus d'encre ou des problèmes de séchage de l'encre (voir chapitre 3).

Effet fantôme Phénomène qui se produit lorsque l'encre insuffisamment sèche au recto d'une feuille imprimée se trouve en contact avec le verso de la feuille suivante, le brillant de l'impression devenant mat. Cet inconvénient se produit sur certains papiers.

Les avancées technologiques

En offset feuilles

La tendance est aux presses longues, c'est-à-dire à l'augmentation du nombre de groupes aussi bien en offset normal qu'en retiration. Voici les principaux points sur lesquels portent les améliorations.

Les plaques et la préparation

Pour la fabrication des plaques, plusieurs technologies sont exploitées et, dans le souci de protéger l'environnement, des plaques « sans chimie » arrivent sur le marché (voir page 101).

Parallèlement, on peut s'attendre dans les prochaines années à voir se développer les systèmes d'impression sans plaques. Les zones à reproduire seront insolées directement sur le blanchet ou sur une bande passante comme dans le tout numérique (voir page 158).

Bien implantées, les procédures CTP et DI font gagner du temps, donc de l'argent. Le matériau film est supprimé et la qualité d'impression s'en trouve améliorée de deux façons. D'une part, le point de trame n'étant pas affecté par plusieurs étapes de reproduction, il est possible d'imprimer des trames très légères qui auraient disparu en offset traditionnel. D'autre part, le repérage des couleurs étant quasiment parfait, le temps de calage des presses diminue ainsi que la gâche papier.

En ce qui concerne la fabrication des plaques, les problèmes liés aux formats des fichiers et/ou à une insuffisance de savoir-faire des donneurs d'ordres sont encore nombreux. Mais les risques de non concordance entre le « traceur numérique » et le document final imprimé disparaissent peu à peu grâce à l'exploitation de RIP compatibles permettant de générer documents de contrôle et films ou plaques.

La diffusion des bonnes pratiques, l'emploi de logiciels de contrôle et la sortie systématique d'épreuves avant l'impression (mais après la conversion des fichiers), devraient apporter de sérieuses améliorations à ces problèmes.

Remarque

Dans un avenir plus lointain, la validation des couleurs sur écran se fera de façon fiable grâce aux matériels calibrés et aux profils colorimétriques bien utilisés tout au long de la chaîne.

Le Waterless

Les presses sans mouillage emploient des plaques spéciales et des encres plus visqueuses. Les rouleaux encreurs sont remplacés par des rouleaux qui font circuler un liquide destiné à contrôler la température de l'encre.

L'eau de mouillage est un facteur d'engraissement du point de trame et de déformation du papier pendant l'impression. Le système Waterless procure donc une meilleure qualité que l'offset humide : point de trame plus net, linéature plus élevée, reproduction des couleurs améliorée.

Ce procédé se développera sans doute quand ses inconvénients seront réduits : peluchage du papier (provoqué par la viscosité de l'encre) et échauffement de la presse à cause de l'absence d'eau.

Automatisation des tâches

Sur les presses elles-mêmes, les constructeurs se sont fixé pour objectif l'automatisation des fonctions : calages directs entraînant un gain de temps et de gâche papier, lavage automatique des blanchets, réglage automatique de l'encrage, du mouillage, de la pression et du repérage des cylindres.

Enfin, le contrôle constant de la qualité d'impression grâce à la lecture de chaque feuille imprimée au moyen d'un scanner intégré déclenche la rectification automatique des dérives qualitatives.

Les encres et vernis UV

La mise au point d'encres séchant rapidement grâce aux rayons ultra-violets (encres UV) permet d'accroître notablement la vitesse des machines.

Sur des presses hybrides, les systèmes de sécheurs étant mobiles, l'impression peut se faire avec des encres normales ou avec des encres UV. Ce procédé favorise le vernissage UV en ligne.

Remarque

Le terme « hybride » est souvent mis à toutes les sauces ; il signifie simplement « empruntant à deux systèmes ». Ainsi, presse hybride peut signifier que la plaque est gravée directement sur la presse, mais que la machine elle-même est humide, fonctionne avec de l'eau de mouillage ou sans eau de mouillage, Waterless, ou encore qu'il s'agit d'une presse offrant la possibilité d'imprimer avec des encres normales ou des encres UV.

Les trames

Bien utilisées, avec sujet et papier qui s'y prêtent, les trames 170 et 200 gagnent du terrain. Les trames aléatoires ou hybrides (voir chapitre 3) demandent beaucoup de soin dans la préparation des plaques, mais donnent un rendu d'impression plus proche de la photographie. Elles sont sans doute destinées à se développer, même si la trame aléatoire ne se comporte pas bien sur les papiers à grains comme les papiers de création...

La transmission des données

La transmission numérique des données offre un gain de temps. C'est pourquoi les fichiers sont de plus en plus souvent transmis par e-mail lorsqu'ils sont peu volumineux ou déposés, grâce à un code d'accès, sur un serveur FTP ou un réseau privé réservé à ses clients par le prestataire. Ce dernier peut aussi y placer des documents de contrôle à l'intention du donneur d'ordres, à charge pour celui-ci de s'équiper d'outils efficaces afin d'éviter virus, spams et intrusions.

D'une manière générale d'ailleurs, le donneur d'ordres doit se tenir au courant des nouveautés tout en restant conscient du fait que les presses issues de nouvelles technologies présentées dans les foires internationales, telle la DRUPA qui se tient tous les quatre ans à Düsseldorf, ne sont pas immédiatement opérationnelles chez les prestataires.

Remarque

Quelques constructeurs de machines offset feuilles : Marinoni, pour les machines à retiration en noir (Italie), Man-Roland (Allemagne) Heildelberg (Allemagne), Solna (Suède), Nébiolo (Italie), Aurélia (Italie), Komori (Japon), Mitsubishi (Japon), Koening et Bauer (Allemagne).
Pour le DI, les plus utilisées en France sont : Heildelberg Mann (Allemagne) – Quickmaster, Speedmaster –, Planeta/KBA Koening et Bauer (Allemagne). Prochainement : Kodak/Presstek/AB Dick (États-Unis) – DirectPress 5 634 et 5 334 –, Screen (Japon), TruePress.

En rotative

Les plaques

Le procédé CTP fonctionne depuis longtemps. Pour la préparation de la forme imprimante, les avancées technologiques en rotative ont ouvert la voie à celles de l'offset feuilles.

Le DI fonctionne également et des plaques réinscriptibles, c'est-à-dire effaçables et « réimageables », font leur apparition.

L'équipement

L'automatisation des tâches évoquée pour les machines feuilles vaut pour les rotatives. Les nouveautés portent surtout sur l'équipement. Ainsi, des systèmes d'acheminement du papier rendent les changements de bobines automatiques. Des moteurs individuels équipent chaque élément de la machine : cette innovation donne la possibilité à ces rotatives sans arbres d'atteindre les marchés de la presse pour lesquels il faut personnaliser un certain nombre d'exemplaires : journaux ou magazines pour des éditions régionales par exemple. La gorge qui sert à accrocher la plaque provoque des vibrations qui limitent la vitesse de la machine ainsi que la longueur de la laize et peuvent laisser des traînées sur le papier lors de l'impression. La mise au point de « manchons » porte-plaque et porte-blanchets, sans gorge, accroît la vitesse et la qualité d'impression. Il s'agit alors de rotatives haute vitesse.

En rotative, la coupe fixe qui oblige à n'utiliser que des formats plus ou moins standards constitue il est vrai une contrainte importante. L'arrivée de rotatives avec des cylindres imprimants dont les formats ne sont pas fixes ouvre un nouveau champ de possibilités.

Le Waterless est exploité en rotative avec l'utilisation d'encres spéciales, les Coldset.

Remarque

Pour la presse et le labeur, les noms des principaux constructeurs de presses rotatives-offset sont : Gross International, KBA, Wifag, Heidelberg, Harris, Rotoman. Les presses spécialisées en littérature générale sont : Timson (Timson), Miller Graphic Rolland Man (Bookomatic), Strachan Heushaw Machinery (Variquik), Wifag.

Le façonnage

Le façonnage est facilité par des plieuses pourvues d'un système réduisant la consommation de papier et par des installations périphériques en ligne, de plus en plus nombreuses sur les presses : couteau rotatif, collage au dos, perforations, vernis UV, système d'encartage ou de scellage des documents (pour la VPC)...

Avant de choisir la machine adaptée à la réalisation du document à imprimer, le donneur d'ordres doit se familiariser avec les notions d'imposition qui l'y aideront.

L'imposition

L'imposition, ici, désigne deux tâches imbriquées, que l'on peut dissocier pour une meilleure compréhension. Elle consiste à trouver le nombre de pages maximum qu'il est possible de disposer dans un format de machine. Un bon donneur d'ordres doit sélectionner la machine dont le format, par rapport à celui du document à imprimer et à son nombre de pages, génère le moins possible de calages. Les coûts de calage, qui comprennent la préparation des plaques et la mise en route de la machine, sont fixes ; ils ont un lien presque direct avec le type et le format de la presse.

Dans la même catégorie, plus les formats de machines sont grands et plus leur coût d'exploitation est élevé. Mais, imprimer un document de 64 pages en une seule feuille sur une machine de grand format coûte presque toujours moins cher que l'impression de deux feuilles de 32 pages sur une machine de format inférieur.

Le donneur d'ordres au fait de ce premier aspect de l'imposition peut optimiser sa stratégie d'achat d'impression et peut-être prévoir des formats de documents convenables pour réaliser des économies en exploitant au mieux le format des presses.

Pour mener à bien les opérations d'impression et de façonnage, il faut également connaître les valeurs techniques à ajouter au format rogné du document pour valider le choix du format de la machine et calculer celui du papier.

L'aménagement des pages

L'imposition consiste à aménager lesdites pages dans la feuille d'impression selon un ordre précis, afin que les pages se trouvent dans l'ordre de lecture lorsque la feuille d'impression est pliée en cahiers. À cette fin, le savoir minimum nécessaire concerne la position, dans un cahier, du pli central, des têtes et des pieds de pages.

Il ne s'agit pas ici de faire du lecteur un spécialiste de l'imposition, c'est le rôle de l'imprimeur et certains logiciels l'aident à mener à bien cette tâche. L'intérêt de la démonstration est de lui montrer les avantages qu'il peut tirer de cette connaissance.

Fabriquer un cahier de 32 pages en plis croisés

1. Prenez une feuille de papier, placez le grand côté de la feuille face à vous. Pour l'instant c'est un feuillet de 2 pages.
2. Pliez la feuille en deux dans le sens de la hauteur, comme sur le modèle, en ramenant la main droite sur la gauche et effectuez un premier pli.
3. Après avoir marqué le pli, vous avez un cahier de 4 pages. C'est la plus petite unité de cahier puisque 2 pages se nomment un feuillet. Faites tourner le cahier d'un quart de tour vers la droite.
4. Ramenez la main droite sur la gauche, formez un deuxième pli. Vous avez réalisé un cahier de 8 pages.
5. Faites à nouveau tourner le cahier d'un quart de tour vers la droite.
6. Ramenez la main droite sur la gauche, faites un troisième pli. Le cahier de 16 pages est constitué.
7. Faites à nouveau tourner le cahier d'un quart de tour vers la droite.
8. Ramenez la main droite sur la gauche, faites un quatrième pli. Le cahier de 32 pages est constitué.
9. Pour le finaliser, faites tourner le cahier d'un demi-tour, dans le sens des aiguilles d'une montre. Le cahier, si vous ne vous êtes pas trompé, doit avoir le dos à gauche et être fermé en tête. Si c'est ainsi, indiquez par un T l'emplacement des têtes sur chaque page, c'est-à-dire le haut de la page, comme sur le croquis n° 9, et numérotez chaque page du cahier de 1 à 32. Pour vous faciliter la tâche, déchirez un peu le bas des pages de la deuxième partie du cahier.
10. Ouvrez ensuite le cahier, marquez les plis centraux par un trait discontinu, observez l'emplacement des numéros de pages sur le recto et le verso de la feuille. Vous avez réalisé l'imposition d'un cahier de 32 pages en plis croisés, appelés ainsi car chaque pli est croisé sur le précédent. Les plis du milieu du cahier sont figurés en traits discontinus.

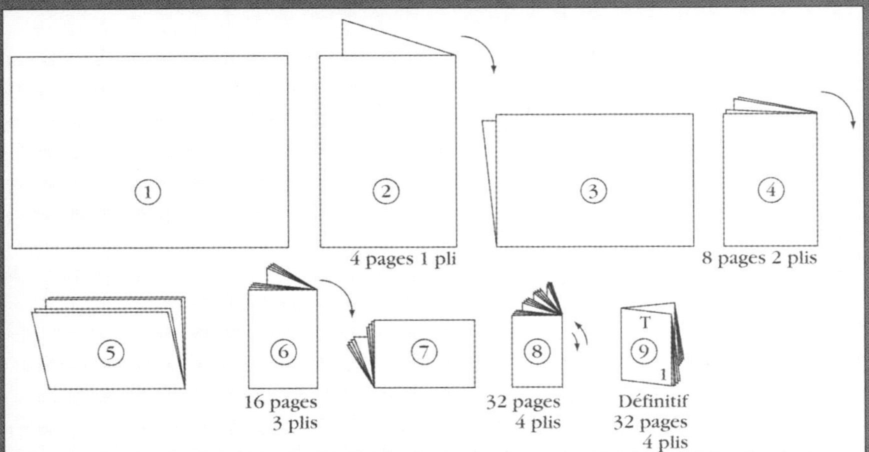

Le nombre de pages aménageables sur un format de machine est indissociable de la façon dont elles y sont disposées : position des plis, des têtes et des pieds de pages. Commençons par la fin. Un document est en général composé d'un ou plusieurs cahiers pliés individuellement de diverses façons, cousus ou non, assemblés entre eux ou insérés (encartés) les uns dans les autres (voir page 220).

Avant d'être plié, le cahier est une feuille de papier imprimée le plus souvent des deux côtés. Une feuille d'impression peut comporter plusieurs cahiers qui seront ensuite séparés, mais le nombre de pages que comporte un cahier (8, 16, 24, 32, 48...) dépend du format de la machine ainsi que du type et du grammage du papier utilisé. L'aménagement des pages tient compte à la fois du nombre de pages et des types de pliage et de façonnage du cahier.

Notions de feuilles et de cahiers

S'il comporte plus de pages que son pliage ne le permet, un cahier a un rendu détestable avec des plissures en tête et en pied. Pour des raisons liées à la qualité de reproduction, le donneur d'ordres peut prévoir d'imposer plusieurs cahiers de faible pagination sur une même feuille d'impression afin de multiplier les vraies doubles pages, c'est-à-dire les seules pages qui se trouvent côte à côte lors de l'impression, soit la première et la dernière page et la double page du milieu du cahier.

Remarque

L'addition de deux folios (2 pages) d'une unité de 4 pages dans un cahier de 32 pages donne toujours 33 (32 + 1). Avec un cahier de 16 pages on obtient 17, de 24 pages on obtient 25, etc.

Dans notre exemple, les vraies doubles pages sont les pages 1 et 32 ainsi que la double page du milieu du cahier, soit les pages 16 et 17. Nous aurions pu décider d'aménager deux cahiers de 16 pages ou quatre cahiers de 8 pages sur la feuille d'impression.

Le nombre de pages sur une feuille

Rappelons également que le sens des fibres est parallèle au grand côté du papier. Respecter le sens des fibres du papier garantit sa bonne tenue à l'impression et surtout au façonnage (voir chapitre 7). À cette fin, il faut disposer les plis du dos du ou des cahier(s) parallèlement au sens des fibres, c'est-à-dire au grand côté de la machine. Pour un format à la française, les plis de milieu de cahier sont parallèles

Modèle d'imposition irréaliste

Si on dispose 24 pages (12 au recto, 12 au verso) sur une feuille, 8 pages (4 recto, 4 verso) tomberont à la rogne. Essayez...

1. Prenez une feuille de papier en plaçant le grand côté de la feuille face à vous. Pour l'instant, c'est un feuillet de 2 pages.
2. Pliez la feuille en 2 dans le sens de la largeur, en ramenant la main droite sur la gauche, effectuez un premier pli.
3. Sans changer de sens, pliez la feuille encore en 2.
4. Puis pliez aux 2/3 dans le sens de la hauteur. Marquez le pli.
5. Le cahier est terminé. Faites un demi-tour (les têtes sont en haut et le dos est à gauche), observez ce qui se passe : une bande de 8 pages tombera à la rogne. Ouvrez la feuille et comparez avec le croquis ci-contre.

à la hauteur du document. Les pages sont disposées en hauteur parallèlement au grand côté de la machine et en largeur parallèlement au petit côté de la machine.

Concrètement, pour calculer le nombre de pages « imposables » dans le sens des fibres sur un format de machine, il faut diviser le format du grand côté de la machine par le format en hauteur du document à la française et le format du petit côté de la machine par le format en largeur du document. Lorsque le résultat de la division du format du petit côté de la machine par la largeur du document donne un nombre impair, il faut le ramener au nombre pair plus petit, sinon deux pages tomberont après le pliage et le façonnage lorsque le cahier sera rogné (c'est-à-dire coupé sur trois côtés afin de permettre son ouverture).

Pour des raisons économiques, le donneur d'ordres peut penser l'imposition en sens travers, c'est-à-dire avec la hauteur du document disposée dans le petit côté de la machine, afin d'aménager un plus grand nombre de pages sur la forme imprimante. La qualité s'en trouvera diminuée, mais c'est un choix. Dans ce cas, c'est la division du grand format de la feuille par le petit côté du document qui ne doit pas donner un nombre impair.

Il faut maintenant en venir aux contraintes de formats liées aux rotatives.

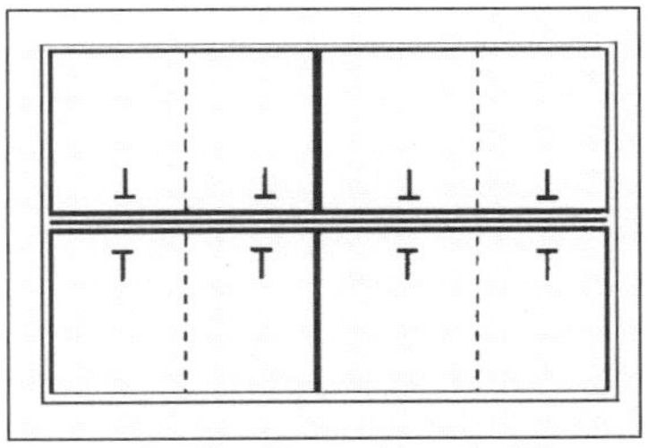

Feuille d'imposition de 16 pages (8 recto, 8 verso) en sens travers.

Remarque

En offset feuilles ou en rotative offset, l'imposition procède du même principe.

L'imposition en rotative

Nous avons vu qu'en rotative les formats des presses sont définis par leur laize et leur coupe. La coupe est l'endroit où le papier est coupé pour former un cahier et correspond au développé du cylindre de la plaque. Chaque révolution du cylindre provoque l'impression d'un nouveau cahier. Le sens des fibres du papier se présente dans le sens du déroulement du cylindre, c'est-à-dire parallèlement à la coupe de la rotative.

Si le sens fibres du papier est respecté, le document est disposé en hauteur, parallèlement à la coupe. C'est presque toujours le cas en format magazine. En format digest, sur la même rotative et si la ou les plieuse(s) en donnent la possibilité, l'imposition est en sens travers : la hauteur du document est disposée parallèlement à la laize.

En offset feuilles, le format du papier peut être différent du format de la machine sur chacun des deux côtés. En rotative, en revanche, le format du papier dans le sens de la laize peut être différent de celui accepté par la machine, mais il est toujours égal à celui de la coupe dans l'autre sens, donc fixe.

Par conséquent, exploiter au mieux les formats de coupe des rotatives évite une gâche de papier importante. Cela donne aussi la possibilité de prévoir les formats des parutions imprimables en rotative en fonction d'impositions économiques. Pour le donneur d'ordres, connaître les principes de l'imposition représente ainsi un enjeu financier conséquent.

Remarque

Les impositions présentées ici ne tiennent compte pour l'instant ni des espaces techniques, ni du type de cahiers (cousus, non cousus, encartés). Ces questions seront abordées plus loin.

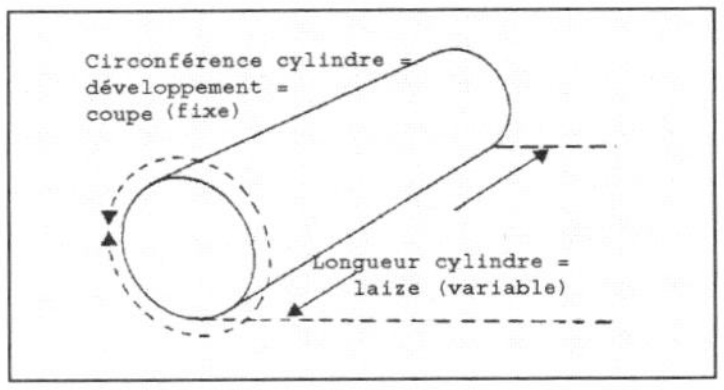

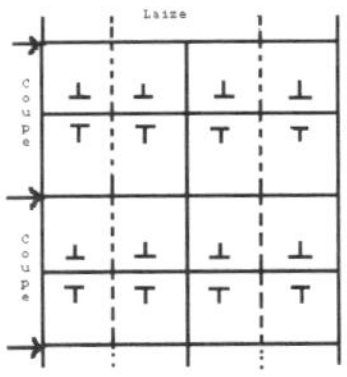

En haut : bande passante pour mettre en évidence le problème de la coupe. À chaque révolution des cylindres, un cahier est imprimé. En bas : principe de la coupe en rotative.

Principe des cahiers encartés, surtout utilisé pour le façonnage en piqûres métal.

	32	17	20	29		30	19	18	31
R°	1	16	13	4	V°	3	14	15	2
	8	9	12	5		6	11	10	7
	25	24	21	28		27	22	23	26

2e feuille

	dépassant					dépassant			
	64	49	52	61		62	51	50	63
R°	33	48	45	36	V°	35	46	47	34
	40	41	44	37		38	43	42	39
	57	56	53	60		59	54	55	58

Modèle d'imposition de cahiers encartés pour un catalogue de 64 pages façonné en piqûres métal.

Autres types d'imposition

Certaines impositions particulières méritent d'être signalées : celle qui concerne les cahiers encartés, celles qui favorisent les économies et, enfin, les impositions très spécifiques exploitées sur les presses Cameron et Bookomatic qui offrent la possibilité d'imprimer et de façonner l'intégralité, ou presque, d'un document en un seul calage.

Les cahiers encartés

Pour l'imposition d'un document dont les cahiers sont encartés, c'est-à-dire insérés les uns dans les autres (en général pour du façonnage en piqûres métal), les pages ne sont pas aménagées dans l'ordre classique d'un cahier.

Exemple pour un catalogue de 64 pages couverture comprise, façonné en deux piqûres métal. Il est composé de deux feuilles d'impression. Chaque feuille correspondant à un cahier de 32 pages, deux cahiers seront encartés l'un dans l'autre. La première feuille d'impression porte les numéros de pages 1 à 16 puis 49 à 64, la seconde les numéros 17 à 48. Pour poser les cahiers l'un dans l'autre, il faut pouvoir les ouvrir au milieu lorsqu'ils sont pliés. Très souvent, selon le pliage et le type de papier, un dépassant de 6 à 8 mm est prévu sur la seconde partie du cahier, par lequel ce dernier est saisi pour être déposé à cheval sur le cahier précédent.

L'imposition basculée

Appelée également en retiration, l'imposition basculée permet de disposer, sur le même côté d'une feuille d'impression, les pages du recto et du verso d'un même cahier ou d'un imprimé. Après l'impression du recto de la feuille, le papier est retourné de façon que les pages du verso se trouvent sous les pages du recto et réciproquement. Lorsque la feuille est imprimée des deux côtés, l'imprimeur obtient deux cahiers identiques, recto et verso, parfaitement superposés, qui sont ensuite séparés. L'impression du recto et du verso ne nécessite qu'un seul calage sur une machine offset feuilles en blanc, et le chiffre de tirage est divisé par deux.

Ce type d'imposition est exploitable pour l'impression d'un document dont le nombre total de pages, recto et verso, tient sur un seul côté d'une feuille d'impression ou bien si, lors de la recherche du nombre de feuilles à imprimer pour un document, le résultat donne un nombre entier suivi de 0,5.

Exemple pour un catalogue de 80 pages dont le chiffre de tirage est de 10 000 exemplaires :

- s'il est réalisé sur une machine dont le format permet d'imprimer 32 pages à la feuille, il faut : (80/32) = 2,5 feuilles pour imprimer l'intégralité du document ;
- le chiffre de tirage des deux premières feuilles sera de 10 000 exemplaires. La troisième, composée de 2 cahiers de 16 pages identiques, aura un chiffre de tirage de

Remarque

Lors d'une impression en bascule ou sur une presse à retiration par retournement du papier, il faut savoir comment la feuille est « culbutée ». En *in 8*, la prise de pince est identique pour le recto et le verso de la feuille. En *in 12*, il y a deux prises de pinces. Prévoir le papier en conséquence.

5 000 exemplaires. On imagine aisément les économies ainsi réalisées car l'impression de la troisième feuille ne nécessite qu'un seul calage. L'imposition basculée des feuilles peut être réalisée de deux manières : en *in 8*, la feuille est retournée par le côté, en *in 12*, la feuille est retournée de haut en bas.

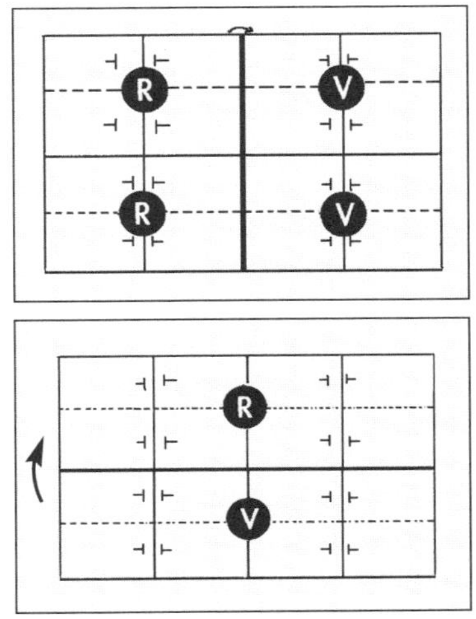

Imposition basculée de la troisième feuille de notre exemple. 1. Imposition basculée en in 8, de gauche à droite. 2. Imposition basculée en in 12, de haut en bas.

En amalgame

Sur la même feuille d'impression, on dispose des documents différents ou plusieurs exemplaires, ou poses, du même document. Dans le premier cas, les frais fixes d'impression sont répartis sur plusieurs produits. Dans le second cas, le chiffre de tirage étant divisé par le nombre de poses, le montant des frais variables de roulage diminue.

En coming and going

Cette fois, l'astuce consiste à imposer deux exemplaires d'un même document afin qu'ils soient pliés et assemblés en même temps, puis séparés l'un de l'autre. Le coût du façonnage est quasiment divisé par deux.

Cette disposition convient surtout aux documents étroits. Elle peut se présenter de la façon suivante pour une publication constituée de six cahiers par exemple : le cahier n° 1 du premier exemplaire est imposé avec le n° 6 du second, le 2e avec le 5e, le 3e avec le 4e et ainsi de suite. On parle alors d'imposition tête contre tête.

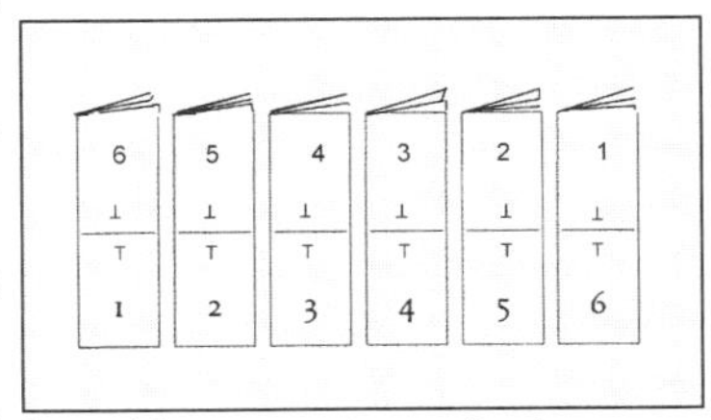

Imposition en coming and going.

Pour les rotatives dédiées à l'édition

Les impositions décrites ici concernent essentiellement la presse Cameron (voir chapitre 6) et la presse Bookomatic (voir page 115). Toutes deux utilisent une technique permettant de réaliser l'impression de l'intégralité du nombre de pages d'un document et d'automatiser le façonnage en ligne. Si le nombre de pages est très important, la Bookomatic peut également prendre en charge un document séparé en parcorps, deux parties par exemples, qui seront raccordés au moment du façonnage.

Toutes les pages du verso du document sont imposées sur un tapis d'impression pour la Cameron, sur une plaque pour la Bookomatic et toutes les pages du verso sur un second tapis pour la première, sur une seconde plaque pour la seconde. Les modèles d'imposition donnés ci-dessous le sont à titre informatif : le donneur d'ordres ne doit pas se lancer dans une entreprise aussi périlleuse. S'il prévoit d'utiliser la Cameron, il retiendra surtout qu'il doit exploiter convenablement la laize puisque la longueur de la courroie d'impression s'adapte au nombre de pages à traiter. S'il choisit la Bookomatic, il tiendra compte de la coupe et de la laize.

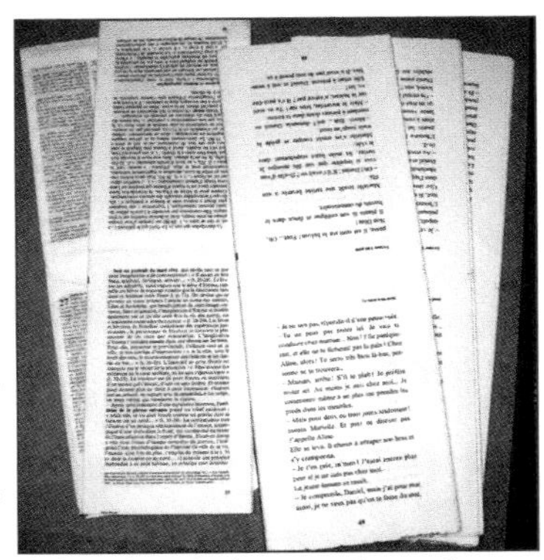
Cahiers imprimés en coming and going.

L'imposition, spécifique à chaque document, s'applique à chaque côté de feuille, à chaque couleur à imprimer et à chaque feuille d'impression constituant la publication. Avec un peu d'entraînement, il est possible d'élaborer des tables de

Remarque

C'est essentiellement l'imposition réalisée par l'imprimeur que le donneur d'ordres valide sur un document de contrôle : Ozalid ou traceur numérique.

correspondances entre les formats des machines et le nombre de pages des documents qu'elles peuvent gérer par calage. Les prestataires sont de bon conseil.

La sélection de la machine

Quand il connaît les différentes presses offset disponibles sur le marché, le donneur d'ordres doit se préoccuper de la manière de sélectionner la ou les machine(s) les mieux adaptées à ses besoins. Voici quelques conseils proposés selon une chronologie à respecter pour éviter les erreurs.

Le type de machine

D'abord, il faut sélectionner le type de machine qui convient le mieux pour l'impression du document : machine feuilles en blanc ou à retiration, hybride, rotative. En même temps est décidée la procédure de fabrication des plaques : CTF, CTP, DI... Il n'est pas toujours facile de choisir. Ainsi, entre une machine à retiration une couleur et des petites rotatives spécialisées, il n'existe quasiment pas de différence qualitative si le format de la publication convient à la fois à l'un et l'autre des procédés. Chaque fois que ce cas se présente, la seule solution consiste à lancer des appels d'offres vers des prestataires possédant l'un ou l'autre type de machine (ou les deux).

Choix entre offset feuilles et rotative offset

En ce qui concerne le choix entre machine feuilles et rotative, le chiffre de tirage n'est pas un critère absolu. En effet, certains produits qui, par leur chiffre de tirage, relèvent de l'impression en rotative, en sont exclus du fait des contraintes techniques que ce procédé impose : coupe fixe, limitation des grammages de papier, qualité de reproduction. De plus, les rotatives spécialisées imprimant en une ou deux couleurs sont économiques sur les petits tirages, à partir de 1 000 ou 1 500 exemplaires.

Le nombre de groupes

Ensuite, il faut décider du nombre de groupes imprimants nécessaires sur la presse pour répondre aux besoins ; il correspond au nombre de couleurs à imprimer. Les machines à cinq ou six groupes sont utilisées pour déposer quadrichromie ; ton direct ou vernis offset et dans le cas de documents imprimés simultanément en plusieurs langues (cas typique de la coédition), le texte noir est séparé du noir de la quadrichromie (laquelle est réservée aux illustrations) et impose donc une 5e couleur. Si le document doit être verni – vernis acrylique ou UV –, il est préférable de faire appel à un prestataire équipé d'une presse disposant d'un groupe de vernis en ligne.

Le format

Le choix du format s'avère l'opération la plus délicate. Très souvent, pour les machines feuilles, il se porte logiquement sur :

- de petits formats, par exemple 36 x 52 cm et 52 x 72 cm, pour l'impression de brochures et produits de toutes sortes, de faible pagination (4, 8, 16 pages), ainsi que pour les couvertures et les jaquettes de livres ;
- des formats moyens et grands, 72 x 104 cm, 98 x 130 cm, 100 x 140 cm ou 120 x 160 cm par exemple, plus adaptés pour des nombres de pages plus importants et de plus gros chiffres de tirage, généralement au-delà de 3 000 exemplaires.

En rotative, le choix porte sur les caractéristiques des laizes et des coupes qui seront sélectionnées par rapport au format et au nombre de pages du document.

Les consommables en offset

La solution de mouillage

Le film d'eau déposé sur la plaque lors de l'impression contient très souvent une petite proportion d'alcool. En outre, il est doté d'un pH et d'une dureté de l'eau adéquats qui doivent être maintenus de façon que les pigments de l'encre ne se dissolvent pas dans l'eau. Si ce phénomène se produit, l'encre est attirée dans des zones non imprimantes et provoque des taches. C'est un effet de « voilage » de la plaque.

Les encres offset

Les compositions

Elles sont composées en majorité de pigments colorés, de liant, de solvants et de diluant.

Le pigment coloré, de nature organique la plupart du temps, entre dans la fabrication pour environ 18 % et apporte couleur et densité. Pour ajouter certaines spécificités aux encres et pour créer des teintes comme le bleu, le vert ou le rouge, des métaux sont incorporés.

Le liant, composé de résines qui enrobent le pigment, le tout en suspension dans des huiles minérales ou végétales, est présent pour 50 % environ dans l'encre dont il assure le brillant, la viscosité et la prise.

Les solvants et le diluant, pour 25 % environ, ajustent la viscosité et le tirant de l'encre. Des adjuvants divers tels que des siccatifs et certains produits spécifiques comme les substances anti-éraflures pour les emballages, complètent la composition des encres.

Leurs caractéristiques

Les encres possèdent des caractéristiques chromatiques, étalonnées sur les normes Euroscale ou Swop (voir chapitre 3), de viscosité et de séchage, en fonction des papiers et des procédés d'impression.

Le séchage se fait le plus souvent par oxydation, réaction chimique avec l'oxygène. Des poudres anti-maculantes peuvent être utilisées en sortie de presse : elles isolent les feuilles imprimées évitant ainsi qu'elles ne se salissent les unes les autres.

Quelques types d'encres

L'offre est importante, en voici quelques-unes.

- Heat-set : à prise rapide et utilisées pour l'impression en rotative, elles sont composées de résines et d'un solvant qui se vaporise à la chaleur des sécheurs avant le passage du papier dans les plieuses.
- Haute brillance : une grande quantité de vernis entre dans la composition de l'encre.
- Ultra-violet (UV) : le véhicule est composé d'éléments qui se polymérisent, se durcissent, sous l'action des rayons UV. Ces encres sèchent très rapidement ; elles permettent donc d'augmenter les vitesses de production.
- Métalliques : des poudres métalliques sont mélangées au vernis.
- Fluorescentes : elles réfléchissent et émettent de la lumière en utilisant les UV.
- Grattables, nacrées, magnétiques, odorantes.

Dans le cas du Waterless, les encres sont plus visqueuses. Mais l'absence d'eau de mouillage, qui sert aussi de refroidisseur, implique l'adjonction sur les presses de systèmes permettant de réguler leur température.

Voici maintenant diverses méthodes de travail pour mettre en application toutes ces données techniques.

Méthode de sélection d'une offset feuilles

Une première réflexion oriente le choix de la machine (type de machine, format et nombre de pages à la feuille d'impression) en fonction des caractéristiques techniques du document à imprimer. C'est ce que nous allons traiter concrètement ici en poursuivant l'étude du cas pratique n° 1, à savoir l'élaboration d'un catalogue de 64 pages pour l'entreprise XY. Les tarifs et les coûts seront abordés plus loin, en toute fin de chapitre.

n° 1 CAS PRATIQUE

Il s'agit, rappelons-le, de concevoir un catalogue dont les cahiers sont non cousus. Le sens des fibres du papier est respecté. Une colle polyuréthane PUR, souple et résistante, est prévue (voir chapitre 8).

Caractéristiques techniques utiles à cette étape :
- Format rogné = 22 x 28 cm.
- Nombre de pages hors couverture : 64 pages imprimées en 4/4 sur un papier couché brillant avec traces de bois 120 g (voir chapitre 7).
- Couverture imprimée en 4/0 sur un couché brillant de 200 g. La couverture recevra un pelliculage mat.
- Chiffre de tirage = 10 000 exemplaires.

Le type de machine

Le chiffre de tirage n'est pas assez élevé pour la rotative offset en quadrichromie. Le format du document, grand, le nombre de pages relativement important et le chiffre de tirage, élevé pour des machines feuilles, imposent au donneur d'ordres, pour des raisons économiques, le choix d'une machine en blanc ou à retiration de quatre couleurs, de moyen ou grand format.

Dans ce contexte, il est préférable que la sélection intervienne entre les quatre formats de machine suivants (ou approchants) : n° 1 72 x 104 cm ; n° 2 96,5 x 128 cm ; n° 3 100 x 140 cm ; n° 4 120 x 160 cm (voir formats, page 105).

Remarque

Au-delà des formats 70 x 100 cm, les machines à retiration 4/4 sont encore rares sur le marché ; il y aurait des risques pour la qualité d'impression de notre catalogue car le taux d'encrage est important.

Format de machine et nombre de pages à la feuille d'impression

Examinons la figure ci-contre. Sur la machine n° 1 de format 72 x 104 cm, pour optimiser le format, on dispose les pages de la façon suivante :
- 104/21 = 4 fois le document dans sa largeur ;
- 72/29,7 = 2 fois le document dans sa hauteur, ce qui donne : (4 x 2) = 8 pages au recto et 8 pages au verso, soit 16 pages à la feuille d'impression.

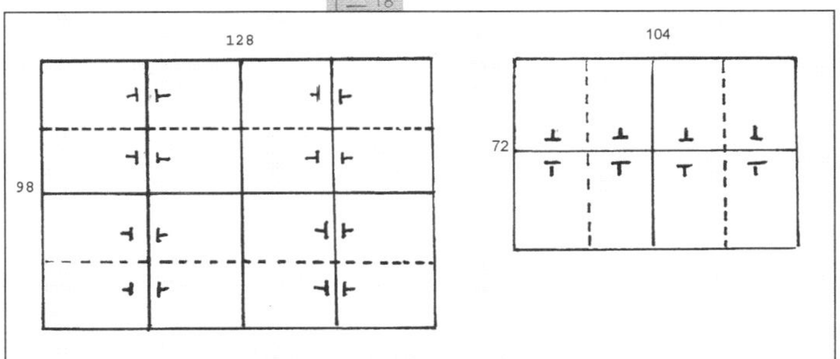

Imposition d'un côté de feuille d'impression sur deux machines de formats différents. À droite : 16 pages (8 recto, 8 verso, en sens travers). À gauche : 32 pages (16 recto, 16 verso en sens fibres). Ces impositions sont valables pour des cahiers cousus sans mention des valeurs techniques nécessaires à l'impression et au façonnage.

Il faudra (64/16) = 4 feuilles d'impression pour produire les 64 pages du catalogue. Les plis du cahier ne sont pas parallèles au grand côté de la machine, l'imposition est en sens travers.

Sur la machine n° 2 de format 98 x 128 cm, on dispose :
- 128/29,7 = 4 fois le document dans sa hauteur ;

- 98/21 = 4 fois le document dans sa largeur, soit : (4 x 4) = 16 pages au recto et 16 pages au verso, soit 32 pages à la feuille d'impression.

Cette imposition est la meilleure. Le format de la presse est bien exploité et, pour produire les 64 pages du catalogue, il faudra (64/32) = 2 feuilles d'impression. Les plis du cahier sont parallèles au grand côté de la machine, l'imposition est en sens fibres.

Le format 100 x 140 cm donne le même nombre de pages que le format sélectionné. Il est inutile, dans notre cas, de le préférer puisqu'il est plus grand.

Sur une machine de format 120 x 160 cm, il est possible d'aménager 40 pages à la feuille d'impression, ce qui donne, par catalogue, un nombre de feuilles d'impression de (64/40) = 1,6. Ce nombre, ingérable, entraîne une mauvaise exploitation de la machine.

Les machines de format 98 x 130 cm sont assez peu nombreuses sur le marché et jamais un imprimeur ne dispose de tous les formats de machines. Il peut être compétitif avec une machine 100 x 140 cm si cette presse est plus ancienne que celle qui a été sélectionnée ou si, par exemple, ses charges de fonctionnement sont moins importantes que celles d'un prestataire qui propose une presse en 98 x 130 cm. De toute façon, sélectionner une machine 100 x 140 cm est également raisonnable.

À l'avenir, pour imprimer un nombre de pages important en quadrichromie, il faudra prendre en compte les machines à retiration car les problèmes de qualité liés au retournement du papier sont moindres sur les modèles récents. De plus, les presses grand format sont de plus en plus répandues.

Revenons au catalogue de 64 pages constitué de 2 feuilles d'impression de 32 pages. La première feuille comporte les pages 1 à 32 et la seconde les pages 33 à 64. Il faut générer 16 fois l'imposition : (4 couleurs x 2 feuilles d'impression x 2 côtés par feuilles).

Validation du format de la machine

Pour valider le choix du format de la machine, il faut s'assurer qu'il reste judicieux après l'ajout des valeurs techniques nécessaires à l'impression et au brochage. La validation s'effectue en calculant le format de papier minimum utile pour l'impression. Si le donneur d'ordres achète le papier en fabrication (voir page 197), il doit interroger ses imprimeurs afin de connaître précisément leurs exigences pour les valeurs techniques. En voici quelques-unes, raisonnables.

Valeurs techniques pour une impression en quadrichromie

- Prise de pince = 1 à 1,5 cm, espace non imprimable, mais nécessaire pour guider le papier sous les groupes imprimants.
- Fin de pression = 1,7 à 2 cm, espace technique non imprimable en fin de cylindre, car la pression sur le papier est moins bonne et celui-ci a bougé en dimension

pendant l'impression d'une part. D'autre part, une barre de contrôle des standards d'impression est souvent aménagée à cet endroit ou bien en haut, après la prise de pince.

- Rogne simple = 0,5 cm, double rogne = 1 cm. Ces valeurs sont destinées à la coupe, appelée aussi « rogne », pour la finition des cahiers.
- Bords de plaques = 0,5 à 1 cm. Parfois la rogne de 0,5 mm suffit.

Il est préférable de laisser un peu de respiration, de prévoir, sur la seconde partie des cahiers, l'espace pour les dépassants qui facilitent le façonnage.

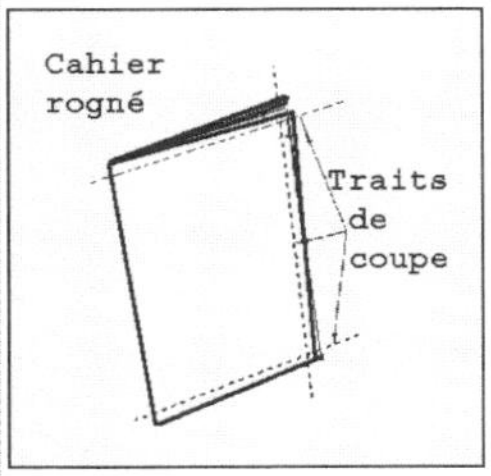

Opérations de rogne trois faces.

Une méthode très rapide consiste à rechercher le nombre de pages imposables dans un format de machine, en ajoutant directement les rognes au format rogné du document soit, toujours pour notre exemple : (22 cm + 0,5) = 22,5 cm en largeur et (28 cm + 0,5 + 0,5) = 29 cm en hauteur. Regardez le croquis ci-contre.

- Largeur du papier : 128/29 = 4,44.
- Hauteur du papier : 98/22,5 = 4,35.

Les valeurs restantes, derrière le nombre entier, donnent l'assurance que prises de pinces et fin de pression pourront être intégrées.

Des exemples d'imposition en cahiers cousus se trouvent page 131. Pour le cas présent, puisque les cahiers ne sont pas cousus, 3 à 4 mm de papier sont nécessaires, en plus de la rogne, de part et d'autre du pli central du cahier pour le sciage du dos. Cela permet à la colle de bien pénétrer dans le papier avant le collage de la couverture sur le bloc.

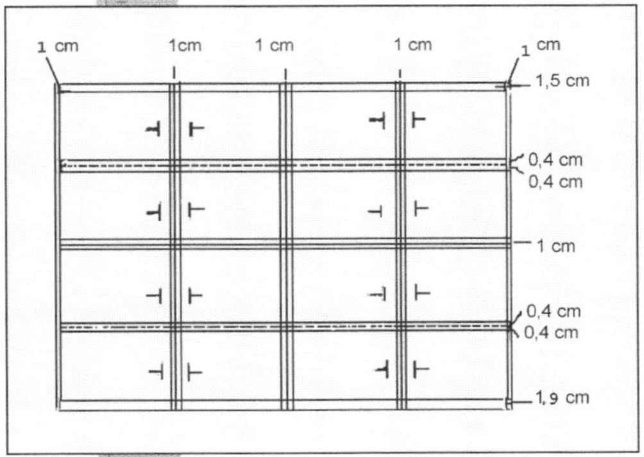

Imposition du catalogue par feuille de 32 pages en cahiers non cousus.

Calcul exact du format du papier

Examinons la figure ci-contre. Format du papier en longueur :

28 x 4 = 112 cm,
(112 + 1 + 1 + 1 + 1 + 1) = 117 cm.

Format du papier en largeur :

22 x 4 = 88 cm,
(88 + 1,5 + 0,8 + 1 + 0,8 + 1,9) = 94 cm.

Pour le façonnage, il faut parfois prévoir un petit dépassant sur la seconde partie des cahiers s'ils sont ouverts en tête (voir chapitre 8).

Si le catalogue était façonné en piqûres métal, 2 cahiers de 32 pages encartés, il faudrait consulter le façonnier et prévoir un dépassant de 6 à 8 mm sur la seconde partie du cahier plié, c'est-à-dire au centre de la feuille imprimée, nécessaire pour attraper les cahiers et les positionner sur la chaîne de façonnage (voir page 224). Dans tous les cas, il est conseillé de consulter le façonnier.

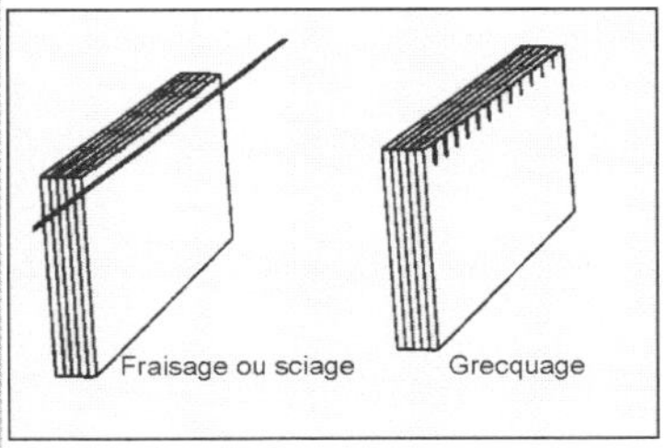

Opérations pour cahiers non cousus

Méthode de sélection d'une rotative

Pour le donneur d'ordres, trouver la presse rotative qui lui convient est plus compliqué que s'il s'agit d'une presse offset feuilles. En effet, il doit d'abord décrypter les parcs machines des prestataires. Voici quelques informations clés pour l'y aider.

Lire un parc machine de rotatives

Les très nombreuses presses proposées sur le marché sont désignées par le nom de leur constructeur, leur série, la dimension de leur laize et celle de leur coupe (simple ou double), le nombre de leurs dérouleurs et de leurs groupes imprimants, la possibilité de disposer de plusieurs fours de séchage et d'installations de façonnage.

Il faut être très attentif aux indications données concernant le nombre de dérouleurs de bobines, d'éléments imprimants, de sorties, les capacités des plieuses, la possibilité de sortie en feuilles ainsi que les caractéristiques des presses : simple ou double laize, simple ou double développement.

Les possibilités de façonnage sont très différentes d'une presse à l'autre. Certaines proposent la confection de plis spécifiques, le collage du dos, des piqûres métal, des perforations, le scellage des documents pour les mailings notamment. Voici quelques exemples :

- Avec une presse de laize 96,3 et de coupe 60 comportant quatre éléments imprimants (chaque élément comprend deux groupes superposés), il est possible d'imprimer en quadrichromie 16 pages au tour (ou développement du cylindre) en format magazine A4.
- Avec une presse de laize 96,3 et de développement 120 ; il est possible d'imprimer 32 pages en format magazine. Avec la même laize que celle de la presse précédente, cette machine permet de doubler la surface imprimable dans le sens de la coupe (60 cm). C'est une presse à double développement. Grâce à cette caractéristique, si les plieuses en offrent la possibilité, les 32 pages imprimables peuvent être composées d'un seul cahier de 32 pages ou de deux cahiers de 16 pages identiques ou encore de deux cahiers de 16 pages différents.

EXTRAIT D'UN PARC MACHINES **ROTATIVE OFFSET**

Modèles	Nombre d'éléments R°/V°	Développement	Laize (en mm)	Nbre de (en mm)	Selon pages (A4)	Sorties pliage
K&B Compacta C215	5 + vernis	620	1 000	16	32 p. A5	1 et en feuilles
K&B Compacta S80	4	900	1 260	32	48 p. carré	2
K&B Compacta C417	4	1 200	965	32	64 p. A5	2
Man Lithoman IV	4	1 200	1 450	48	96 p. A5	2
K&B Compacta 818	4	1 200	1 905	64	128 p. A 5	2

- Avec une presse possédant deux ou trois dérouleurs de bande et six groupes imprimants, il est possible, par exemple, d'imprimer une bande de papier en quatre couleurs recto verso et une autre en deux couleurs recto verso ou encore une bande en quatre couleurs recto verso et deux bandes en une couleur recto verso. Chaque bande vient se superposer à l'autre avant le passage dans la plieuse, c'est un façonnage par accumulation.

Différents types de plis sont proposés : au cône, cylindre, delta, sabot (voir chapitre 8). Des presses peuvent également imprimer et façonner en demi laize ou trois quart de laize, offrant ainsi la possibilité de s'affranchir des formats et des paginations standard. Exemple : 12, 20, 40 pages…

Les configurations duplex ou triplex présentent, pour l'impression, deux ou trois rotatives indépendantes. Les bandes de papier imprimées se dirigent ensuite sur une seule plieuse et se superposent avant d'être prises en charge par celle-ci, doublant ou triplant ainsi la pagination du cahier.

Les prestataires font apparaître généralement le nombre de pages, plus ou moins en format magazine, que peuvent imprimer leurs presses.

n°2 CAS PRATIQUE

Voici une seconde étude de cas, qui va être développée jusqu'à la fin de l'ouvrage en complément de la précédente, pour mieux comprendre ce qu'est la méthode de sélection. Il s'agit ici d'imprimer un catalogue d'outillage.

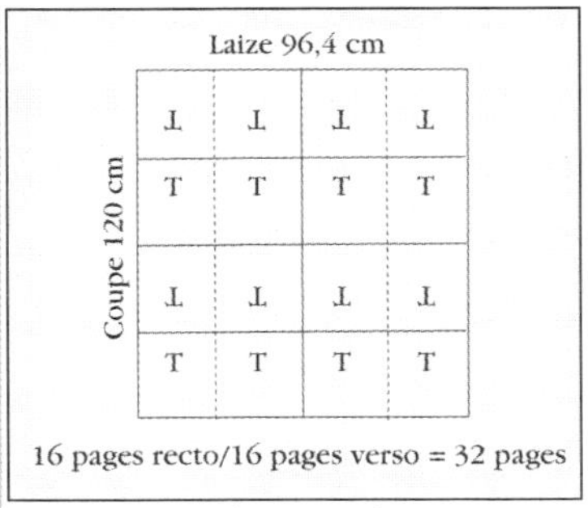

Imposition sur la presse de coupe 120 cm. Le même nombre de pages tient évidemment dans la coupe 126 cm.

Caractéristiques techniques utiles pour la sélection de la rotative :

- format rogné 23 x 28,5 cm (format magazine) ;
- 144 pages, couverture comprise, imprimées en quadrichromie sur un papier couché LWC de 60 g (voir page 184) ;
- couverture 4/4 imprimée sur un papier couché brillant de 120 g, plus pelliculage brillant (voir façonnage, page 230) ;
- façonnage dos carré collé, cahiers non cousus ;
- chiffre de tirage à 150 000 exemplaires.

Format de machine et nombre de pages au cahier

Voici trois rotatives possibles :

- laize 96,4, coupe 120 ;
- laize 96,4, coupe 126 ;
- laize 145, coupe 120.

Compte tenu du nombre de pages du catalogue, il s'agit de rechercher la machine générant le moins possible de calages : il faut diviser le format de la coupe par le

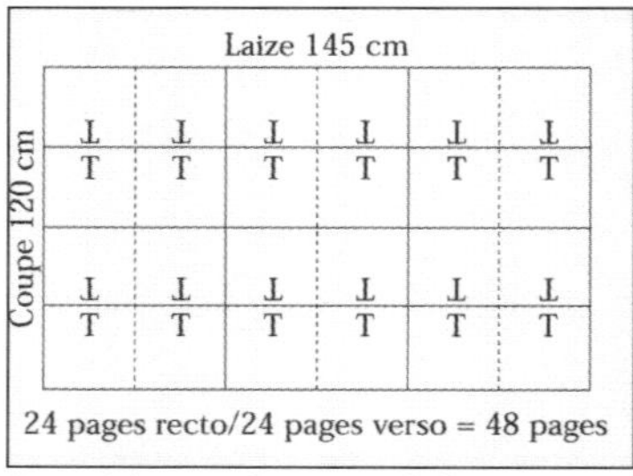

Imposition sur la presse de laize 145 cm, coupe 120 cm.

format du document en hauteur, et le format de la laize par le format du document en largeur.

Sur les deux premières presses, il est possible d'imprimer 32 pages et sur la troisième 48 pages.

Il faut déterminer maintenant le nombre de calages nécessaires pour imprimer la totalité des pages du catalogue :

- (144 pages de pagination totale)/(32 pages imprimables) = 4,5, soit 4 calages pour imprimer 4 cahiers de 32 pages, et 1 calage pour imprimer 2 fois le même cahier de 16 pages – puisque 32 pages sont imprimées à chaque tour de cylindre. Pour les deux premières presses, 5 calages seront donc nécessaires.
- 144/48 = 3 calages pour imprimer 3 cahiers de 48 pages.

Le choix se porte naturellement sur la troisième presse mais il faut maintenant vérifier que le format de la coupe convient.

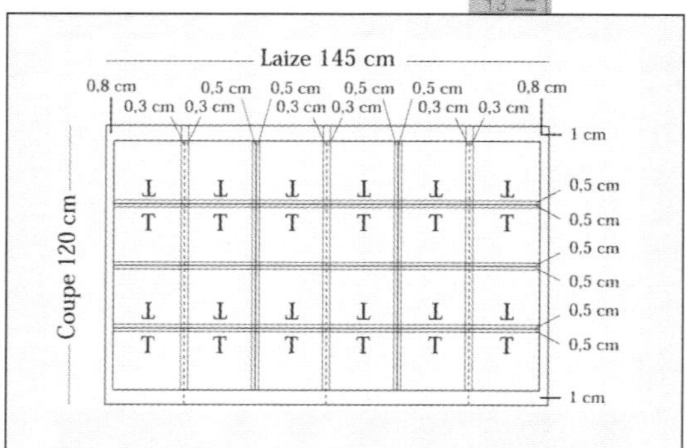

Imposition pour le cas pratique n° 2, avec les valeurs techniques.

Valeurs techniques

Pour calculer le format nécessaire à l'impression d'un cahier, il faut prévoir, comme en offset feuilles, des espaces blancs en plus du format rogné des pages ainsi qu'en haut et en bas du cahier. Ces espaces, utilisés lors de l'impression pour des raisons techniques ou pour les rognes, sont supprimés au façonnage.

Pour l'impression de cahiers non cousus, il faut prévoir, comme en offset feuilles, 0,3 ou 0,4 cm de papier en plus de part et d'autre des plis de milieu de cahier.

Il n'est question ni de prise de pinces ni de fin de pression car le papier passe en continu. Mais il faut tenir compte du système d'accrochage de la plaque, le goulet. Les valeurs de l'espace à prévoir sont de 0,8 à 1 cm. De toute façon, l'imprimeur doit confirmer le format de papier nécessaire à l'impression. Sur cet exemple, 0,8 mm sont attribués aux bords de plaques et 1 cm en haut et en bas du cahier.

La coupe validée est donc de :
28,5 x 4 = 114 cm,
(114 + 1 + 1 + 1 + 1 + 1) = 119 cm.

Le donneur d'ordres peut augmenter légèrement le format de son document en hauteur, comme le montre la figure ci-dessus. En définitive, on peut dire que cette presse convient.

Pour simplifier : dans un format magazine, sur les coupes 59 ou 60 cm, la hauteur du produit ne doit pas dépasser le format rogné de 28,5 ou 28,7 cm. Au-delà de ces formats et jusqu'à 30,2 cm, il faut passer aux coupes 63 qui donnent des cahiers de 16 pages. Le raisonnement est identique avec les rotatives à double développement, mais le nombre de pages imprimables est multiplié par deux.

Remarque

Si la pagination du document correspondait mieux aux presses n° 1 et 2, avec un nombre de pages multiple de 32, la coupe de la presse n° 2 serait mal exploitée : 4 cm de papier serait gâché sur chaque cahier.

Exemple : sur une rotative de coupe 120, on peut imprimer 32 pages au format 28,7 cm. Dans un format 29,7 cm, sur une rotative de coupe 63, on peut imprimer 16 pages, et 32 pages sur une rotative double développement, soit 126 cm.

Certains produits destinés à la grande distribution sont parfois diffusés non rognés. Ils sont repérables à la présence d'une découpe en dents de scie au bas des pages.

Calcul du format de la laize de papier

Dans l'exemple présenté, la laize du papier commandé serait de :

23 x 6 = 138 cm,

(138 + 0,8 + 0,6 + 1 + 0,6 + 1 + 0,6 + 0,8) = 143,4 cm,

et non 145 cm, comme le propose la rotative. Il faudra donc acheter le papier dans la laize utile.

Méthode de sélection pour les couvertures

Servons-nous maintenant de toutes les connaissances acquises pour sélectionner le format des machines qui imprimeront les couvertures des deux cas pratiques présentés. La première tâche consiste à chercher le format ouvert de la couverture. Pour l'obtenir, on additionne le format des plats et l'épaisseur du dos du document qu'il faut donc calculer (voir chapitre 7). Pour les deux exemples qui suivent, l'épaisseur du dos est fournie.

n° 1 CAS PRATIQUE

Caractéristiques techniques utiles pour sélectionner la machine qui imprimera la couverture du catalogue publié par l'entreprise XY :

- 64 pages de format 22 x 28 cm ;
- épaisseur du dos : 3,6 mm ou 0,36 cm.

Le format rogné ouvert de la couverture est de {(22 x 2) + 0,36} = 44,36 cm en largeur et de 28 cm en hauteur.

Pour la couverture, il faut respecter le sens des fibres du papier. La couverture doit donc être disposée comme sur la figure B, les plis du dos parallèles au sens des fibres.

La couverture imprimée en quadrichromie comporte 4 pages et n'est imprimée qu'au recto. La première sélection est une machine en blanc de quatre groupes et de petit format.

Soit les deux formats : 36 x 52 cm et 52 x 72 cm. Sur la première presse, la couverture ne tient pas en sens fibres ; sur la seconde, il est possible de disposer deux fois la couverture (deux poses) en sens fibres. C'est une bonne solution.

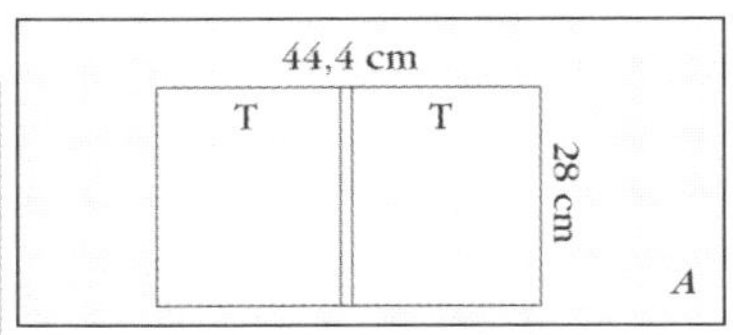

Croquis de la couverture à plat.

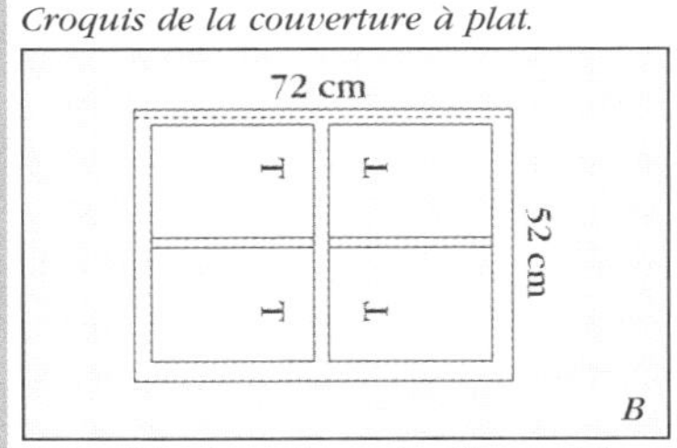

Imposition pour le cas pratique n° 1 : deux poses de la même couverture. Les dos sont parallèles au sens des fibres du papier, indiqué en haut en pointillé.

Il est inutile de calculer le format exact de papier car la quantité n'est pas suffisante pour un achat en fabrication : le poids de papier nécessaire pour imprimer la couverture n'atteint pas les 3 tonnes requises (voir chapitre 7). De plus, il reste assez d'espace pour intégrer les valeurs techniques. Le papier sera acheté en stock, au format de la machine.

n°2 CAS PRATIQUE

Caractéristiques techniques utiles pour le choix de la machine d'impression de la couverture du catalogue d'outillage :

- 144 pages de format 23 x 28,5 cm ;
- épaisseur du dos : 3,8 mm ou 0,38 cm.

Le format rogné ouvert de la couverture est de {(23 x 2) + 0,38} = 46,38 cm en largeur et de 28,5 cm en hauteur. La procédure est la même que précédemment.

Un format de machine feuilles identique à celui qui a été choisi dans le premier cas serait envisageable : quatre groupes en blanc ou à retiration 4/4. Dans la pratique, le chiffre de tirage de 150 000 exemplaires et le fait que les rotativistes offrent peu ou pas de petits formats en feuilles, mais souvent des formats 72 x 102 cm (voire plus grands), pour imprimer en offset feuilles les couvertures des documents, font opter pour une autre solution.

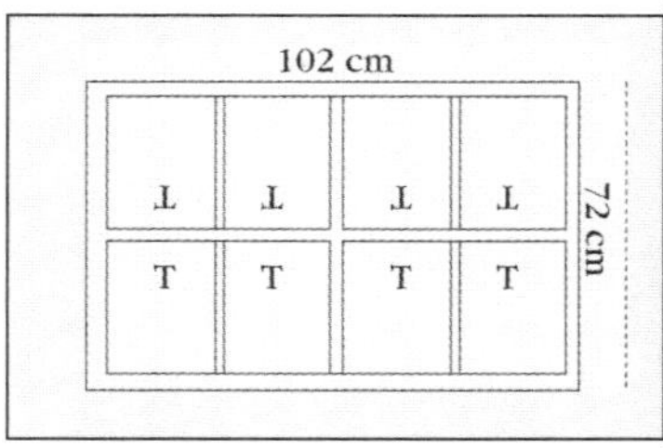

Imposition pour le cas pratique n° 2 : les dos sont bien parallèles au sens fibres, c'est le papier qui est en sens travers par rapport à la machine.

Voici un exemple avec une machine de ce format. On peut disposer quatre poses de la couverture. Compte tenu du tonnage, le papier sera acheté en fabrication en sens travers, c'est-à-dire les fibres parallèles au petit côté (voir chapitre 7).

Pour calculer le format du papier sur une machine à retiration avec un système à retournement, il faut compter une double prise de pinces : une normale en haut et une seconde en bas, en plus de la barre de contrôle.

Lorsque les chiffres de tirage sont très importants, il faut penser à chercher également des solutions en rotatives quadri en sorties à plat.

L'encadré ci-contre présente les coûts engendrés par les procédures offset feuilles en blanc et en retiration et rotative. Si le donneur d'ordres est un important client qui garantit contractuellement un gros chiffre d'affaires à ses imprimeurs, il peut obtenir d'eux des tarifs à partir desquels il bâtira lui-même ses prix de revient sans passer par la demande de devis.

Les exemples ci-dessous, établis à l'aide de tarifs qui, sans être fantaisistes, servent essentiellement à faire comprendre la méthode de calcul, sont destinés à éclairer la façon de construire des prix de revient d'impression. Les taux de gâches papier sont précisés contractuellement sur les tarifs.

LES COÛTS

La procédure en offset feuilles en blanc

Toutes les opérations qui se déroulent avant le BAR sont comptabilisées en frais fixes car elles sont indépendantes du chiffre de tirage. Ce sont :

– le traitement des fichiers et l'incorporation de l'imposition ;
– la fourniture d'une épreuve de contrôle au donneur d'ordres, le traceur numérique (ou l'Ozalid s'il s'agit d'une réimpression et que des films sont encore utilisés) ;
– la fourniture et la fabrication des plaques ;
– le calage et la mise en route de la machine jusqu'à la bonne feuille.

Le prestataire élabore ces coûts par côté de feuille. La plupart du temps, il les désigne globalement sous le terme de calage, mais il peut aussi donner le détail. Les coûts qu'induisent la sécurisation des fichiers et les éventuelles corrections sont comptés en supplément.

L'impression proprement dite, l'encrage, est comptabilisée en frais variables. Le prestataire en élabore le montant au mille de passages, appelé mille de roulage, calculé en coût horaire de production de la machine, auquel s'ajoute le prix des consommables : encres, solution de mouillage… Pour le donneur d'ordres, le montant du coût du roulage est directement proportionnel au chiffre de tirage.

La procédure en retiration et rotative

Les prestataires élaborent leurs prix de la même façon que pour les machines offset en blanc. Mais la technologie des presses à retiration, convertibles permet d'imprimer les deux côtés de la feuille à la fois. Il en est de même pour les rotatives qui proposent, en plus, le pliage et d'autres façonnages.

n° 1

CAS PRATIQUE

Reprenons le cas du catalogue de l'entreprise XY et essayons de chiffrer les frais d'impression de l'intérieur du document.

Le catalogue de 64 pages comporte deux feuilles imprimées en quadrichromie en offset feuilles en blanc, à 10 000 exemplaires. L'impression de la couverture est traitée plus bas. Voici les tarifs fournis.

Formats machines Tarifs par côté de feuille pour quatre groupes	70 x 100 cm	98 x 130 cm
Calage, fourniture des plaques en CTP compris	450 €	800 €
Le mille de roulage	50 €	75 €

Des majorations sont appliquées pour l'impression de papiers très fins ou de supports particuliers.

Calculer les frais d'impression

Pour calculer les frais fixes, il faut déterminer le nombre de calages effectués sur la machine sélectionnée (format 98 x 130 cm) pour l'intégralité du bloc du document et procéder comme dans le tableau ci-dessous.

Pour calculer les frais variables, il faut d'abord connaître le nombre de passages que l'imprimeur doit rouler. Vient ensuite le façonnier. Comme chaque prestataire facture ce qu'il livre au prestataire suivant, il faut ajouter dès cette étape le nombre de feuilles destinées à la gâche de façonnage soit, dans notre cas, 2 % du chiffre de tirage. Le tableau ci-dessous indique la suite du calcul.

	Frais fixes	Frais variables	Mille suivant
(2 feuilles d'impression par catalogue) x (2 côtés) = (4 calages) x (coût d'un calage 800 €) =	3 200 €		
2 feuilles x 10 000 (tirage) x 2 (recto et verso) x 1,02 (intégration de la gâche de façonnage) = 40 800 passages x 75 € (coût du mille de roulage)/1 000 =		3 060 €	306 €

Total pour 10 000 exemplaires : 3 200 + 3 060 = 6 260 €
Le mille suivant = 306 €
Coût à l'exemplaire : 6 260/10 000 = 0,626 €

Comment utiliser le mille suivant

Pour calculer le coût de l'impression en cas de changement de tirage

Considérons le cas où le chiffre de tirage d'un document augmente ou diminue dans des proportions raisonnables (1 000 ou 2 000 exemplaires pour des tirages de 5 000 à 10 000 exemplaires).

Reprenons l'exemple. Le prestataire ayant calculé son devis, comme il a été indiqué ci-dessus, présente son offre de la façon suivante :
pour 10 000 exemplaires : 6 260 €,
le mille suivant : 306 €.

Le mille suivant correspond aux coûts variables de 1 000 exemplaires du document. Le coût à l'exemplaire pour le tirage de 10 000 exemplaires est donc de 0,626 €.

Si le chiffre de tirage passe à 11 000 exemplaires, le coût se calcule ainsi :
(6 260 € pour 10 000 exemplaires) + (306 € pour 1 000 exemplaires supplémentaires) = 6 566 €,
soit un coût à l'exemplaire de (6 566/11 000) = 0,597 €.

Si le chiffre de tirage descend à 9 000 exemplaires, le mille suivant est soustrait :
(6 260 € – 306 €) = 5 954 €,
soit un coût à l'exemplaire de (5 954/9 000) = 0,661 €.

Pour retrouver le coût d'un calage

Si le donneur d'ordres n'est pas en mesure d'obtenir des tarifs, le prix du mille suivant lui sert à retrouver le coût d'un calage, à condition qu'il puisse identifier le format de la machine sur laquelle le document sera imprimé, en se référant au parc machines du prestataire. En divisant le montant total des frais fixes par le nombre de calages, il obtient le prix d'un seul calage.
Dans notre exemple, pour 10 000 exemplaires, le devis propose :
6 260 € et 306 € le mille suivant. Cette dernière somme représente les frais variables de 1 000 exemplaires.

Il est facile de calculer les frais variables pour 10 000 exemplaires :
(306/1 000) x 10 000 = 3 060 €.

Cette somme, soustraite de la facture globale, fait apparaître les frais fixes, soit :
6 260 – 3 060 = 3 200 €.

Pour retrouver le coût d'un calage, il faut :
3 200/4 (nombre de calages identifiés) = 800 € pour un calage.

Cette information permet d'analyser finement les coûts d'impression et de définir un coût moyen de marché. Avec un peu d'entraînement, elle permet d'estimer ces coûts d'impression sans avoir besoin d'interroger le prestataire, dans le cas d'une évaluation globale de budget (avec une petite marge d'erreur). Il faut toutefois disposer pour cela de devis détaillés comportant les prix d'impression, de papier, de façonnage, de conditionnement et de transport. Il convient par ailleurs d'effectuer cette analyse sur plusieurs travaux car, selon les périodes, les fournisseurs peuvent pratiquer des prix différents.

Les tarifs dépendent également du chiffre de tirage, de la charge d'encre du document et du grammage du papier. En effet, les papiers minces et les papiers de fort grammage ralentissent la vitesse des machines.

L'exemple du cas pratique sert essentiellement à montrer combien il est important de sélectionner un format de machine réduisant le nombre de calages. Les coûts proposés ici ne doivent pas être pris au pied de la lettre.

Retrouvons la méthode de calcul sur le format de machine 70 x 100 cm (16 pages à la feuille d'impression) :

- 8 calages pour l'impression du catalogue ;
- 450 x 8 = 3 600 € en frais fixes ;
- {4 feuilles x 10 000 exemplaires x 2 x 1,02 x (50 €/1 000)} = 4 080 € en frais variables ;
- 3 600 + 4 080 = 7 680 € au total.

Méthode pour élaborer des coûts en retiration et en rotative

Remarque

Pour l'élaboration des coûts variables en rotative, il faut penser que le coût du mille de cahiers comprend aussi le pliage en cahier et les autres opérations de façonnage, si la presse est spécialement équipée.

Si le catalogue traité dans le cas pratique n° 1 était imprimé sur une machine à retiration, il faudrait compter deux calages et non quatre, pour calculer les frais fixes. Même remarque pour le calcul des frais variables : le nombre de passages ne doit pas être multiplié par deux.

Pour les presses rotatives, la méthode est identique à celle qui est utilisée pour les presses feuilles à retiration, mais les frais fixes de calage comprennent le calage des plieuses et des installations périphériques s'il y en a.

Les coûts de mise en route sont plus importants qu'en offset feuilles alors que les frais variables sont moindres. Pour des produits susceptibles d'être imprimés selon l'un ou l'autre procédé, c'est le plus souvent le chiffre de tirage qui fait choisir l'un plutôt que l'autre.

Reprenons l'exemple du catalogue de 144 pages en dos carré collé dont le chiffre de tirage est de 150 000 exemplaires. À partir du tarif proposé ci-dessus, élaborez vous-même le coût de l'impression avec une gâche de façonnage estimée à 2 %. (Réponse dans la grille page 147.)

Rotative : laize 145 coupe 120	Calage	Le mille de cahiers
	2 850 €	32 €

Méthode pour les couvertures ou les documents à plusieurs poses

Voici, toujours à travers nos deux cas concrets, ce qu'il faut prendre en compte en cas d'impression à plusieurs poses (deux pour la couverture du catalogue de l'entreprise XY, quatre pour la couverture du catalogue d'outillage).

(Notez que pour imprimer un document en quadrichromie en plusieurs langues ou en coédition, le donneur d'ordres devrait sélectionner une machine comportant cinq groupes : les quatre premiers seraient dédiés à l'impression de la quadrichromie et le cinquième servirait à la reproduction des différents textes. Cette solution garantit la stabilité de la qualité de la quadrichromie.)

n° 1 CAS PRATIQUE

Caractéristiques techniques utiles pour traiter cette étape :
- nombre de couleurs d'impression recto seul ou recto verso : 4/0 ;
- format de la machine : 52 x 72 cm ;
- nombre de poses à la feuille d'impression : 2.

Voici dans le tableau ci-dessous un tarif présenté différemment de ce que nous avons vu précédemment.

Format de machine, en blanc 52 x 72 cm	Calage	Le mille de roulage
Fourniture des plaques en CTP compris	330 €	35 €

La couverture est imprimée recto seul	Frais fixes	Frais variables	Mille suivant
1 feuille d'impression x 1 calage =	330 €		
1 feuille x 10 000 (tirage)/2 poses x 1,02 (intégration de la gâche de façonnage) x 1,02 (intégration de la gâche de pelliculage) = 5 202 passages x 35 € (coût du mille de roulage)/1 000 =		182,07 €	18,21 €
Total	**330 €**	**182,07 €**	**18,21 €**

Total pour 10 000 exemplaires : 330 + 182,07 = 512,07 €
Le mille suivant = 18,21 €

CAS PRATIQUE n°2

Caractéristiques techniques utiles pour traiter cette étape :

- couverture : 4 pages imprimées, 4 couleurs recto et 4 couleurs verso ;
- format de la machine : 72 x 102 cm ;
- nombre de poses : 4.

Format de machine 72 x 102 cm en blanc	Calage	Le mille de roulage
Fourniture des plaques en CTP compris	450 €	50 €

Impression de la couverture recto verso	Frais fixes	Frais variables	Mille suivant
1 feuille d'impression x 2 calages (recto verso) 450 x 2 =	900 €		
1 feuille x 150 000 (tirage)/4 (nombre de poses) x 1,02 (intégration de la gâche de façonnage x 1,02 (intégration de la gâche de pelliculage) X 2 (recto verso) = 78 030 passages x 50 € (coût du mille de roulage)/1 000 =		3 901,50 €	26,01 €
Total	**900 €**	**3 901,50 €**	**26,01 €**

Total pour 150 000 exemplaires : 900 + 3 901,50 = 4 801,50 €
Le mille suivant = 26,01 €

Le suivi

1. Ouvrir un dossier de fabrication et définir les caractéristiques techniques précises du document : format rogné, nombre de pages et de couleurs, chiffre de tirage, type et qualité de papier pour l'intérieur et la couverture, type de façonnage.

2. Première sélection des fournisseurs possédant les presses adaptées. Le choix de la machine est fonction :

- du format du document (en rotative, il faut aussi tenir compte du format des coupes) ;
- du nombre de couleurs à imprimer ;
- du nombre de pages, afin de générer le moins possible de calages aussi bien en offset feuilles qu'en rotative ;
- du chiffre de tirage ;
- du niveau de qualité exigé ;
- du type ;
- du grammage du papier.

Un grammage de papier trop faible provoque des difficultés, surtout en dessous de 60 g, en offset feuilles, pour le transfert et le passage sous les groupes imprimants.

S'il est trop fort, au-delà de 150 g, il ne peut pas être pris en charge par les plieuses des rotatives. Plus généralement, le type de papier est un élément essentiel du rendu de qualité et doit être pris en compte lorsqu'il s'agit, par exemple, de choisir entre rotatives avec ou sans sécheur – les rotatives sans sécheur ne sont pas faites pour imprimer du papier couché.

3. Envoi des appels d'offres. L'appel d'offres reprend les caractéristiques techniques du document. Il précise la nature des éléments que le donneur d'ordres doit remettre aux prestataires et ceux qu'il désire recevoir ainsi que la date de livraison souhaitée ou le délai de réalisation du document à imprimer.

4. Sélection du fournisseur.

5. Établissement du bon de commande. Celui-ci doit comporter, outre les informations portées sur l'appel d'offres et les éventuelles modifications, la mention obligatoire « bon de commande », le planning, le prix négocié, les conditions de paiement et la commande éventuelle du papier. Il doit être établi au minimum un mois et demi à deux mois avant l'impression, afin que le prestataire puisse commander le papier en fabrication si cette tâche lui a été confiée. Quant à la réservation d'une place au planning, il faut l'anticiper en interrogeant le fournisseur sur sa charge

Contrôle

En offset feuilles et en rotative

Un responsable de fabrication – éditeur, responsable de communication... – contrôle les films ou les fichiers numériques avant leur envoi chez l'imprimeur, à la date prévue au planning. Il contrôle également l'Ozalid ou le traceur numérique avant la préparation de la forme imprimante.
Il indique les erreurs éventuelles sur le document avant d'y porter sa signature, la date et le chiffre de tirage. C'est le bon à graver (BAG) ou bon à tirer (BAT). Si le donneur d'ordres ne se rend pas à l'imprimerie lors de la mise en route, c'est aussi l'autorisation de rouler (BAR). Ce document a une valeur juridique. Les erreurs non signalées à cette étape ne pourront pas être portées à la charge de l'imprimeur, dont la responsabilité est dégagée par la signature du donneur d'ordres.
Le responsable de fabrication signe le bon à rouler s'il est sur place, au moment du calage et de la mise en route, c'est-à-dire qu'il donne son accord en signant le BAT sur la bonne feuille, sur laquelle il appose également la date et le chiffre de tirage. Si l'expression « bon à rouler » est la plus conforme à la réalité, l'expression « bon à tirer » est fréquemment utilisée.
Avant de signer le bon à rouler, le responsable doit contrôler :
- la qualité de reproduction de la chromie, en la comparant avec celle des épreuves de photogravure ;
- le format, encore une fois ;
- la densité et l'équilibre des couleurs, grâce aux barres de contrôle ;
- le repérage des couleurs ;
- le registre, c'est-à-dire l'exacte superposition de l'impression du recto et de celle du verso de la feuille ;
- la propreté de l'impression ;
- l'équilibre des couleurs dans les pages qui se trouveront face à face lorsque la feuille sera pliée en cahier (pour cela il demande au conducteur de plier une feuille imprimée) ;
- la régularité des fonds tramés ;
- la régularité du noir des textes tout au long du document.

En rotative offset, il doit aussi valider le pliage du cahier.
Ensuite, le service de fabrication contrôle le respect du planning, la qualité du document fini ainsi que les consignes de conditionnement et de livraison. Puis il contrôle la facture et analyse les éventuels suppléments par rapport au bon de commande.

Que se passe-t-il en cas de corrections sur traceur ?

Le donneur d'ordres fait effectuer les corrections dans le fichier natif par le graphiste ou le photograveur. La procédure de conversion des pages en format PDF ou TIFF IT est renouvelée et le fichier est de nouveau transmis à l'imprimeur. Il a pu aussi donner à son imprimeur le fichier natif ou bien un PDF non verrouillé en même temps que le fichier converti ; le prestataire se charge alors des corrections, mais, dans ce cas, le donneur d'ordres ne dispose plus de la dernière version corrigée de sa publication.
Dans un cas comme dans l'autre, le prestataire doit de nouveau incorporer les pages corrigées dans l'imposition numérique. À noter : les erreurs constatées en phase de correction du traceur numérique coûtent cher.

de travail. En rotative et en période de sorties de catalogues, par exemple, le délai est beaucoup plus long.

6. Envoi, à la date prévue par le planning, des films ou des fichiers numériques accompagnés des épreuves de photogravure contractuelles ou d'un modèle du précédent tirage en cas de réimpression, et de l'intégralité du document en sorties papier et en couleurs si le document est en couleurs, ou du chemin de fer.

Tous les éléments concernant le suivi de production du document : appels d'offres, réponses aux appels d'offres, courriers divers, bon de commande, planning, etc., sont classés dans le dossier de fabrication. Le bon de commande a valeur juridique. Un modèle type d'appel d'offres et celui d'un dossier de fabrication se trouvent en fin d'ouvrage dans les annexes.

Résumé des tâches

Avant d'aborder en détail les étapes de contrôle qui requièrent toute la vigilance du donneur d'ordres, voici quelques informations pratiques sur ce qu'il peut attendre et accepter de la qualité offset et sur les moyens d'identifier la nature des dérives qualitatives. Disposer de ce petit bagage lors de la signature d'un BAT est recommandé.

Résumé, chronologie et comparaison des tâches et des contrôles

Qui	Offset traditionnel	CTF	CTP	DI
Donneur d'ordres	Fourniture d'un film par page et par couleur des épreuves de chromie analogiques, et éventuellement de la maquette papier.	Fourniture d'un fichier numérique sécurisé, des épreuves de chromie contractuelles numériques, et éventuellement de la maquette papier.		
Imprimeur	Montage en imposition des films et copie des montages pour fabriquer l'Ozalid.	Vérification du fichier sécurisé et incorporation de l'imposition. Fabrication d'un traceur numérique.		
Donneur d'ordres	Contrôle et validation de l'Ozalid.	Contrôle et validation du traceur numérique. En DI, cette procédure tend à disparaître.		
Imprimeur	Copie des montages sur les plaques.	Fabrication de grands films en imposition.		
Imprimeur		Copie des films sur les plaques.	Fabrication des plaques.	
Imprimeur	Calage et mise en route.			Gravure et calage simultanés des plaques.
Donneur d'ordres	Signature du BAT ou BAR.			Signature éventuelle du BAT ou du BAR.
Imprimeur		Roulage.		

Réponse à l'exercice de la page 142

Catalogue du cas pratique n° 2.
Chiffre de tirage : 150 000 exemplaires.
Calage : 48 pages par calage.

	Frais fixes	Frais variables	Mille suivant
Calages 144 / 48 = 3 cahiers x 2 850 €	8 550 €		
Roulage 150 000 x 3 cahiers x 1,02 (pour intégrer la gâche de façonnage) x 32 € =		14 688 €	97,92 €
Total	**8 550 €**	**14 688 €**	**97,92 €**
Coût total de l'impression **8 550 + 14 688 = 23 238 €**			
Coût unitaire **23 238 / 150 000 = 0,1549 €**			

Autres procédés d'impression

Ce chapitre complète le précédent en présentant les autres procédés d'impression les plus utilisés.

Les deux premières rubriques traitent des techniques qui concernent directement les supports de communication imprimés : l'héliogravure et le tout numérique. Réservé aux très petits et petits tirages, ce dernier demande une attention particulière car il est destiné à prendre une place de plus en plus importante dans le panorama des industries graphiques.

Enfin, la troisième rubrique rassemble les techniques utilisées pour l'impression de documents ne relevant pas véritablement de la communication imprimée. Ce sont la typogravure, réservée maintenant aux travaux de ville – cartes de visite ou en-tête de lettre – et aux ouvrages de bibliophilie, la flexogravure exploitée surtout pour les supports d'emballage, les étiquettes, le papier peint et dans certains cas l'édition avec la presse Cameron, et enfin la sérigraphie.

L'héliogravure

L'environnement

Ce procédé d'impression est surtout réservé aux documents en quadrichromie et en bichromie pour de très gros chiffres de tirage, de 250 000 à plusieurs millions d'exemplaires : revues, magazines, catalogues de voyage, de vente par correspondance (VPC), brochures pour la grande distribution, documents publicitaires à large diffusion…

Deux raisons président au choix de l'héliogravure pour l'impression de ce type de documents. D'une part, la grande résistance des cylindres imprimants permet des chiffres de tirage très importants et le coût élevé de préparation de ces derniers, imputé en frais fixes, écarte les tirages faibles ou moyens. D'autre part, les surfaces d'impression offertes pour les supports de communication sont très importantes, entre 1,80 et plus de 4 m en largeur, ce qui facilite l'aménagement d'un grand

> ***Qui commande ?***
> Le service de fabrication ou le service achats des cataloguistes, des groupes de presse ou des agences. L'achat en héliogravure est réservé à des donneurs d'ordres professionnels de haut niveau possédant une connaissance précise des parcs et des prestataires hélio européens, car les budgets sont considérables.

nombre de pages sur la forme imprimante. C'est un avantage certain pour les catalogues et revues à la pagination conséquente.

Vente par correspondance

L'impression d'un catalogue de vente par correspondance, du fait du nombre élevé de pages et de l'importance du chiffre de tirage, oblige les donneurs d'ordres à faire appel à plusieurs rotativistes héliograveurs européens qui imprimeront chacun un ou plusieurs des cahiers composant le catalogue et les expédieront à des façonniers chargés de les rassembler et d'en réaliser le brochage avec la couverture. C'est le cas par exemple du catalogue de *La Redoute* qui tire de 5 à 7 millions d'exemplaires pour chacun des deux principaux produits, printemps-été et automne-hiver. Chaque exemplaire comporte de 1 200 à 1 400 pages.

Les prestataires

Il y a environ une trentaine d'imprimeurs hélio, mais ceux qui sont équipés de machines grande laize et grande vitesse, capables en même temps de gérer la logistique de l'expédition que demandent la VPC et la grande distribution ne sont pas légion. En Europe, une douzaine d'imprimeurs, Allemands en tête, se partagent cet énorme marché : les enjeux économiques sont considérables et le coût des machines est astronomique (30 millions d'euros environ).

Compte tenu des sommes engagées, ces imprimeurs sont encore plus attentifs que les autres aux désirs des clients et aux tendances afin de se procurer des cylindres de dimensions susceptibles de leur ouvrir de nouveaux marchés, à condition toutefois que ceux-ci soient répétitifs pour amortir le coût de l'investissement.

Ces dernières années, pour être présents sur des marchés aux chiffres de tirage moins importants que ceux qui leur sont habituellement dévolus, les constructeurs de rotatives ont fait porter leurs efforts sur l'automatisation des tâches, l'allongement progressif des laizes et l'augmentation de la circonférence des cylindres et sur les vitesses.

Le procédé d'impression

Taille douce Technique artistique qui consiste à pratiquer des sillons dans le cuivre à l'aide d'un outil.

Eau forte Technique artistique qui consiste à pratiquer des sillons dans le cuivre à l'aide d'un acide.

Comme pour la taille douce ou l'eau forte, la forme imprimante en héliogravure est en cuivre. Cependant, il s'agit ici non plus de graver des sillons, mais de creuser une succession bien délimitée de petites cellules destinées à recevoir l'encre. Le cylindre recouvert de cuivre est ensuite chromé pour augmenter sa résistance. Ce procédé de reproduction a une double origine, anglaise et allemande, mais c'est un Français qui, en 1855, lui donna le nom d'héliogravure.

Comparée à l'offset, l'héliogravure est un procédé simple qui restitue une qualité d'impression stable, ne variant presque pas du début à la fin du tirage. Pas d'eau de mouillage pas de bande d'encrage... En outre, l'épaisseur de la couche d'encre très couvrante, qui varie en surface et en profondeur (contrairement à l'offset), permet de belles reproductions de certains tons, par exemple les chairs et les noirs, rendus plus profonds. Tous les éléments, images et texte, sont tramés : examiné au compte-fil ou à la loupe, le texte apparaît dentelé. On reconnaît une impression utilisant cette technique à cette particularité.

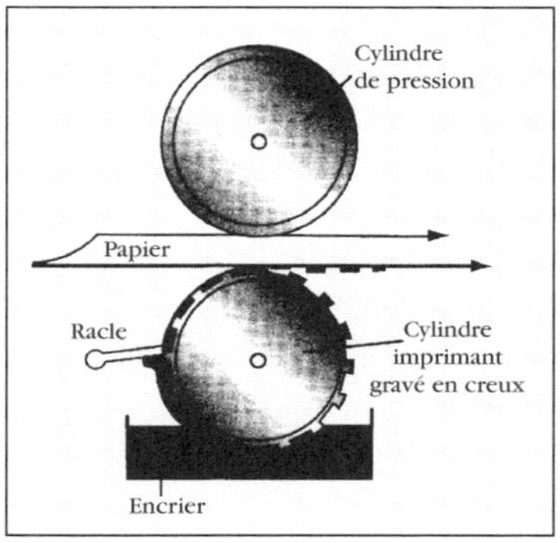

Principe de l'héliogravure.

L'impression en héliogravure, spectaculaire du fait de la dimension des presses et de la beauté de la forme imprimante, est exploitée pour l'emballage et l'édition. Les caractéristiques des machines présentent quelques différences selon qu'elles sont utilisées pour l'un ou l'autre secteur. Le secteur de l'emballage concerne l'impression de supports de conditionnement de toutes sortes pour des chiffres de tirages élevés. Le secteur de l'édition concerne l'impression des supports dont il a été question plus haut.

Le point commun de tous les procédés d'impression est la préparation de la forme imprimante, la matrice, destinée à recevoir les éléments à reproduire. Dans le cas de l'héliogravure, la préparation de la matrice est longue et coûteuse. De plus, le poids des cylindres et des bobines de papier requiert des structures de prise en charge lourdes et entièrement informatisées. Le principe de l'impression, très simple, est identique pour les secteurs de l'édition et de l'emballage.

Chaque groupe imprimant comporte les éléments suivants :

- un dérouleur prend en charge le support en bobine, papier ou autre, des systèmes assurant la bonne tension et le guidage de la bande qui entre sous le premier groupe imprimant ;
- un cylindre imprimant chromé tourne sur lui-même dans un bac à encre, projetant celle-ci dans les alvéoles gravées ; sur les presses relativement récentes, un rouleau aide à sa meilleure pénétration ;
- une racle adaptée au cylindre d'impression essuie l'excédent d'encre qui retombe dans le bac ;
- un cylindre de pression, ou « presseur », plaque le papier contre le cylindre imprimant ; une barre électrostatique exerce une pression supplémentaire ;
- un système de séchage à air chaud et d'aspiration des solvants de l'encre est placé après chaque groupe imprimant ; il est en effet indispensable que le support soit séché rapidement avant son passage dans le groupe imprimant suivant, où il sera fortement compressé.

Ce procédé ne permet pas l'impression du support recto et verso en un seul passage. Il faut un groupe imprimant par couleur et par côté de papier (ou autre support). En édition, s'il s'agit d'un document en quadrichromie, il faut donc huit groupes imprimants : les quatre couleurs du verso de la bande de papier sont d'abord imprimées, puis les quatre couleurs du recto.

Actuellement, les machines sont presque toutes des rotatives et impriment des supports en bobine.

Remarque

Tombées en disgrâce, les machines feuille reviennent depuis une douzaine d'années sur le marché européen. Leurs performances sont bien éloignées de celles des rotatives offset mais, pour l'impression d'emballages de luxe, elles peuvent offrir de nouvelles possibilités. En Europe, les pays prestataires sont surtout l'Allemagne, l'Autriche et la Suisse. Actuellement, il n'existe aucune machine feuilles à plusieurs couleurs en France.

La préparation de la forme imprimante

Une fois que le donneur d'ordres a transmis des fichiers contrôlés au prestataire, celui-ci vérifie les fichiers, y incorpore l'imposition et fait exécuter, avant la gravure des cylindres, un document de contrôle, le traceur numérique.

Après le retour de ce traceur numérique portant le BAG ou BAT du donneur d'ordres, le fournisseur envoie les fichiers sur le RIP qui pilote le système de gravure. Les alvéoles gravées ayant des surfaces et des profondeurs variables, il est possible de reproduire tous les niveaux de ton d'un document. La préparation des cylindres peut prendre 2 heures environ pour un seul cylindre de laize 3 500 mm et de 960 mm de circonférence. Les cylindres gravés sont ensuite chromés.

Jusqu'en 1967, la gravure des alvéoles destinées à recueillir l'encre dans les cylindres lors de l'impression s'effectuait à l'acide. Elle est aujourd'hui pratiquée au moyen de l'hélioklichograph, appareil muni de têtes de gravure terminées dans la majorité des cas par des diamants synthétiques de forme pyramidale. Les têtes au laser, désormais plus performantes après quelques essais non concluants, commencent à équiper les systèmes de gravure.

Remarque

Après impression, les cylindres sont déchromés. La couche de cuivre gravée étant éliminée, ils « mincissent » progressivement jusqu'à ce que l'imprimeur décide de les « recuivrer » par électrolyse.

Calage, mise en route et roulage

Les cylindres gravés et chromés sont ensuite aménagés sur la presse. Toutes les opérations de calage, de contrôle de l'impression et du façonnage sont automatisées et effectuées à partir d'un pupitre de commande.

Les séquences d'impression sont successivement le jaune, le magenta, le cyan et le noir. L'imprimeur étalonne les couleurs de l'impression afin de rester au plus près des épreuves de photogravure fournies par le donneur d'ordres.

Si le donneur d'ordres le souhaite, des essais sur presse à essais ou sur la presse elle-même peuvent être effectués avant l'impression définitive. L'imprimeur peut même effectuer des essais pour son propre compte. La machine est alors mise en route et fonctionne 1 heure et demie ou 2 heures. Le résultat de l'impression est analysé et, si des modifications s'avèrent nécessaires, les cylindres imprimants sont retouchés. C'est seulement après une nouvelle mise en route que le donneur d'ordres signera le BAT. Ces opérations ont un coût élevé et cette procédure est supprimée pour les produits de grande distribution. L'introduction de profils colorimétriques exploitables tout au long de la chaîne va accélérer le processus.

Les presses

Les rotatives « emballage »

Ces presses ou « imprimeuses », comme les rotatives flexographiques, sont spécialisées dans l'impression de papiers cadeaux et muraux, d'étiquettes, de produits complexes composés de plusieurs couches de matériaux différents (métal et papier, plastique et carton) pour conditionnement alimentaire, d'étuis de cigarettes, de boîtes, d'emballages souples – sacs et pochettes kraft ou plastiques –, de métal pour cannettes de boissons, de papier spécial « transfert » destiné à la reproduction sur certains tissus comme le polyamide. L'impression est faite le plus souvent recto seul. Quant au façonnage, il s'agit surtout du rembobinage. Cependant, les machines peuvent être équipées de systèmes de transformation, comme la découpe et le contrecollage de plusieurs matériaux imprimés sur différents groupes d'impression.
En rotative emballage, les laizes sont plus petites qu'en rotative édition et varient de 35 à 145 cm. En revanche, le nombre de groupe imprimants est plus important pour satisfaire les exigences de ce secteur.

Les rotatives « édition »

Constituées de groupes imprimants placés les uns derrière les autres et dont le nombre peut aller jusqu'à 10, elles sont définies essentiellement en fonction de leurs laizes, qui peuvent varier de 1 800 à 4 320 mm sur les machines récentes. La circonférence des cylindres, ou coupe, varie de 800 à 1 960 mm.

Un cylindre hélio.

L'une des différences avec la rotative offset réside dans le fait qu'en héliogravure, la même presse peut recevoir des cylindres de circonférences différentes, donc de coupes différentes. Ainsi, un imprimeur peut posséder une machine dont la laize maximum de papier est de 2 450 mm mais disposant de 34 cylindres dont les circonférences varient de 840 à 1 530 mm. Pour être compétitif, un héliograveur peut posséder plus de 10 000 cylindres. Il est donc impossible de donner ici une liste des principaux formats de presse – laize et circonférence – sur le marché.

Après l'impression, la bande de papier entre dans une « tourelle » pour être façonnée. Le plus souvent, elle est séparée longitudinalement en rubans qui sont superposés puis découpés en cahiers. Grâce à des systèmes en ligne, d'autres opérations de façonnage sont pratiquées : perforation, agrafage, collage...

Remarque

En héliogravure « édition », les trames exploitées sont en général de 175 lpi.

Supports et vitesses

Le support papier privilégié de l'héliogravure édition est le couché léger LWC (*light weight coated*; voir chapitre 7), dont la couche subit un traitement différent de celui du LWC destiné à l'impression en rotative offset (le procédé et les encres ne sont pas de même nature).

Remarque

L'impression en héliogravure permet d'imprimer sur des papiers moins chers qu'en offset.

La majorité des produits imprimés en rotative hélio étant envoyés par la poste, leur poids a une grande importance. Les grammages les plus employés varient ainsi entre 50 et 100 g. Les autres types de supports sont des satinés, du journal amélioré ou des couchés modernes, le plus souvent de 36 à 90 g.

La vitesse des presses est importante et varie en fonction des formats d'impression, du type de support, des produits à imprimer et de la complexité du façonnage en ligne. Elle doit être réglée sur la capacité des plieuses, c'est-à-dire de 40 000 à 120 000 tours de cylindre à l'heure. À titre de comparaison, pour les rotatives offset, la vitesse est en moyenne de 70 000 tours. On parle plutôt de vitesse linéaire du papier, par exemple 16 m/s.

Les gâches papier

Le papier gâché pendant le calage est calculé en coût fixe. Les consommations des gâches de roulage et de façonnage sont calculées en coûts variables. C'est le prestataire qui communique ses besoins à propos des gâches.

Méthode pour sélectionner la machine

Pour que son choix soit judicieux, le donneur d'ordres doit posséder une connaissance générale des techniques de l'imposition. Il doit notamment savoir disposer les pages du document dans un espace délimité par la circonférence des cylindres, ou coupe, et par la laize de la bobine de papier afin d'exploiter au mieux le cylindre d'impression, tout en tenant compte de la technique de façonnage. Pour les supports de communication imprimés en héliogravure, ce qui intéresse l'acheteur n'est pas tant l'ordre dans lequel les pages vont être disposées sur le cylindre que le nombre de pages qui peuvent y être aménagées. Ce nombre conditionne en effet le choix du format de la machine.

Comme c'est le cas pour l'impression en rotative offset, il est indispensable ici de comprendre la nature des informations portées sur les parcs machines proposés par les prestataires.

Comment lire un parc machines

Extrait d'un parc machines à analyser					
Modèle	Nombre d'éléments	Laize (en mm)	Développement des cylindres (en mm)	Nombre de gravures	Nombre de bandes
1	8	3 620	de 840 à 1 530	2, 3 ou 4	14
2	8	2 650	de 840 à 1 530	2 ou 3	10
3	8	2 240	de 840 à 1 450	2 ou 3	8

Le nombre d'éléments indique le nombre de groupes imprimants dont dispose la presse. La présence de huit groupes signifie la possibilité d'imprimer la bobine de papier en quatre couleurs recto, quatre couleurs verso.

La laize est la largeur maximum de la bobine de papier accueillie par la machine.

Le développement donne la dimension imprimable à chaque tour de cylindre : c'est la coupe que nous avons vue en rotative offset. Les prestataires disposent d'une série de cylindres de circonférences différentes. Ils en donnent les dimensions du plus petit au plus grand et il se peut qu'ils possèdent une vingtaine ou plus de cylindres intermédiaires.

Le nombre de gravures, dans ce contexte, indique combien de fois un cahier de 4 pages, 2 pages recto et 2 pages verso, peut être disposé du côté de la coupe ou développement du cylindre. Une gravure correspond donc à 4 pages.

Le nombre de bandes indique combien de fois au maximum le grand côté du document peut être disposé sur la laize.

Exemple : sur un cylindre pouvant recevoir 8 bandes et 2 gravures, chaque bande est constituée de 8 pages recto verso, soit (4 pages x 2 gravures). Le nombre de pages total imposable sur le cylindre sera de 8 bandes de 8 pages, soit 64 pages.

Voyons maintenant comment rechercher une presse dont le format conviendrait au mieux pour l'impression d'un catalogue.

Format de machine et nombre de pages

Servons-nous d'un exemple : un catalogue imprimé en quadrichromie dont le chiffre de tirage, 5 000 000 exemplaires, relève de l'impression en héliogravure. Examinons d'abord les caractéristiques techniques du document, utiles pour réaliser l'imposition et choisir le format de la machine :

- format rogné : 200 x 243 mm à la française ;
- nombre de pages : 120, couverture comprise, imprimées en quatre couleurs recto verso sur un couché LWC de 57 g ;
- façonnage : 2 piqûres métal.

Le tirage du catalogue étant important, il est judicieux de consulter les parcs machines des plus grands prestataires européens, disons cinq ou six. Rappelons qu'ils ne sont pas très nombreux à pouvoir prendre en charge de tels tirages et que l'éloignement géographique peut d'emblée en faire éliminer certains.

L'objectif est l'exploitation optimale de la machine. Il faut donc trouver le format de machine optimal.

C'est la machine n° 2 du parc machines présenté plus haut qui est sélectionnée. Pour en arriver à cette conclusion, il a fallu calculer combien de fois, en fonction du nombre de bandes réalisables par la presse, le format en hauteur du document (243 mm) tient dans la laize.

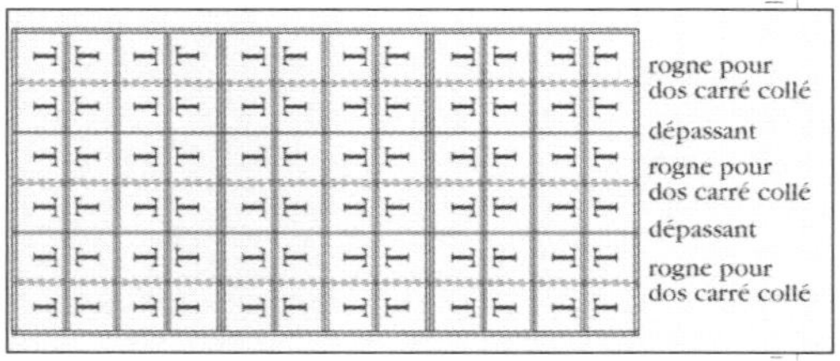

Le schéma d'imposition, sans les valeurs techniques : 10 bandes, 3 gravures. La brochure est disposée 10 fois dans sa hauteur (243 mm dans le sens de la laize de la machine, pour former les bandes secondaires. Sur la circonférence du cylindre, 6 pages au recto (3 cahiers) sont disposées dans le sens de la largeur de la brochure (200 mm). (10 x 6 x 2) = 120 pages

Exploitation de la laize

En héliogravure, les rognes sur la laize sont réduites au maximum : 3 mm suffisent généralement. En ajoutant deux rognes de 3 mm au format rogné, le format non rogné obtenu est de (243 + 3 + 3) = 249 mm (voir figure ci-contre).

En examinant le nombre de bandes des trois machines retenues, on voit que : (249 mm x 10 bandes) = 2 490 mm, ce qui correspond à l'aménagement de 10 fois le format du catalogue en hauteur pour la machine n° 2. La laize de 2 650 mm correspondante est un peu grande, mais le papier peut être commandé dans le format utile.

Exploitation du nombre de gravures

Ensuite, le nombre de gravures dont les machines disposent (2, 3 ou 4) doit être pris en compte. Une gravure correspond à un cahier de 4 pages, (2 pages au recto et 2 pages au verso).

- 1re hypothèse : 2 gravures sur la coupe = (8 pages par bandes) x (10 bandes sur la laize) = 80 pages.
- 2e hypothèse : 3 gravures sur la coupe = (12 pages) x (10 bandes sur la laize) = 120 pages.

Ce nombre de pages correspond à la pagination du catalogue. Il est inutile d'aller plus loin. La machine n° 2 est un bon choix car elle peut imprimer l'intégralité du catalogue en une fois. Le nombre de bandes réalisables dans la laize, mis en relation avec le nombre de gravures possibles, donne donc un résultat satisfaisant par rapport au nombre de pages à imprimer.

En ce qui concerne les deux autres presses, il est évident qu'elles seraient mal exploitées. Avec la machine n° 1, on aurait :

14 bandes x 8 pages (2 gravures) = 112 pages ;
14 bandes x 12 pages (3 gravures) = 168 pages.

Avec la machine n° 3, on aurait :

8 bandes x 8 pages (2 gravures) = 64 pages ;
8 bandes x 12 pages (3 gravures) = 96 pages.

Avec ces deux machines, les laizes sont mal exploitées et le nombre de pages ne convient pas.

Remarque

Le nombre de bandes n'est pas fixe, la presse peut fonctionner sur un nombre de bandes inférieur au maximum proposé, mais l'objectif est d'optimiser le coût d'un calage. Quant à l'exploitation de la circonférence, rappelons que la dimension du papier utile dans ce sens est toujours égale au développé du cylindre.

Optimisation des formats et valeurs techniques

La dimension idéale de la circonférence des cylindres, c'est-à-dire qui ne provoquerait aucune gâche papier, correspond à trois fois le format minimum du papier nécessaire pour une gravure, c'est-à-dire l'encombrement de 2 pages de 200 mm plus les donnes techniques : 10 mm de dépassant sur la seconde partie du cahier pour réaliser le façonnage en piqûres métal (voir chapitre 8) et les rognes réparties en 3 mm d'un côté et de part et d'autre du pli pour le dos non cousu :

(3 + 200 + 3 + 3 + 200 + 10) = 419 mm,
419 x 3 = 1 257 mm.

Il est possible que l'imprimeur possède des cylindres de 1 257 mm de circonférence. Si ce n'est pas le cas, il proposera ce qu'il a de plus approchant, peut-être 1 260 mm.

Remarque

L'imposition permet également de calculer le format du papier. Le donneur d'ordres doit toujours s'informer auprès des prestataires de leurs pratiques respectives.

Le suivi

Voici une liste récapitulative des tâches et des contrôles à accomplir pour mener à bien la production d'un document imprimé en héliogravure.

Après une première sélection en fonction des parcs machines, le donneur d'ordres envoie des demandes de devis, ou appels d'offres, aux fournisseurs remplissant les meilleures conditions d'équipement, peut-être cinq ou six prestataires. Il vérifie aussi que les produits habituellement imprimés par les fournisseurs ressemblent à ceux qu'il envisage de produire. Si le façonnage du document à réaliser n'est pas aussi usuel que celui d'un catalogue, il doit tenir compte des performances des plieuses (en s'informant directement).

Ensuite, il lui faut :

- analyser les offres en retour ;
- sélectionner un ou plusieurs fournisseurs et négocier encore si c'est possible ;
- retenir la place au planning, une fois la négociation achevée, en s'y prenant très longtemps avant la date de réalisation du document ; les rotativistes hélio sont en effet très chargés en général et même surchargés pendant la période des catalogues ; en cas de produits récurrents, le planning est établi à l'année ;
- établir le bon de commande ou le cahier des charges reprenant les caractéristiques techniques très précises et le planning à rebours ;
- établir un tableau des lieux de livraisons et des quantités à y livrer ;
- rappeler le prix négocié et les conditions de paiement, ceci plusieurs semaines avant la date de l'impression afin de permettre au(x) prestataire(s) de commander le papier si le donneur d'ordres ne le fournit pas ;
- négocier et commander le papier longtemps à l'avance (toujours de grosses quantités) si c'est lui qui fournit le papier, ce qui est très fréquent.

Enfin, en respectant les dates fixées au planning, le donneur d'ordres doit :

- remettre au(x) fournisseur(s) un fichier numérique contrôlé et converti, les épreuves de photogravure et les maquettes pour les changements de versions lorsqu'il y en a ;
- contrôler le traceur numérique – format, chronologie des pages et présence de tous les éléments – puis signer l'autorisation de bon à graver les cylindres ; les publications traitées en héliogravure sont souvent produites en plusieurs versions, le donneur d'ordres doit contrôler chacune d'elles ;
- contrôler, corriger et valider la qualité des essais ;
- signer le BAT à l'imprimerie avant l'impression de la totalité du tirage.

Contrôle

Le donneur d'ordres contrôle la validité de l'imposition sur un traceur numérique et la qualité de l'impression lors des essais et du bon à tirer.

Pendant l'impression et après l'impression, il lui faut :

- suivre le planning et la répartition des livraisons ;
- contrôler la qualité du produit fini ;
- contrôler la ou les facture(s) pour établir le prix de revient définitif en analysant les éventuels suppléments au devis.

LES COÛTS

Les frais fixes en hélio sont de même nature qu'en offset. Ils sont composés des coûts suivants :
- traitement du fichier : élaboration et incorporation de l'imposition ;
- fourniture d'un document de contrôle avant la gravure des cylindres ;
- gravure et chromage des cylindres ;
- calage et mise en route de la presse ;
- essais, s'il y a lieu, avant l'impression définitive.

Les frais variables comprennent l'impression et le façonnage des cahiers. Ils sont calculés au mille dans les tarifs des prestataires.

Les coûts sont conséquents et fonction de la dimension des cylindres. Lorsque le chiffre de tirage de ses productions diminue, le donneur d'ordres doit régulièrement procéder à des calculs de seuils de bascule entre rotatives hélio et rotatives offset. Ces dernières, augmentant sans cesse leur capacité quant aux vitesses et aux dimensions des formats imprimants, entrent en concurrence avec l'héliogravure sur certains produits qui lui étaient jusqu'alors réservés.

Compte tenu des sommes considérables engagées, il est recommandé au donneur d'ordres débutant, avant de lancer la maquette d'une nouvelle brochure, de vérifier le format et le nombre de pages envisagés. Il pourra ainsi les ajuster, si possible, pour exploiter au mieux les laizes et les circonférences des cylindres des presses disponibles chez les prestataires pressentis.

Qui ?

Qui commande de l'impression numérique ?

Le service commercial, de fabrication ou de communication.

Le tout numérique

Le tout numérique, ou *direct to paper*, né il y a une quinzaine d'années, s'implante de plus en plus. Tentons d'abord, par quelques précisions, de dissiper la confusion qui règne dans ce domaine. Le procédé numérique traduit des informations en mode binaire, permettant leur récupération, leur reproduction et leur fixation sur différents types de supports : papier, informatique, vidéo, son...

Dans la chaîne de production des arts graphiques, il trouve de nombreuses applications. Aussi, lorsque certains prestataires disent être « équipés en numérique », le doute peut s'installer : s'agit-il réellement de presses tout numérique ou de matériels capables de générer numériquement la gravure des plaques :

- dans la procédure d'impression offset CTP (voir page 100) ;
- déjà accrochées, calées sur la machine, dans la procédure DI (voir page 101) ?

Dans tous ces cas, le numérique n'est exploité que pour fabriquer en partie la plaque, ou matrice.

Le tout numérique signifie que la forme imprimante est virtuelle, qu'elle n'a pas de réalité physique, qu'elle est créée à chaque reproduction. Actuellement trois raisons essentielles président à l'utilisation de ce procédé.

Les atouts du tout numérique

Outre les avantages qu'elle apporte, énumérés ci-dessous, cette technologie représente un véritable bouleversement. Le procédé répond certes à des besoins, mais il permet aussi d'en créer d'autres : tests pour de tout petits marchés, impression de documents à usage familial ou amical – album photos par exemple –, de catalogues d'exposition, de books de présentation... Aux prestataires et donneurs d'ordres de toutes sortes de se montrer créatifs...

Les documents de faibles tirages

En raison de leur prix de revient unitaire trop élevé, ils n'auraient pas vu le jour avec des procédés d'impression classiques. En tout numérique, la forme imprimante n'étant pas matérielle, son temps de préparation est court et n'engendre que de faibles coûts fixes. En contrepartie, chaque exemplaire a quasiment le même prix. Au-delà d'un certain chiffre de tirage, le procédé n'est plus économique.

L'impression numérique rend donc possible la production de documents de qualité convenable avec de petits ou très petits tirages, de 1 à 400 ou 500 exemplaires environ. En noir, elle peut être utilisée pour produire quelques exemplaires d'un livre afin de garder le titre au catalogue, des documents juridiques ou fiscaux, des feuillets mobiles demandant des mises à jour fréquentes. En couleurs, elle sert à imprimer des documents de promotion personnalisés ou non, des contrats, des manuels d'utilisation, des catalogues d'exposition de faibles tirages, des pochettes de promotion de CD ou DVD ou encore des affiches de grand format à quelques exemplaires.

Des dates de livraison impératives

Rapports d'assemblées, brochures relatives à un événement ou maquettes de présentation sont imprimés numériquement. Si les conditions sont optimales, le donneur d'ordres peut disposer des documents quelques heures après la remise du fichier numérique à l'imprimeur. Et si, malencontreusement, l'ensemble des rapports n'étaient pas disponibles à la date fixée, quelques centaines d'exemplaires pourraient être imprimés dans un premier temps.

La personnalisation des documents

Avec les procédés d'impression classiques, il est difficile et coûteux de personnaliser des documents. Avec l'impression numérique en revanche, l'opération est devenue courante.

C'est le cas pour le marquage, sur une revue déjà conditionnée, des noms et adresses des abonnés et, plus intéressant, pour l'introduction de messages aux contenus divers destinés à une cible précise telle « homme », « femme », « de plus de 50 ans », « de plus de 60 ans », etc. Cette technique peut être utilisée par exemple pour les supports de promotion d'une compagnie d'assurances, la personnalisation de contrat, ou encore, en marketing direct, pour des impression du type « Mme Durand, vous avez gagné… » impliquant pour chaque exemplaire un changement de nom, de numéro de participation, de signature, d'image ou de code barre.

Depuis l'arrivée du tout numérique, l'usage, chez les prestataires, est surtout de mentionner le nom des constructeurs et des machines dont ils disposent. S'y retrouver n'est pas une mince affaire, de nouvelles presses arrivant sans cesse sur ce marché en pleine évolution. Quelques noms de machines et de constructeurs sont donc indiqués dans les rubriques concernant chaque procédé. Leur connaissance doit aider le donneur d'ordres à repérer, dans le discours des fournisseurs de numérique ou la lecture de leur parc machines, quelle technologie ils proposent et de quel type de machines il est question.

Aujourd'hui, les machines en fonctionnement sur le marché utilisent principalement deux grandes techniques de reproduction : la xérographie, ou électrophotographie, et le jet d'encre. La magnétographie, utilisée plus accessoirement, sera évoquée rapidement. Pour les trois technologies, la préparation est identique, gérée numériquement à partir du fichier du donneur d'ordres et après incorporation de l'imposition.

La xérographie

Le nom de cette technique vient de son inventeur, le constructeur Rank Xerox. Elle porte aussi le nom d'électrophotographie laser. Ce type d'impression utilise un cylindre chargé négativement, c'est l'effet Corona. Un rayon laser décharge le tambour aux endroits de l'image à reproduire. L'encre en poudre, le toner, est attirée sur les surfaces ainsi déchargées. Le document passe sur le tambour puis dans un four où le toner est fixé. À chaque passage, l'image est créée.

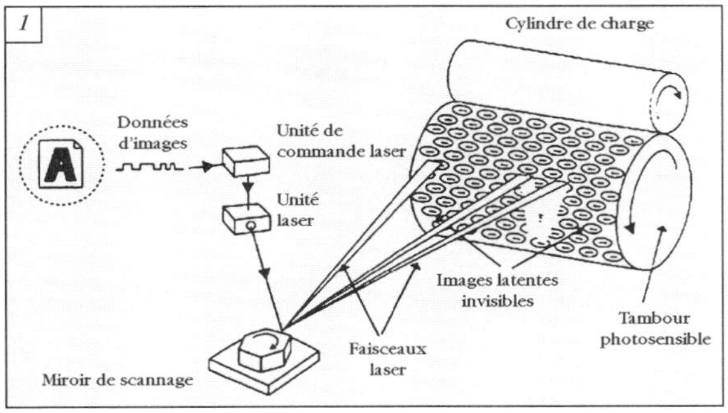

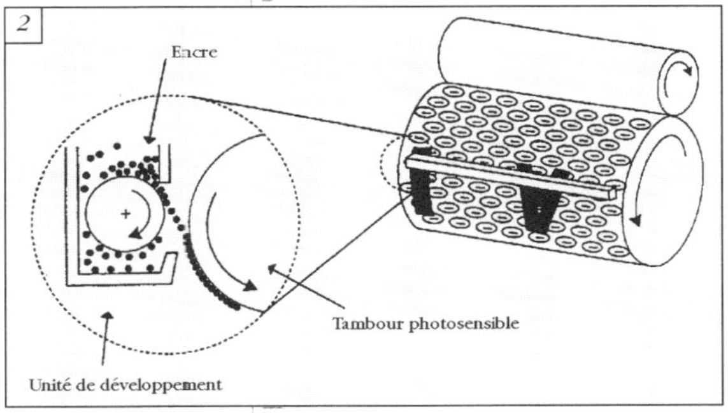

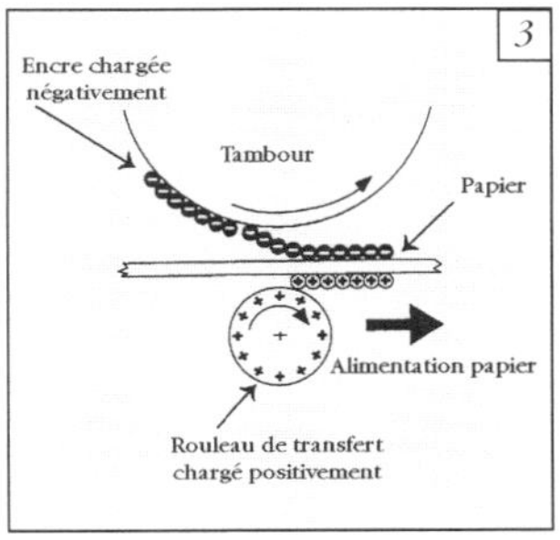

1. Le tambour recouvert d'une couche semi-conductrice retenant les charges électriques négatives devient photosensible. Le faisceau laser, piloté par le RIP, élimine les charges dans les zones de l'image. 2. L'image se forme sur le tambour après le passage du laser. Le toner (encre en poudre) d'impression se dépose sur le tambour photosensible. Il est attiré dans les zones de l'image et repoussé sur les zones non sensibilisées. 3. Les particules du toner, sur le tambour, sont attirées sur le papier par un champ de charges positives. Le papier passe ensuite dans un four afin que les pigments soient fixés. (Documents Canon)

Les couleurs sont placées les unes derrière les autres en ligne, chaque couleur ayant son propre groupe. Elles peuvent également être créées, couleur par couleur, sur le même tambour (dans ce cas, on imprime successivement chaque couleur sur le même document, puis on passe à l'exemplaire suivant). Les toners sont secs ou liquides, si on leur associe un élément liquide servant de véhicule.

Les machines et leurs utilisations

Pour l'impression du noir

Les machines citées ci-dessous sont celles que l'on rencontre le plus fréquemment chez les prestataires du marché français, avec quelques variantes technologiques destinées à améliorer la reproduction des gris, des similis, des textes et des traits ou à traiter des résolutions différentes.

En feuilles : le marché se compose de machines de formats A3, ou A3 ++, soit 32 x 47 cm (ou 48 cm) et 36 x 52 cm, du type copieurs connectés Canon ou Rank Xerox. Certaines, comme les presses de Xerox – DocuTech ou Nuvera –, sont spécialisées dans la production de livres, de feuillets mobiles de journaux et de brochures. La Nuvera permet une reproduction en 1 200 dpi et l'utilisation de papiers différents pour un même document. L'alimentation de la machine est composée de plusieurs bacs et un système de façonnage complète souvent l'installation. Citons encore la Canon/Kodak avec la gamme IR110/125VP/150P.

En bobine, les petites rotatives – du type Xerox DocuPrint, Demandstream, Variostream de OCÉ ou InfoPrint d'IBM –, en laize 36, 42 ou 45 cm, sont spécia-

Remarque

En général, les presses à feuilles proposent une gamme étendue de supports papiers, tandis que les presses à bobine offrent vitesse et économies de papier.

lisées dans l'impression de livres, de brochures, de feuillets pour des tirages de 1 (livre à la demande) à 500/700 exemplaires environ. Dans ce cas, l'imposition permet l'impression de tout le document en une fois. La machine dispose de deux groupes imprimants : dans le premier, les pages du recto sont imprimées sur une face du papier. Après retournement du papier, les pages du verso sont imprimées dans le second groupe. Seule la Vario Steam d'OCÉ imprime les deux côtés à la fois. Un système de façonnage complète souvent l'installation. Sur ces rotatives, les papiers utilisés sont des papiers bouffants et offsets de 60 à 90 g.

Pour l'impression de la couleur

Sur les machines disponibles, on imprime de la quadrichromie, et jusqu'à sept couleurs sur certaines. Dans ce cas, la quadrichromie est souvent accompagnée de tons spéciaux pour la reproduction de couleurs qui élargissent l'espace colorimétrique.

En feuilles, les machines de format A3+ et 36 x 52 cm sont conçues pour la réalisation de documents de contrôle avant impression ou pour l'impression d'affiches, de petites brochures, d'étiquettes, de badges ou de catalogues. Citons les DocuColor 2045, 2060, 6060, iGEN3 de Rank Xerox ou encore l'IndigoPress 1000 et 3000 de Hewlett-Packard. Certaines de ces machines sont parfois équipées de systèmes de façonnage en ligne : pliage des feuilles en petits cahiers et constitution de blocs en dos carrés collés (voir page 222).

En bobine, les rotatives couleurs proposent des formats d'impression ne dépassant pas la laize 52 cm, du type DCP 320D ou S, DPC 500SP de Xeikon, NexPress d'Heidelberg/Kodak ou IndigoPress w3 200, ws2 000 de Hewlett-Packard, Dicopress et Dicopack de Man Rolland. Elles sont utilisées pour la réalisation d'affiches, de posters, de documents de promotion, de couvertures, de brochures, d'étiquettes ou de petits catalogues.

Remarque

Une presse rotative VarioSteam 9 000 d'OCÉ imprimant deux couleurs, noir plus cyan, a fait son apparition récemment, ouvrant la voie à d'autres machines de ce type et au rotatives quadri.

Quelques différences existent néanmoins parmi ces presses : l'Indigo, sur laquelle il est possible d'imprimer jusqu'à sept couleurs, utilise la technologie électrophotographique associée à celle du report de l'impression offset (intervention d'un blanchet intermédiaire) et d'un toner liquide.

Supports et vitesse

Avec le procédé au toner sec, le support (papier, film plastique ou métallique) subit des chocs électriques et thermiques à la fois, du fait du passage au four pour fixer le toner. Sur les machines feuilles, les papiers lisses, offset ou couchés dans des grammages variant de 50 à 300 g, restent les meilleurs supports. Certains papiers couchés résistent mal, cependant, à de tels traitements.

Les aplats de couleurs sont mal reproduits, mais l'utilisation d'un papier à grain, par son rendu d'impression intéressant, peut compenser ce défaut.

Le jet d'encre

Le procédé

Cette technique d'impression sans contact est basée sur la projection de gouttes d'encre sur le support. Il existe trois technologies différentes.

- Continue : les gouttes d'encre sont expulsées par des buses. Un système les empêche de se déposer sur les surfaces non imprimables ; elles sont juste déviées, technique qui provoque une forte consommation d'encre.
- Bulle d'encre ou jet d'encre thermique : l'encre à base d'eau est chauffée. Des bulles d'air se créent, poussant à travers les buses les gouttelettes d'encre qui sont projetées « à la demande », lorsqu'elles sont appelées. La qualité de reproduction n'est pas aussi bonne que dans le cas du procédé en continu.
- Piézo-électrique DOD : ce procédé prend actuellement le pas sur les deux précédents. Il fait intervenir une tension électrique sur un diaphragme qui, en se contractant, entraîne les gouttes d'encre à la demande vers les buses. La vitesse est plus rapide et la qualité de reproduction semblable à celle obtenue avec la technologie du dépôt d'encre en continu. Le procédé est plus économique. Comme le support passe principalement en bobine, la laize, qui dépasse 5 m sur certaines machines de très grand format donne, en largeur, la limite du format d'impression.

La vitesse est plus importante avec la technologie du jet d'encre qu'avec celle de l'électrophotographie.

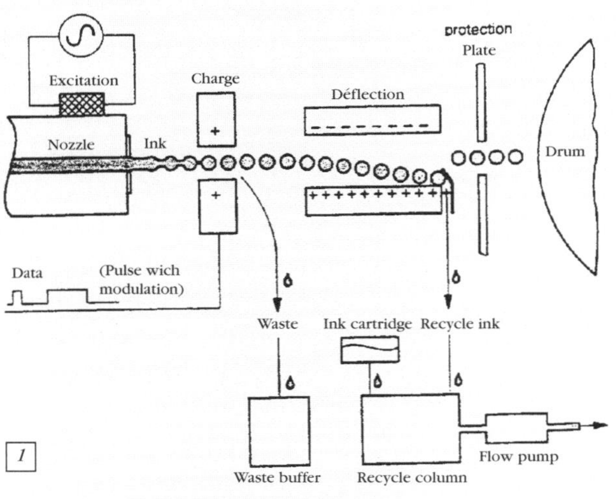

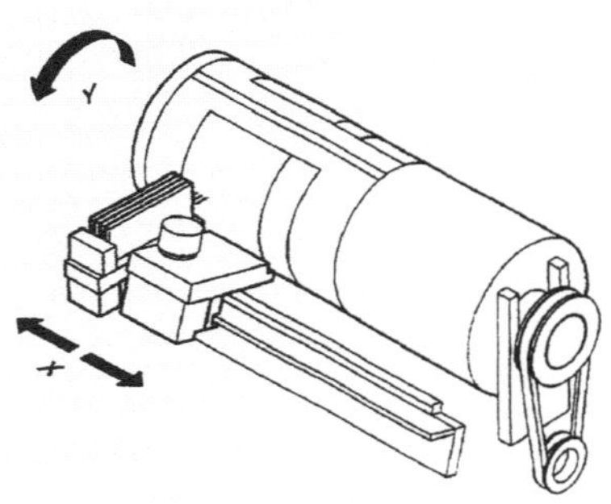

1. Détail de la tête d'écriture dans la technologie à jet dévié. L'encre liquide est conditionnée, par un cristal piézo-électrique, en gouttelettes qui, après avoir reçu une charge électrostatique passent dans un couloir et sont déviées ou projetées sur le support. L'encre déviée est récupérée dans un compartiment. 2. Le support est en rotation et les têtes d'écriture se déplacent le long du tambour. (© Tous droits réservés)

Les machines

Pour l'impression du noir

Les presses imprimant en une couleur actuellement sur le marché sont surtout utilisées pour imprimer les plans d'architectes ou les documents personnalisés.

Pour l'impression de la couleur

Ces machines sont utilisées pour fabriquer les traceurs numériques et pour l'impression directe jusqu'à huit couleurs. Dans ce dernier cas, elles exploitent la technique de l'impression des quarts ou demi-tons, c'est-à-dire de la couleur primaire tramée à 25 ou 50 %, ou, et en plus de la quadrichromie, des tons spéciaux permettant d'élargir l'espace colorimétrique – violet, vert, orangé, blanc –, ce qui rend la technique très attirante. Les traceurs à jet d'encre qui produisent de très grands formats deviennent de sérieux concurrents de la sérigraphie à condition toutefois de plastifier le document s'il doit séjourner à l'extérieur.

La technique du jet d'encre est plutôt exploitée pour les supports de promotion : affiches en grand et très grand format, posters, bandeaux, bâches, calicots ou kakémonos pour les stands ou le marché de l'emballage et de la décoration. On l'utilise aussi pour la personnalisation des documents.

Les principaux constructeurs de ces machines sont OCÉ, Epson, Agfa, Canon, Scitex. En dehors des supports de communication imprimés, la machine VersaMarkBCP de Scitex est utilisée pour la personnalisation de factures, relevés de compte, etc. La Factory de Dotrix imprime des papiers peints, textiles, passeports, billets de loterie…

Les supports d'impression

Ce procédé permet l'utilisation de supports de toutes sortes - papiers, textiles, films plastiques ou métallisés… Ces derniers doivent cependant résister à l'humidité.
La qualité de l'image est meilleure sur une surface lisse : offset, couché de 60 à 250 g, mais les surfaces trop lisses et non poreuses comme le film ralentissent la production. Le temps de séchage est plus long. Dans les zones d'aplats, le fort encrage peut provoquer des déformations du papier.
En électrophotographie comme en jet d'encre, il est recommandé d'utiliser des papiers spécialement traités pour l'impression numérique. Mais certains supports non spécifiques peuvent se révéler intéressants : il ne faut pas hésiter à faire des essais.

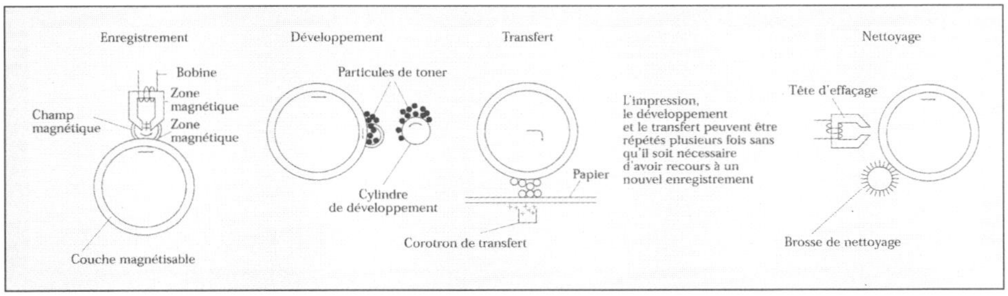

Principe de la magnétographie. (Document Xeikon)

La magnétographie

Peu exploité pour les supports de communication imprimés, le procédé est basé sur le dépôt d'un élément magnétique qui attire l'encre. Les charges magnétiques sont déposées sur un tambour recouvert d'une pellicule ferromagnétique. Un faisceau lumineux définit les zones d'impression qui attirent le toner. Le pigment de l'encre est transféré sur le papier par une technique de pression.

Cette méthode d'impression monochrome est très efficace pour la personnalisation et l'actualisation de données en ligne (Varypress). Elle permet également de produire des livres (Varybook).

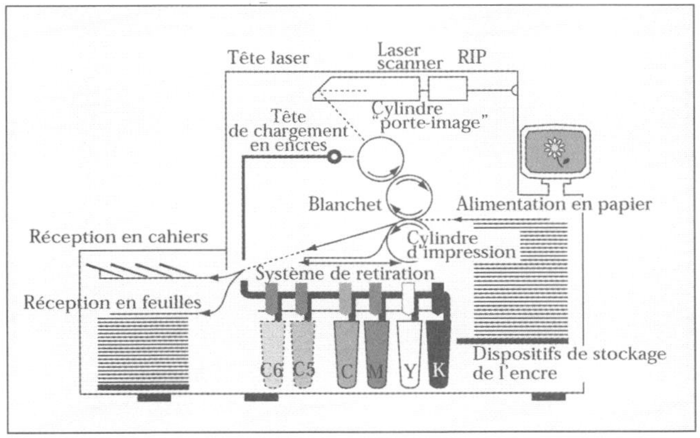

Principe numérique couleur de la machine Indigo. (Document Indigo)

Photo presse numérique rotative, procédé électrophotographique 1 couleur.

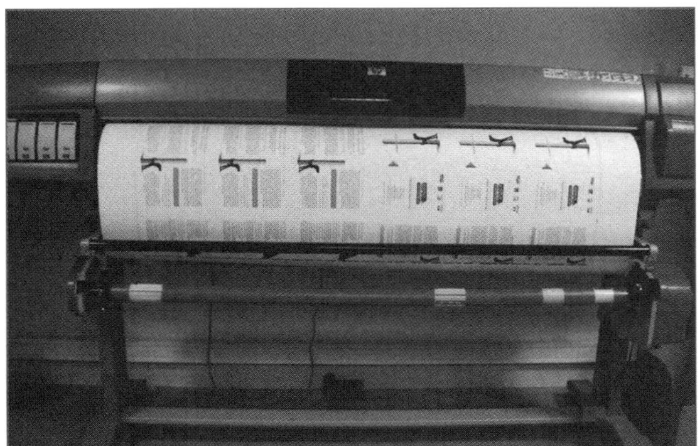

Machine couleur procédé jet d'encre.

Qualités et avancées technologiques

La qualité de reproduction n'atteint pas celle de l'offset et on ne peut pas encore comparer la finesse des trames offset avec celle des trames proposées en numérique, définies en dpi (voir chapitre 3).

Les caractéristiques des toners et des encres ne sont pas non plus les mêmes, mais les procédés numériques peuvent couvrir un espace colorimétrique plus vaste que l'offset, surtout avec la technologie du jet d'encre.

Les constructeurs, les machines et les prestataires sont très nombreux. L'impression numérique gagne rapidement du terrain et convient parfaitement pour l'impression de nombreux supports de communication. Les innovations portent surtout sur la gestion des informations, la qualité des pigments et des encres liquides. Quant à la vitesse, encore bien en deçà de celles des presses offset, elle augmente constamment. Actuellement, elle atteint environ 3 000 à 4 000 feuilles à l'heure.

Voyons maintenant comment mener à bien une impression numérique.

Méthode pour l'impression numérique

Tout d'abord, il faut sélectionner un imprimeur équipé de presses numériques convenant au besoin (format, nombre de couleurs, technologie, en feuilles ou en bobine...). Beaucoup de grands imprimeurs ont un département numérique, mais de nombreux prestataires sont des imprimeurs spécifiquement numériques.

Une fois le prestataire choisi, le donneur d'ordres doit lui remettre :

- le bon de commande, l'adresse et la date de livraison, qui doit être en principe très proche de celle du bon de commande, et le prix négocié ;
- un fichier numérique vérifié et des maquettes ou épreuves papier en couleurs pour l'impression en couleurs, en noir pour l'impression en noir.

Pour la personnalisation des documents, les fichiers comportant noms, adresses, régions, etc., doivent être préparés de façon rigoureuse. Si le donneur d'ordres n'est pas spécialiste, il a intérêt à en confier l'élaboration à un professionnel du routage, par exemple, qui se chargera également de l'expédition.

Contrôle

Il n'y a généralement pas de document de contrôle avant le lancement de l'impression, car la technologie permet de vérifier si tout est conforme sur le premier exemplaire imprimé et de rependre le fichier pour le rectifier éventuellement (à éviter cependant, car le numérique y perdrait son avantage en termes de gain de temps). Comme dans les autres cas, le donneur d'ordres doit suivre le planning, vérifier la qualité du produit fini et les factures.

LES COÛTS

Certains imprimeurs numériques fournissent des tarifs avec des types de papiers et de grammages standard. Ce procédé génère très peu de frais fixes. Chaque exemplaire a quasiment le même coût.
Si le temps n'est pas le principal critère de choix et si l'on exclut la personnalisation pour des tirages faibles, autour de 500 exemplaires, il est judicieux d'établir selon les supports de communication concernés un seuil de bascule entre l'impression numérique et l'offset sur une machine de petit format, 36 x 52 cm DI par exemple, pour l'impression en quadrichromie et sur des presses à retiration ou les rotatives spécialisées pour les produits en noir.

Procédés divers

Trois procédés d'impression restent à évoquer brièvement, car ils sont peu utilisés pour imprimer les supports de communication les plus courants.

La typogravure

La reproduction en série, principe de base de l'impression, existait avant Gutenberg : la gravure sur bois par exemple mettait en relief le motif à répéter. Vers 1470, Gutenberg (voir bibliographie) inventa les caractères mobiles résistants à la pression en alliant trois métaux : le plomb, l'antimoine et l'étain. La fabrication de presses à imprimer, inspirées de celles des vignerons, permit le développement d'un procédé capable de produire la quasi-totalité des supports de communication imprimés qui demeura sans véritable concurrent pendant près de 500 ans. L'impression offset, dont le développement commença vers 1950, le supplanta (voir chapitre 5).

Dans le procédé d'impression typographique, la composition au plomb et la réalisation de la forme imprimante qui sert à la reproduction, la matrice, sont simultanées.

La composition

À l'origine, l'imprimeur typographe devait posséder un nombre considérable de caractères dans différentes fontes et différents corps afin de satisfaire sa clientèle. Les caractères fondus dans de petits moules étaient, une fois démoulés, triés par genre et rangés dans des casses, casiers de bois compartimentés en petits cassetins.

Pour composer le texte, l'ouvrier typographe alignait les caractères un par un dans un instrument appelé composteur afin de former des mots, des lignes... Il aménageait ensuite ces lignes sur des pages disposées dans une forme délimitée par des barres de métal. Les blancs de mise en pages étaient générés également par des barres métalliques, d'où les expressions, employées en typographie : fer à gauche ou fer à droite. Peu à peu, la composition se mécanisa et la fameuse composeuse « linotype » permit à la fois de fondre les caractères en fonction des besoins à partir d'une matrice et de composer des lignes entières. Les caractères étaient ensuite remis à la fonte de sorte qu'ils étaient toujours neufs.

Remarque

Ancêtre symbolique de l'imprimerie, la typogravure a légué une grande partie de son vocabulaire actuel à la composition et à la mise en pages actuelles. Par exemple, plus souvent utilisés que les autres, les caractères en minuscules étaient disposés par commodité en bas de la casse, d'où le nom de « bas de casse » adopté pour les désigner.

La forme imprimante

Les différents pavés composés étaient ensuite disposés dans le format de la forme imprimante selon l'ordre de l'imposition (voir chapitre 5). Puis la forme imprimante aménagée était fixée sur le plateau de la presse pour les presses à feuilles de la première génération. Pour les presses à feuilles plus récentes et les rotatives, elle était adaptée de façon à être accrochée sur un cylindre. Si la reproduction était en couleurs, l'ouvrier typographe devait fabriquer une forme pour chaque couleur imprimée.

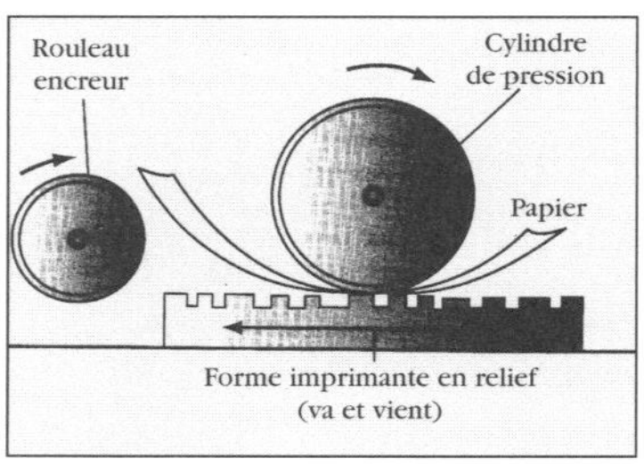

Principe du procédé typographique.

L'impression

Quel que soit le type de presse, l'impression se fait par contact direct du papier sur la forme imprimante préalablement encrée. La forme est en relief et à l'envers afin que le motif soit reporté à l'endroit sur le papier. La couche d'encre déposée a toujours la même épaisseur.

Les machines

En typogravure, on distingue deux types de machines :

- les machines à feuilles qui impriment un côté de feuille de papier à la fois ;
- les rotatives, qui ne sont plus du tout en fonctionnement, dont la spécificité était d'imprimer du papier ou un autre support en bobine passant en ruban sous un (ou des) groupe(s) d'impression. Les rotatives typo pouvaient imprimer les deux côtés du papier, celui-ci passant successivement côté recto puis côté verso sous le cylindre imprimant.

Remarque

Les presses, en feuilles ou rotatives, peuvent imprimer d'une à cinq couleurs.

La forme imprimante typographique classique, lourde et rigide, avait été remplacée par une copie, aussi bien sur les machines feuilles que sur les rotatives, grâce à la stéréotypie et à la galvanotypie. Avec ces techniques, on pouvait produire des formes cintrées, ce qui permettait de les accrocher sur les cylindres rotatifs. Ces machines, équipées de plieuses en ligne produisant des cahiers en sortie, ont disparu du secteur industriel, du moins en France. Elles étaient employées, il n'y pas si longtemps encore, pour l'impression de certains journaux, *Le Monde* par exemple.

Devenu très marginal, le procédé est surtout utilisé aujourd'hui pour des travaux de ville : cartes de visite, en-tête de lettres, ouvrages de bibliophilie ou de poésies. D'anciennes presses reconverties servent parfois à effectuer, en petites séries, des opérations de façonnage comme le gaufrage et les découpes (voir page 231).

Remarque

Certains constructeurs, Heidelberg par exemple, ont fait la gloire des presses typographiques. En Afrique, on trouve encore, en état de fonctionnement, des machines qui affichent 50 ans à l'état civil.

La flexogravure

Utilisé à l'origine pour imprimer des emballages, le procédé flexographique, bien que conçu vers 1875, ne prend son nom actuel qu'en 1952 : la mise au point d'encres flexographiques à base d'aniline permet alors le séchage rapide, indispensable lorsque le façonnage des produits est effectué immédiatement après l'impression des supports.

Aniline Substance chimique employée dans l'industrie des matières colorantes synthétiques.

Aujourd'hui, ce procédé est surtout utilisé pour l'impression de papiers cadeaux, papiers peints, enveloppes, nappes et serviettes en papier, étiquettes, supports de conditionnement de nombreux produits sur plastique, carton ondulé ou briques Tetrapack (et également pour déposer des vernis). Néanmoins, la presse Cameron (voir plus bas) imprime des livres en une couleur.

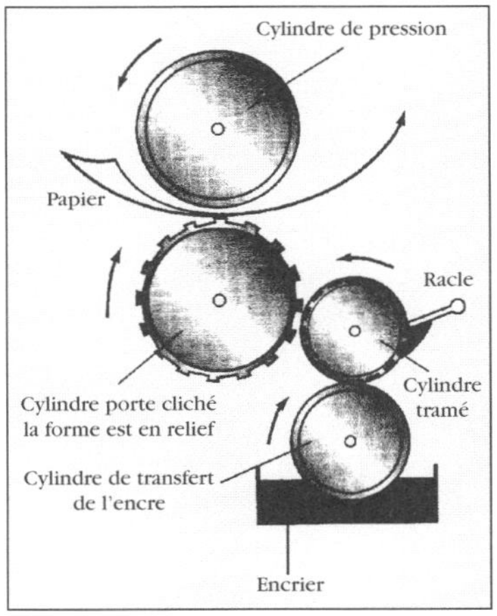

Principe du procédé flexographique.

Le procédé

La technique d'impression dérive de la typogravure : le motif à reproduire est en relief. En revanche, la forme d'impression est souple, flexible, et le mode d'encrage différent.

Les éléments à reproduire, autrefois découpés à la main, sont aujourd'hui gravés numériquement au laser dans un cylindre de caoutchouc ou de plastique, ou créés à partir de films négatifs sur des polymères. Dès les opérations de photogravure, il faut tenir compte des phénomènes d'anamorphose. L'épaisseur des clichés, exprimée en degrés shore (mesure de dureté), doit également être adaptée à la dureté du support à imprimer. La ou les forme(s) préparée(s) sont fixées sur un cylindre ou sur un tapis souple fonctionnant comme une courroie sans fin. Il y a autant de cylindres ou de tapis imprimants que de couleurs à reproduire.

Polymère Matière à base de résine durcissant sous l'action des rayons ultraviolets.

Anamorphose Déformation de l'image lors de l'impression, due au contact avec le support.

L'impression se fait par contact direct du support passant en continu, plaqué sur la forme imprimante. Celle-ci est encrée par un cylindre rotatif grâce à un cylindre, lui-même préalablement encré par un cylindre de transfert de l'encre. Les encres fluides et volatiles, à l'eau ou UV, permettent un séchage rapide et rendent ainsi possible le façonnage immédiat.

Forme flexographique.

Les machines

Les presses rotatives, les « imprimeuses », impriment du papier, du carton ou du plastique en bobine, dans des laizes de 40 à 165 cm environ, un seul côté du support d'impression à la fois et jusqu'à douze couleurs.

La configuration des groupes imprimants est de deux sortes : un cylindre dit de contre-pression pour chaque couleur qui met en contact, le plus légèrement possible, le papier sur la forme imprimante, ou un tambour central qui fait office de cylindre de contre-pression commun à plusieurs groupes. Très souvent, les presses disposent de sécheurs UV, en sortie de systèmes de façonnage en ligne. C'est le cas pour celles qui impriment des sacs d'emballage par exemple.

Très apprécié dans le marché du conditionnement, où il concurrence l'offset et l'héliogravure, ce procédé offre la possibilité d'imprimer un grand nombre de couleurs et d'ajouter toutes sortes d'embellissements : vernis de couleur, vernis nacré... Il n'est pas rare que de petites presses flexographiques soient installées en ligne derrière des machines offset ou hélio.

La Cameron

Cette presse rotative est spécialement conçue pour la fabrication d'ouvrages brochés non cousus, imprimés en noir recto verso sur des supports papier tels que bouffant et offset de 40 à 110 g. Les documents doivent ne comporter que du texte et des dessins au trait. Cette presse est intéressante pour des tirages à partir de 2 500 à 3 000 exemplaires environ à fort potentiel de réimpressions : *Harry Potter* par exemple. Néanmoins, elle convient aussi pour des ouvrages qui ne sont pas destinés à devenir des best-sellers : 70 à 80 % des livres de poches sont imprimés en Cameron.

Remarque

Il n'existe actuellement qu'une vingtaine de presses Cameron en Europe et, dans certaines périodes, le donneur d'ordres doit se démener pour réserver sa place au planning.

Le procédé exploité est flexographique car les formes imprimantes sont des polymères en relief, générés à partir de films négatifs (un polymère par page). Ces formes sont ensuite collées sur deux tapis d'impression qui passent comme deux courroies

À droite : découpe de formes imprimantes en Cameron. À gauche : préparation du tapis. Imprimerie Frimin Didot

sans fin sous les groupes imprimants, un tapis pour toutes les pages du recto et un tapis pour toutes les pages du verso. Cette machine a révolutionné le marché de l'impression des livres de littérature générale, il y a 35 ans. L'originalité de l'imposition permet d'imprimer et de façonner, en dos carré collé, le bloc d'un ouvrage complet fini à chaque déroulé des courroies d'impression. Les couvertures ne sont pas imprimées par la Cameron, mais intégrées dans la chaîne de brochage.

Les laizes varient actuellement de 89 à 137 cm et la longueur des tapis peut atteindre 19 m. Le procédé flexographique ne reproduit que des trames grossières et ne permet pas l'impression de similis. En cas de besoin, des cahiers de hors-texte en noir ou en couleurs sont introduits dans la chaîne de brochage pour être incorporés aux blocs.

En cas de menace de rupture de stock, grâce au temps de calage réduit des Cameron (1 heure environ), des ouvrages finis peuvent être livrés avant même que la fabrication totale du tirage soit achevée. Le donneur d'ordres peut ainsi gérer ses stocks en flux tendu.

Phase d'impression d'une Cameron. Imprimerie Firmin Didot.

La sérigraphie

En sérigraphie, la forme imprimante, appelée « écran » ou « tamis », est un châssis de fibres synthétiques souples, parfois métallique, autrefois de soie comme son nom le laisse entendre. Les supports imprimés peuvent donc être plats ou en volume.

La technique est idéale pour le marquage des objets ou produits déjà façonnés : tee-shirts, bouteilles, flacons de parfums ou pharmaceutiques, sacs plastiques, badges, cartes de crédit, etc. Elle sert également à imprimer de la PLV carton, des affiches de moyen et grand format et à déposer encres ou vernis sur les pellicules plastiques des couvertures de magazines, de livres ou de supports publicitaires. Sont également concernés les sérigraphies originales pour l'exploitation artistique et les autocollants dont le support est en papier ou en plastique de couleur ou même transparent, comme c'est le cas pour la vitrophanie.

Vitrophanie Impression d'autocollants destinés à être posés sur du verre.

Le procédé

Le principe consiste à obturer – autrefois avec une colle, un vernis ou à partir de films – certaines mailles du tissu pour ne laisser libre que ce qui doit apparaître sur le support imprimé. Le sérigraphe traite les zones obturées, les fixe sur l'écran, lequel est ensuite insolé et lavé pour éliminer les zones non insolées. Cette étape est faite numériquement aujourd'hui avec le *Direct to Screen*. Il faut fabriquer un écran par couleur à reproduire. Les écrans sont ensuite fixés sur la machine. L'impression est du type pochoir : à l'aide d'une racle, l'encre est forcée de passer à travers la forme imprimante par les mailles laissées non obturées, puis se dépose sur le support fixé sous l'écran. Le dépôt d'encre est important et provoque un léger relief. Il donne

Remarque

En sérigraphie, il est souvent nécessaire de déposer une ou deux couches de blanc sur le support pour en neutraliser la couleur ou la matière avant d'appliquer les couleurs à reproduire.

ainsi une impression dense, brillante et attirante : la sérigraphie se reconnaît à l'œil et au toucher. La trame est fonction de la dimension des mailles de l'écran.

En sérigraphie, types de points de trame, angles d'écran et de lignes sont particuliers. Le donneur d'ordres doit demander conseil à son prestataire afin de préparer convenablement les fichiers, qu'il doit d'ailleurs livrer avec les images dans leurs dimensions finales et en version RVB et CMJN. Au niveau de la qualité, ce sont les effets de moirage provoqués par une mauvaise adéquation entre la trame et les mailles du tissu qui sont le plus à redouter.

Presse sérigraphique.

Conseils

S'il désire imprimer sur des films ou des pellicules plastique, PVC ou autre, le donneur d'ordres doit effectuer une étude comparative entre l'offset et la sérigraphie (se renseigner auprès des fournisseurs offset sur leur capacité à imprimer le plastique). Il devra de la même façon comparer sérigraphie et numérique pour imprimer des affiches à petits tirages. Pour les produits de PLV et les affiches, il est indispensable de faire connaître au prestataire leur destination finale – pour l'intérieur ou l'extérieur –, car il choisira ses encres en conséquence.
Pour la vitrophanie, le dépôt de deux couches d'encre blanche sous l'impression est recommandé afin de limiter la transparence.

Les machines

Les machines, planes, présentent un à six groupes imprimants, composés chacun de trois éléments :

- la table d'impression, ou forme imprimante, cadre de métal ou de bois sur lequel est tendu l'écran où sont créés les motifs à reporter ;
- un plateau, sous l'écran, qui supporte les objets ou le support à imprimer ;
- une alimentation en encre.

Les machines planes à plusieurs groupes en ligne possèdent un tunnel de séchage, indispensable dans le cas où des encres UV sont utilisées. Le plateau sur lequel est posé l'élément à imprimer se déplace pour se positionner sous l'écran imprimant suivant. Les écrans sont réutilisés après leur nettoyage avec des solvants. Cette opération est appelée « dégravage ».

Les formats des machines sont très divers : 35 x 50 cm, 100 x 140 cm, 120 x 160 cm, 140 x 180 cm, 150 x 200 cm, 300 x 400 cm. Les grands formats sont utilisés pour l'impression des affiches. Des formats plus grands encore sont attendus (600 cm de long) ainsi que des presses rotatives.

Les encres employées, de nature diverse, s'impriment sur toutes sortes de supports : tissu, plastique, verre ou métal.

Ainsi que nous l'avons dit plus haut, l'impression numérique empiète peu à peu sur le marché de la sérigraphie, et nombre d'imprimeurs sérigraphes s'équipent de matériel numérique à jet d'encre de grande laize.

7 Le papier, support d'impression

Le papier, matériau fascinant, stimule l'imagination et la créativité. Du billet de banque au mouchoir jetable, en passant par les origamis ou les supports d'impression, les variétés et les usages en sont multiples et les besoins énormes.

Ce chapitre consacré à ce support d'impression privilégié fait suite à ceux qui ont traité de la maquette, du texte, des images et de l'impression. Lors de la phase de production, en fait, les étapes sont imbriquées. La qualité finale d'un document dépendant des matériaux sélectionnés et des procédures utilisées sur l'ensemble de la chaîne, le choix de la famille papetière devrait intervenir dès que la décision de réaliser le document est prise. C'est de lui que dépend surtout la qualité de reproduction à l'impression.

Nous présenterons notamment dans ce chapitre :

- la fabrication des différentes pâtes à papier, les qualités et les défauts de ces pâtes ainsi que leur traitement ;
- les familles papetières employées pour les supports de communication les plus courants : papiers couchés, non couchés ; papiers et matériaux plus spécifiques ; les tendances du marché.
- comment choisir un papier, quels sont les critères à privilégier ;
- comment acheter le papier, quels sont la quantité et le poids à commander.

La fabrication des pâtes à papier

Les pâtes à papier appartiennent globalement à cinq grandes familles. Exception faite pour la pâte de récupération, leur classification se fait en fonction de la présence plus ou moins grande (ou de l'absence) des composantes spécifiques du bois : les hémicelluloses et, surtout, la lignine.

Le papier

Les papyrus, premiers supports légers et transportables, datent de 2 500 à 3 000 ans avant J.-C. Le mot « papier » vient d'ailleurs de papyrus. Souple et pratique, le papyrus se délite sous les climats humides et sa conservation est délicate. Au IIe siècle après J.-C., le parchemin, matériau issu de peaux d'animaux traitées (maroquin, vélin) le remplace.

À la même époque, en Chine, la soie est utilisée pour les textes importants. Mais ce matériau est très coûteux. Tsaï-Lun, ministre de l'agriculture à la cour des Han, perfectionne alors la fabrication d'un matériau utilisant différentes sortes de fibres végétales mélangées à des fibres textiles telles que cordage et vieux tissus : c'est ainsi que le papier voit le jour. Le procédé de fabrication se répand jusqu'en Asie centrale, en Indochine et enfin au Japon.

Le papier reste asiatique jusqu'en 751, puis suit le trajet de l'essor arabo-musulman et parvient en Sicile et en Espagne au début du Xe siècle. En Europe du Nord, le papier utilisé est importé : le procédé de sa fabrication reste ignoré. Mais les informations tirées du commerce du papier avec les musulmans et lors des croisades permettent que s'installe sa fabrication, d'abord en Italie, puis en France.

Les premiers moulins à papier français voient le jour près de Troyes, dans l'Aube (1338-1348). Le papier est fabriqué à partir de chiffons défibrés dans une cuve contenant une grande quantité d'eau. La pâte ainsi réalisée est recueillie dans un tamis formé de chaînettes puis compressée entre des feutres et séchée. Les vergeurs, éléments de la trame du tamis dans le sens vertical, plus épais que les « pontuseaux » disposés horizontalement, provoquaient des lignes visibles par transparence dans le cœur du papier séché, d'où l'expression actuelle de « papier vergé » pour les papiers présentant cette même particularité.

Le développement de l'imprimerie, à partir de Gutenberg au XVe siècle, provoque une demande croissante de papier. Au début du siècle suivant, la production française est telle qu'elle permet l'exportation dans tous les pays d'Europe. Le papier se fabrique alors feuille à feuille, en quatre étapes bien séparées : fabrication, égouttage, pressage, séchage. En 1798, le procédé devient continu grâce à Nicolas Robert qui met au point une machine mécanisant les différentes phases de la production et donnant la possibilité de fabriquer des grands formats. Cette invention reprise par Didot lui est dérobée pour être commercialisée en Angleterre. Les vitesses et les dimensions des machines s'accroissent et les cylindres se multiplient, mais le rendement de ces papiers chiffons, principalement de lin et de chanvre, est assez faible et leur coût élevé.

En 1844, Keller découvre dans le bois une substance commune à tous les végétaux, la cellulose, qui permet de fabriquer du papier avec un rendement supérieur à celui des chiffons. Il dépose un brevet pour la fabrication de pâte à papier à base de bois de feuillus. Mais, contrairement au chiffon, le bois ne contient pas seulement de la cellulose. Le papier obtenu à partir de la pâte à bois n'a ni la résistance, ni l'esthétique des papiers chiffons. La mécanisation s'intensifie : défibreur de pâte mécanique et raffineur conique font leur apparition, mais la qualité du papier fabriqué à partir de la pâte à bois n'est pas satisfaisante.

Plus tard, le traitement de la pâte avec des produits chimiques la débarrasse des composantes dérangeantes du bois. En 1854, en Angleterre, de la pâte chimique à la soude est fabriquée pour la première fois, grâce à Burgess et Watt (États-Unis). En 1867, Tilghman (États-Unis) met au point la pâte chimique au bisulfite, débarrassée des composantes dérangeantes du bois. En 1879, grâce à Dahl (Allemagne), la pâte Kraft (soude et sulfure de sodium) fait son apparition. Depuis, l'industrie papetière n'a cessé d'améliorer la mécanisation des étapes, la taille et la vitesse des machines, la qualité et la diversité des papiers. Aujourd'hui, la matière première est issue du bois (papier recyclé compris) pour environ 90 à 94 % de la production, le restant étant constitué par divers végétaux : coton, lin, paille…

Le vocabulaire lié au papier ne vous est pas tout à fait inconnu : grammage, bouffant, papier journal, couché, papier sans bois… Cependant, quelles notions ces mots recouvrent-ils exactement ? La connaissance du papier passe obligatoirement par celle de sa composition, de la fabrication des pâtes, de la fabrication du papier lui-même et du vocabulaire approprié, ce que nous allons étudier dans ce chapitre.

La matière première : le bois

Pour produire la pâte à bois utilisée pour fabriquer les papiers industriels, les deux familles d'arbres, feuillus et résineux, sont utilisées car elles possèdent des propriétés différentes et complémentaires.

Les résineux ont un feuillage persistant (pin, sapin, épicéa…) et leur bois tendre donne des fibres longues, de 2 à 5 mm, et d'un diamètre de 20 à 50 µm, conférant au papier des qualité mécaniques et de résistance. Les feuillus ont un bois dur (bouleau, peuplier, charme, châtaignier…) qui donne des fibres courtes, de 0,8 à 1,3 mm, et d'un diamètre de 15 à 30 µm de diamètre, conférant au papier des qualités d'opacité, de stabilité et de meilleur lissé. (L'eucalyptus employé en industrie papetière a un bois dur à fibres courtes qui, avantage énorme, grandit en 8 ou 10 ans alors qu'il en faut 30 à 40 ans aux résineux et 25 ans aux feuillus.)

Les pâtes qui servent à fabriquer le papier sont constituées de fibres de l'une ou l'autre des catégories d'arbres ainsi que de mélanges, dans des proportions variables, de fibres de résineux et de fibres de feuillus.

Tous les végétaux contiennent de la cellulose, substance fibreuse qui entre dans la fabrication du papier. Les chiffons de lin, de chanvre et plus tard de coton, matière première de la pâte à papier avant l'introduction du bois, sont constitués entièrement de cellulose. Cette matière donne de très beaux papiers, résistant bien au temps.

En revanche, le bois ne contient pas que de la cellulose. Sa composition est complexe.

– La cellulose représente 40 à 50 % du bois ; ses fibres forment des fibrilles. Elle est résistante à la chaleur, aux solutions alcalines diluées et aux acides.

– Les hémicelluloses, dont les fibres, plus courtes, enrobent les fibrilles, entrent pour 20 à 35 % dans la composition du bois.

– La lignine maintient les fibres entre elles assurant ainsi la rigidité des végétaux. Mais elle se dégrade à la lumière, entraînant la détérioration du papier car elle entre pour 20 à 30 % dans la composition du bois.

On trouve enfin dans le bois des sels minéraux, tanins et résines qui doivent être éliminés.

La pâte mécanique

Cette pâte, la plus rustique de toutes, est composée de fibres longues de résineux. Elle est obtenue grâce à des procédés mécaniques de râpage qui dégradent les fibres. Les principales composantes du bois – cellulose, hémicelluloses et lignine – y sont présentes. Son rendement est élevé (98 %) et son prix assez faible.

Le procédé de fabrication est à peu près le suivant : mise en rondins, écorçage des rondins, râpage avec de l'eau sous pression, épuration et enfin blanchiment. La pâte donne du bouffant, c'est-à-dire du volume, et une bonne opacité au papier – propriété importante pour les papiers de petits grammages. Cependant, le papier vieillit vite : la présence de lignine le rend jaune, rigide et cassant.

Pure cellulose 100 % de cellulose dans le cas de papier chiffon.

Papier sans bois La pâte chimique contient au moins 95 % de cellulose.

Papier avec traces de bois La pâte contient de 20 à 40 % de pâte mécanique ou thermomécanique.

Papier avec bois La pâte contient de 40 à plus de 70 % de pâte mécanique ou thermomécanique.

La pâte thermomécanique

Elle est fabriquée à partir de copeaux de bois de résineux et de feuillus. L'apport de chaleur fait dissoudre une partie des hémicelluloses et de la lignine qui se ramollit à 130 °C. Son rendement est bon et son prix assez faible.

Le procédé de fabrication se déroule ainsi : écorçage des rondins, mise en copeaux, préchauffage, passage dans des raffineurs à disques avec de l'eau chauffée à la vapeur, lavage, épuration, filtration. Les fibres sont moins détériorées que dans le procédé précédent. Le papier obtenu à partir de cette pâte résiste bien au temps, car une partie de la lignine et des hémicelluloses a été supprimée.

La pâte chimique

Deux pâtes résultent de l'utilisation de deux produits chimiques différents qui permettent l'élimination par dissolution de la quasi-totalité de la lignine et des hémicelluloses.

Le procédé de fabrication est identique pour l'une ou l'autre pâte : écorçage, mise en copeaux et cuisson de ceux-ci dans des réacteurs cylindriques appelés « lessiveurs », à température élevée et sous forte pression, en présence de produits chimiques (la liqueur blanche) différents selon le type de pâte. Le rendement est de l'ordre de 52 % et le prix élevé. Selon le temps de cuisson, on obtient des fibres plus ou moins brunes. Les pâtes peuvent être blanchies ou écrues.

Les papiers fabriqués à partir de la pâte chimique, appelés « sans bois », comportent 95 % de cellulose. Ils sont beaux, solides, plus blancs et résistent au jaunissement.

Pâte au sulfate ou au sulfite

Un procédé au sulfate, le procédé Kraft, donne une pâte obtenue à partir de fibres de résineux ou de feuillus. Actuellement, 90 % de la pâte chimique est fabriquée ainsi. Le papier obtenu peut manquer un peu de main et d'opacité (voir plus loin), mais il est résistant, tel le papier Kraft fabriqué avec cette pâte écrue non blanchie, obtenue à partir de fibres longues de résineux. La pâte au bisulfite est plus facile à raffiner ; moins résistant que celui qu'on obtient avec une pâte à la soude, le papier offre des fibres plus souples. Cette pâte est moins utilisée, car elle est polluante et chère.

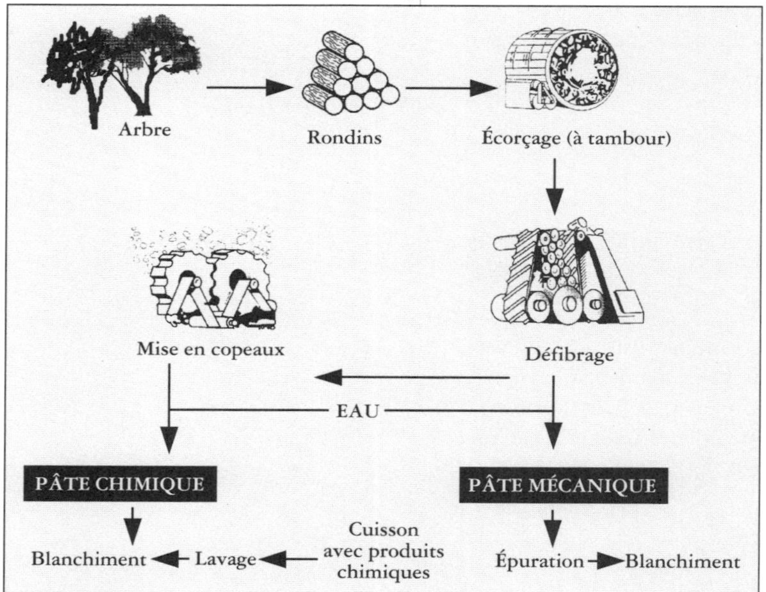

Fabrication des pâtes mécaniques et chimiques.

La pâte chimique thermomécanique

Le procédé de fabrication de cette pâte employée surtout pour le papier, le carton d'emballage et les couchés de faible grammage (voir plus loin), emprunte à ceux des pâtes thermomécanique et chimique. Les deux types de familles d'arbres sont utilisés pour la produire.

Le procédé est facile à imaginer : écorçage, mise en copeaux, cuisson avec des produits chimiques, lavage, filtration. Le rendement, fonction de la qualité des produits chimiques et du temps de cuisson, varie entre 60 et 90 %. Le papier fabriqué est plus blanc que celui qu'on obtient avec les pâtes mécaniques et thermomécaniques. Il jaunit moins rapidement, mais perd du bouffant et de l'opacité.

La pâte de récupération

Fabriquée à partir du recyclage des papiers vierges ou imprimés, elle est de plus en plus employée.

Le procédé consiste à récupérer de vieux papiers, à les trier pour enlever les couvertures, les agrafes, etc., et à les désencrer. La pâte ainsi obtenue sert généralement à fabriquer du carton et du papier impression écriture. Pour ce dernier cas, elle subit des opérations supplémentaires de lavage et de blanchiment. Cette pâte donne de l'opacité au papier, mais la qualité est variable et ses caractéristiques mécaniques plus faibles. Le recyclage peut intervenir jusqu'à cinq fois. Chaque traitement fractionne les fibres, qui finissent par être évacuées avec l'eau.

Certains papiers, comme le papier journal, peuvent être fabriqués entièrement avec de la pâte de récupération. D'autres résultent d'un mélange, en proportions variables, de fibres de récupération et de fibres vierges.

Les expressions « papier avec bois », « avec traces de bois » ou « sans bois » sont liées à la présence d'hémicelluloses et surtout de lignine propre à la nature du bois (ligneux). Un papier « avec bois » est fabriqué avec une pâte comportant jusqu'à 70 % de pâte mécanique ou thermomécanique, qui contiennent l'une et l'autre de la lignine et des hémicelluloses.

Les pâtes sont souvent désignées par le sigle de leur nom en anglais ou en français :
- pâte thermomécanique : TMP ou *Thermo Mecanic Pulp* ;
- pâte chimico-thermomécanique : CTMP ou *Chimical Thermo Mecanic Pulp* ;
- pâte de papiers recyclés : FCR ou fibres cellulosiques de récupération.

Le mélange de ces pâtes, combinant qualités et défauts des unes et des autres et des coûts de fabrication, très variés du fait de l'importante différence de prix entre pâtes chimiques et mécaniques, permet de répondre à toutes sortes de besoins. Ainsi, pour fabriquer un couché LWC (voir plus loin), un papetier ajoute à la pâte thermomécanique de sa fabrication de la pâte chimique déshydratée achetée à un confrère.

Les traitements des pâtes

En dehors des quelques opérations déjà citées, les pâtes subissent encore d'autres traitements avant leur introduction dans la machine à papier.

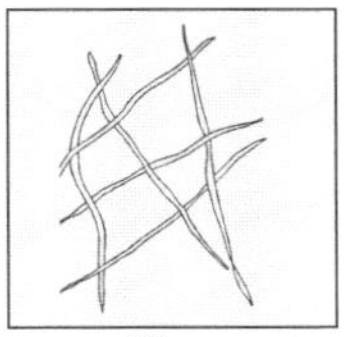

Fibres non raffinées.

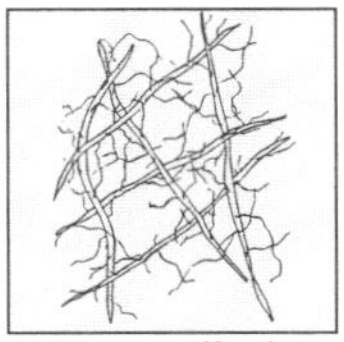

Fibres raffinées.

Le raffinage

Cette opération commune à la fabrication des pâtes avant leur arrivée dans la machine à papier consiste à rompre mécaniquement les fibres de la cellulose afin de les faire gonfler et multiplier. Les liaisons entre les fibrilles s'en trouvent facilitées. Selon les propriétés du papier que l'on désire obtenir, la pâte est plus ou moins raffinée. Un raffinage important donne au papier une meilleure imprimabilité, mais lui fait perdre de la main, de l'épaisseur et de la stabilité.

Un raffinage particulièrement important de la pâte chimique permet d'obtenir des papiers très minces et/ou transparents comme le calque.

BEF *Bleach Effluent Free*. La cuisson des pâtes se fait en circuit fermé. Il n'y a pas de rejets de blanchiment.

ECF *Elemental Chlorine Free*. Sans chlore gazeux. La pâte est blanchie à l'aide d'un combiné d'oxygène, de peroxyde d'hydrogène et de dioxyde de chlore.

Le blanchiment

Le blanchiment des pâtes chimiques est aujourd'hui la principale cause de pollution. Pour obtenir des papiers blancs, il faut blanchir plus ou moins les pâtes. Jusqu'en 1985, le chlore gazeux, substance dont les rejets sont très polluants pour la faune et la flore, était utilisé à cette fin. Aujourd'hui, les producteurs de papiers proposent

TCF *Totaly Chlorine Free*. Sans chlore. La pâte est blanchie à l'aide d'oxygène, de peroxyde d'hydrogène et d'ozone. Le procédé est plus onéreux que l'ECF.

Masse Pâte déposée dans le premier élément de la machine à papier, la caisse de tête, avant la formation de la feuille.

des moyens nouveaux, moins, voire non polluants. Les papiers issus de pâtes fabriquées en tenant compte de la protection de l'environnement portent des dénominations liées au traitement spécifique qu'elles subissent.

Voyons maintenant les matières non fibreuses qui, selon la destination du papier, peuvent être introduites dans la masse.

Charges et adjuvants

Les charges sont des pigments minéraux assez blancs, réduits en poudre. Ils sont destinés à modifier les qualités du papier, en lui donnant plus de blancheur, d'opacité, de stabilité et de qualités mécaniques. Inversement, ils rendent plus difficile le désencrage lors de la fabrication des pâtes de récupération.

Les adjuvants – produits de collage (amidons, résines synthétiques), certains adhésifs, des antifongiques, des colorants – sont destinés à apporter au papier des qualités spécifiques. Selon leur nature, ils sont introduits dans la masse avant la formation de la feuille ou déposés sur l'une ou les deux faces du papier, qu'il soit sec ou humide.

Pigments minéraux et minerai

Les pigments minéraux les plus utilisés et d'un prix raisonnable sont le kaolin (silicate d'aluminium hydraté), le talc (silicate de magnésium hydraté) et le carbonate de chaux.
Le dioxyde de titane, minerai extrait par électrolyse, possède un haut pouvoir de réflectance qui apporte une grande opacité au papier et de la stabilité. D'un coût élevé, il est utilisé pour les papiers haut de gamme.

La fabrication du papier

Quel que soit le type de pâte fabriquée, les étapes de la fabrication du papier sont semblables. Le traitement subi ensuite par le papier le place dans une catégorie papetière particulière. Voici l'occasion de découvrir le vocabulaire spécifique.

La machine à papier

Remarques

Il faut 10 tonnes d'eau environ pour faire 100 kg de papier.

Lors de l'impression, mieux vaut dans la mesure du possible disposer les plis des documents parallèlement au sens fibres du papier.

La « pâte », constituée de 1 % de fibres pour 99 % d'eau, entre dans la machine à papier par une cuve située à son début et appelée, pour cette raison, « caisse de tête ».

La pâte se répand sur un tapis passant en continu et constitué d'une toile métallique ou de fils synthétiques. Cette « toile » est animée de mouvements vibratoires. Sa largeur, qui peut atteindre 10 m, donne la largeur du papier fabriqué, la laize.

La pâte sort de la caisse de tête, elle est ensuite égouttée : une grande partie de l'eau passe au travers de la toile. Les fibres se pressent les unes contre les autres, formant un matelas humide, et se placent, presque naturellement, parallèlement au sens de la marche du tapis. C'est le « sens marche » ou « sens fibres » du papier, celui dans lequel sa tenue est la meilleure.

Les fibres longues et grosses se placent en dessous du matelas fibreux sur la toile. Cette face du papier est le côté toile. Les fibres plus petites et plus courtes se placent au-dessus du matelas fibreux, c'est le côté feutre. C'est à cet endroit que grammage et épair se forment. Le côté toile du papier, plus rugueux, présente une moins bonne imprimabilité que le côté feutre.

Grammage Poids du papier au m² avant les dépôts en surface de colle, pigments minéraux... En relation avec l'épaisseur de la pâte et la vitesse de la machine à papier.

Épair Aspect du papier par transparence. Il donne une idée de l'homogénéité du matelas fibreux.

La structure des fibres ne permet pas de garantir un grammage de papier constant, c'est pourquoi des tolérances, jusqu'à 4 % selon le grammage du papier, sont admises, d'autant plus que le poids du papier peut varier selon les conditions atmosphériques.

En fin de toile, une bande de papier très fragile entre, aspirée et guidée par un feutre passant en continu sur des cylindres, dans la section des presses humides. C'est le pressage ; chaque presse est destinée à réduire la quantité d'eau contenue dans la bande de papier. Puis la bande de papier pénètre dans la sécherie, constituée de deux séries d'une dizaine d'énormes cylindres métalliques chauffés à la vapeur. Elle en sort avec une humidité « normale », de l'ordre de 5 à 7 %, pour être enroulée sur un cylindre, appelé « mandrin ». La grosse bobine est ensuite reconditionnée en bobines plus petites ou déroulée et découpée en feuilles rectangulaires.

Machine à papier. Papeterie Chapelle d'Arblay.

Avant d'aborder les fabrications spécifiques qui donnent leurs noms aux papiers, voyons maintenant tous les types de traitements que les papiers peuvent subir.

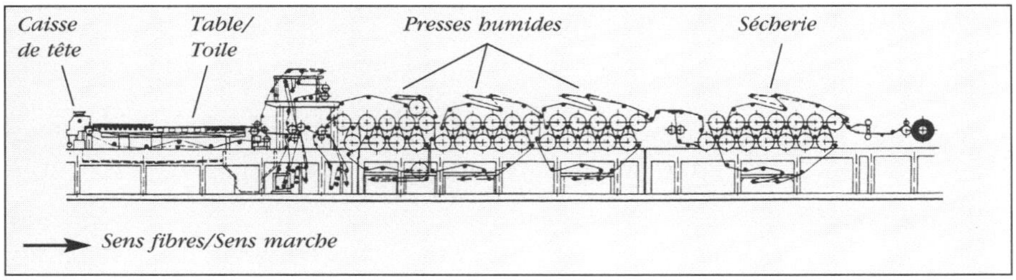

Croquis d'une machine à papier.

Les traitements de surface

Remarque

Les traitements de lissage et de calandrage font perdre de la main aux papiers.

Le principe du lissage par pression, en général pour gagner en imprimabilité, se présente ainsi : le papier passe entre deux cylindres au moins qui sont parfois chauffés. Mais les notions de lissage et de calandrage ont évolué et l'on trouve aujourd'hui des dénominations comme : lisse, soft calandrage et supercalandrage... La différence entre ces traitements tient au nombre de passages du papier entre des cylindres chauffés ou non, à la température desdits cylindres, à leur dureté ou à la pression exercée.

Le lissage

Avant le bobinage, la plupart des papiers non couchés (voir plus bas) subissent, en bout de machine à papier, un traitement de lissage qui les compresse et améliore leur imprimabilité jusqu'à un certain point. La lisse dans laquelle ces papiers passent est composée de deux rouleaux durs. Le papier est dit « apprêté ».

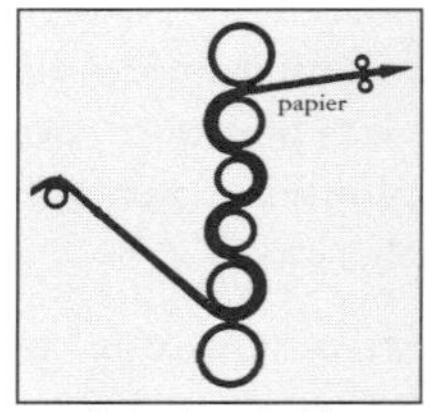

Principe du lissage.

Le calandrage

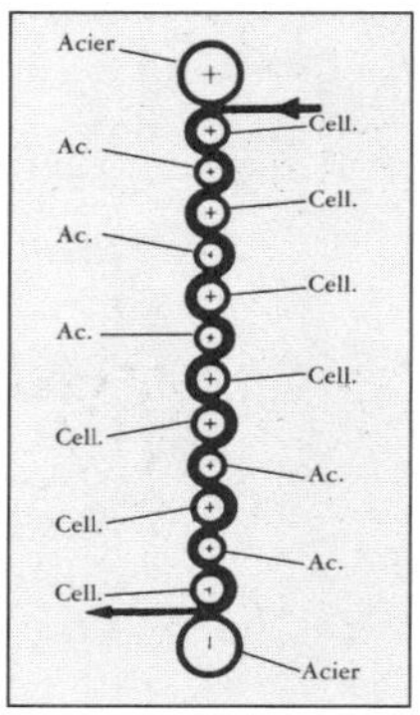

Principe du calandrage.

Dans le cas du soft calandrage, le papier passe, en sortie de la machine à papier, entre des cylindres durs et mous recouverts d'un revêtement en élastomère et chauffés. Le lissage s'en trouve amélioré.

Le supercalandrage est effectué hors machine à papier et hors coucheuse. La super calandre est composée de 12 à 15 cylindres chauffés, en acier et élastomère alternativement. Les super calandres récentes sont équipées de deux cylindres polymères et chauffent très fortement le papier. Les papiers passés en super calandre, s'ils sont utilisés en bobine, doivent être imprimés obligatoirement sur des rotatives équipées de sécheurs.

Selon la technique de calandrage utilisée, le papier porte des noms différents :
- satiné : fortement pressé et frictionné, son imprimabilité et son lissé sont supérieurs à ceux d'un papier passé en lisse ;
- frictionné : une face du papier est traitée sur un grand cylindre chauffé et l'autre laissée brute. Les supports ainsi produits sont utilisés pour les enveloppes, affiches, étiquettes...

Pour obtenir des aspects de surface mat, demi-mat ou brillant sur les papiers couchés, il faut les faire passer, après leur couchage, dans une super calandre qui leur donne un satinage plus ou moins poussé. Certains papetiers ne calandrent pas du tout le papier mat.

Les familles papetières

La catégorie papetière des papiers impression écriture compte cinq classes comportant chacune des papiers spécifiques :

- journal et journal amélioré ;
- magazine non couché ;
- magazine couché (type LWC) ;
- autres papiers non couchés ;
- autres papiers couchés.

Mais on distingue essentiellement, pour ces papiers d'impression, deux grandes familles : les papiers couchés et les papiers non couchés. Chacune d'elles comporte des papiers de presse. Les types de fabrication sont présentés ici par ordre croissant d'amélioration de leur imprimabilité, exception faite pour les papiers minces reportés en fin de section.

Rappel

Les traitements de surface et les dépôts de charges améliorent l'imprimabilité du papier, on l'a vu, mais lui font perdre de la main, c'est-à-dire de l'épaisseur.

Les papiers non couchés

Le bouffant

Fabriqué avec une pâte avec ou sans bois, ce papier sort directement de la machine à papier sans subir de traitement : rien n'est déposé sur ses faces, l'étape du passage en lisse a été neutralisée, il est brut.

Sa qualité essentielle réside dans sa main et son volume, son principal défaut dans son imprimabilité médiocre due au fait que les fibres sont anarchiques et que l'encre y voyage. Il peut contenir un peu de charges dans sa pâte, il est alors pigmenté ; ou être légèrement lissé, sa main est alors inférieure à celle du bouffant brut.

Il est surtout utilisé pour imprimer des ouvrages de littérature générale ne comportant que du texte, des bandes dessinées de médiocre qualité ou n'importe quel document en couleur pour lequel « l'aspect naturel » est volontairement recherché ; mais un bouffant haut de gamme, sans bois, reste esthétiquement inégalé. La fourchette des grammages utilisés se situe entre 45 et 90 g, selon qu'ils sont avec ou sans bois.

Le journal

Le papier journal standard peut comporter une forte proportion de pâte mécanique ou bien 100 % de pâte recyclée. Sans charges ni agents de collage, il est simplement passé en lisse, ou apprêté.

Le papier journal amélioré contient un peu plus de pâte chimique. Sa blancheur a été améliorée (synonyme *Bright*).

Ces deux variétés sont utilisées surtout pour la presse, les annuaires et les produits imprimés en rotative sans sécheur. Le papier journal amélioré est également utilisé pour la littérature générale accompagnée de dessins au trait. L'imprimabilité du journal est supérieure à celle du bouffant. Les grammages varient de 45 à 60 g en général, de 34 à 36 g pour les annuaires.

Le satiné, ou SC (supercalandré)

C'est un papier journal amélioré qui a subi un calandrage poussé. Lorsqu'il est destiné à l'impression en héliogravure, il se nomme « satiné hélio ». L'héliogravure, qui permet de reproduire de « belles couleurs », autorise l'utilisation de papiers dont les coûts ne sont pas trop importants.

Le satiné est utilisé pour la grande distribution : catalogues, mailings, encarts publicitaires à très gros tirages qui demandent un papier très homogène. Les grammages courants varient de 45 à 60 g.

L'offset

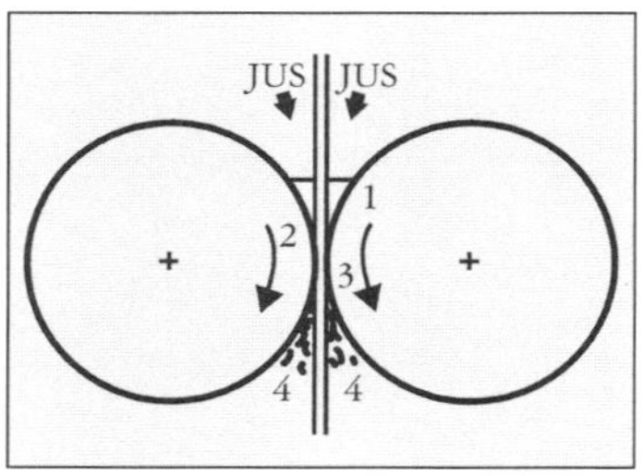

Principe de la size-press : les agents de collage et autres additifs sont déposés sur la surface de la feuille.

Sa pâte peut être avec ou sans bois, de récupération ou un mélange. Des éléments sont ajoutés dans la masse pour améliorer les caractéristiques de blancheur et d'opacité. On peut ajouter des pigments blancs ou colorés pour les papiers offset de couleur.

Ce papier est collé en surface dans une presse encolleuse (size-press). C'est même sa spécificité car il a vu le jour lorsque le procédé offset s'est développé, réclamant l'utilisation de supports capables de résister à l'humidité de l'eau de mouillage (voir chapitre 5). Il est ensuite apprêté, passé en lisse ou satiné, passé en calandre. Ce papier, dont l'utilisation actuelle n'est pas limitée à l'impression offset, possède une bonne stabilité dimensionnelle et une solidité de surface convenable.

Tout le papier bureautique et écriture (blocs, agendas, etc.) ainsi que les étiquettes et les enveloppes sont fabriqués avec du papier offset. En tant que support d'impression, ce papier est utilisé pour traiter, dans une bonne qualité, des documents avec des similis, deux couleurs ou de la quadrichromie pour des journaux d'entreprise ou des petits documents de communication n'exigeant pas un très bon rendu de qualité. Les imprimés administratifs – feuilles d'impôts, de taxes diverses, etc. – sont produits sur du papier offset. Les grammages standard vont de 60 à 120 g. L'offset mince n'entre pas dans cette catégorie.

Le magazine offset

Ce papier peut comporter une forte proportion de pâte mécanique ou bien 100 % de pâte recyclée. Collé dans la masse ou en surface à l'aide d'une presse encolleuse, comme le papier offset, il est satiné. Le couché LWC (voir plus loin) entre également dans cette catégorie.

Le papier magazine est surtout utilisé pour l'impression des journaux, des magazines et des produits de grande distribution.

L'offset pigmenté

Des pigments minéraux en faible quantité, 8 g par face et par m^2, sont ajoutés aux agents de collage, afin d'améliorer l'imprimabilité et la stabilité de ces offsets qui sont parfois considérés comme des papiers couchés.

Bien que leur qualité n'atteigne pas celle du couché, ils permettent d'imprimer en quadrichromie brochures, magazines, catalogues, dépliants publicitaires ou encyclopédie de façon très acceptable. Les grammages standards de ces papiers s'échelonnent de 57 à 120 g.

L'offset mince

De faible grammage, ce papier haut de gamme sans bois voit son opacité renforcée grâce au dioxyde de titane.

Les utilisations sont variées : notices cosmétiques, pharmaceutiques et industrielles, livres de très forte pagination : collection « La Pléiade », ouvrages juridiques et religieux mais aussi annuaires professionnels.

Les grammages les plus utilisés varient de 32 à 50 g

Les papiers minces ou techniques

Appartenant à l'origine à une catégorie douanière, ces papiers étaient caractérisés par leur poids qui ne devait pas dépasser 40 g. C'est le cas des papiers pelure, de soie et bible. Pour ce dernier, les grammages sont de 22, 28 et 33 g.
La pâte à papier est toujours très raffinée, le raffinage provoque des liaisons entre les fibrilles de la cellulose. La volonté de baisser le poids des documents en quadrichromie a fait émerger des papiers de 22 à 60 g, utilisés en impression offset seulement : en feuilles à partir de 40 g et en rotative pour tous les grammages proposés. Les papiers destinés à l'héliograveur sont très lisses. La forte compression demandée pour arriver à cet effet est contradictoire avec la fabrication des papiers minces.
Si leur poids constitue un avantage certain, leur coût est très élevé : de 30 à 48 % de plus que celui d'un couché du type LWC. Cela a plusieurs raisons : ils sont constitués de pâte chimique et les faibles grammages sont difficiles à fabriquer et plus le grammage est faible plus le coût est important, enfin, le dioxyde de titane utilisé dans leur fabrication pour pallier leur manque d'opacité n'est pas bon marché.
Ces papiers sont très intéressants pour les mailings et les catalogues : il est possible d'insérer plus d'imprimés dans une enveloppe pour le même poids ou de passer dans une tranche de tarification postale inférieure. Le coût de l'envoi d'un catalogue par la poste, proportionnel à son poids, représente entre 40 et 50 % du coût de fabrication. Selon l'utilisation, la limite de la charge d'encre acceptée pour le grammage de ces papiers est la transparence.

Les papiers couchés

Une « sauce » de couchage composée de pigments minéraux (voir précédemment) finement broyés est déposée avec un liant adhésif et différents additifs en une, deux ou trois couches plus ou moins épaisses sur l'une ou sur les deux faces du papier.

Cette couche de pigments améliore beaucoup l'état de surface du papier en lui donnant de la stabilité et une très bonne imprimabilité. Elle peut être déposée en ligne après la machine à papier (couché machine) ou hors machine à papier. Le liant est différent selon le procédé d'impression prévu, plus souple pour l'impression héliographique que pour l'impression offset. D'autres éléments peuvent également être mis dans la sauce de couchage : par exemple, des azurants optiques en faible quantité pour augmenter la blancheur.

Le papier couché est le support privilégié de la quadrichromie. Il en existe de nombreuses variétés, que l'on peut distinguer en général par leur composition fibreuse (avec bois, traces de bois ou sans bois), la quantité de couche déposée par face (léger, moyen, moderne, classique) et leur aspect de finition (mat, semi-mat, brillant) qui dépend d'un calandrage plus ou moins poussé.

LWC/couché léger

La pâte de ce couché contient une forte proportion de pâte mécanique. La couche de pigment ne dépasse pas 8 à 10 g par face et par mètre ; elle est déposée à l'aide d'une coucheuse en ligne.

Il est employé pour des documents fortement encrés et dans des bas grammages (surtout le 57 g) pour la presse, les magazines de vente par correspondance et la publicité. Les grammages proposés vont de 51 à 70-72 g, exceptionnellement 45 et 48 g.

Les papiers de presse

Les papiers de presse sont tous avec bois :
- journal amélioré ;
- supercalandré ou satiné ;
- magazine offset ;
- LWC (*Light Weight Coated*), jusqu'à 70 g ;
- MWC (*Medium Weight Coated*), au-delà de 70 g, deux couches ;
- HWC (*High Weight Coated*), couché lourd, grammage plus élevé que le MWC, sans qu'il soit possible d'obtenir des papetiers des informations convergentes ;
- MFC (*Machine Finished Coated*), couché fini machine ;
- FCO (*Film Coated Offset*) papier couché par enduction.

Les types et grammages les plus utilisés sont le SC de 52 à 56 g et le LWC de 57 à 60 g.

Le couché moderne

Le poids de couche par face et par m^2 de ce couché est compris entre 15 et 25 g. Sa pâte peut être sans bois, chimique ou bien contenir une faible proportion de pâte thermomécanique avec traces de bois. La couche, plus épaisse que celle du couché précédent, améliore l'imprimabilité et l'opacité.

Le couché moderne dont la pâte contient des traces de bois risque de jaunir dans le temps. Mais si le document est destiné à une vie très courte… Il est surtout employé pour l'impression de documents de communication en quadrichromie : brochures publicitaires, catalogues, rapports de bilan, encarts, encyclopédies, couverture de magazines, livres. Les grammages standard vont de 80 à 135 g.

Le couché classique

Ce papier est toujours sans bois. Son poids de couche par face et par m^2 est supérieur à 25 g. L'importance de sa couche lui confère une excellente imprimabilité et sa composition fibreuse garantit sa blancheur pour longtemps.

Ce papier luxueux est surtout employé pour l'impression de documents de communication : plaquettes publicitaires, catalogues d'exposition, beaux livres. Les grammages proposés varient de 115 à 200 g.

> **Remarque**
> Le couché moderne et le couché classique ne doivent pas être confondus avec les papiers de presse : les pâtes et le procédé de dépose des couches sont différents.

Le couché mince

Son grammage est faible, de 22 à 60 g, et la composition de sa pâte uniquement chimique. Sa couche contient du dioxyde de titane, pigment exceptionnel qui renforce l'opacité. Il est utilisé pour les mailings, les brochures, les encarts, certains catalogues de vente par correspondance, les encyclopédies et certains livres scolaires.

Au-delà de 220 g et jusqu'à 300 g, on parle plutôt de « cartes couchées ». Elles comportent de la couche sur une ou deux faces. Les cartes couchées une face sont surtout employées pour les couverture et les dossiers.

L'aspect de finition des couchés

Le couché mat, en sortant de la coucheuse, ne subit pas de calandrage ou en subit un très faible. Les pigments minéraux qui forment la couche, pas ou peu écrasés, lui donnent un aspect mat car les rayons lumineux sont absorbés par l'irrégularité de cette couche. Le papier est bien blanc, sa main est bonne, mais il peut, s'il est imprimé sans précaution, présenter des difficultés au séchage, ce qui provoque des salissures. C'est pourquoi il est souvent nécessaire de passer un vernis de protection lors de l'impression. Il est surtout choisi pour son esthétique : le contraste entre les encres brillantes et le support mat est très attirant.

Le couché 1/2 mat, en sortant de la coucheuse, subit un calandrage moyen qui écrase légèrement la couche. Le papier perd un peu en blancheur, car le passage en calandre

Remarque

L'aspect de finition du couché n'a rien à voir avec la composition de la pâte qui a servi à le fabriquer.

fait griser le support, et en main, mais il gagne en imprimabilité. Cela peut être un bon compromis.

Le couché brillant, en sortant de la coucheuse, subit un fort calandrage qui écrase fortement la couche. Les rayons lumineux sont renvoyés par cette surface lisse. Le couché a encore perdu de la blancheur et de la main, mais il a beaucoup gagné en imprimabilité. Si on aime l'effet brillant, c'est sur ce couché que le rendu d'impression est le meilleur.

À côté de ses qualités, le couché présente en général quelques défauts dont il faut tenir compte. Comme il est difficile à plier dans les forts grammages, surtout le couché mat, il faut le rainer, c'est-à-dire écraser les fibres à l'endroit de la pliure. Il est aussi plus difficile à coller pour les dos carrés collés. Une carte routière, par exemple, destinée à être pliée et dépliée de nombreuses fois, ne doit pas être imprimée sur du couché mais sur de l'offset spécialement traité pour éviter que la couche se casse rapidement et que la carte parte en morceaux.

Quelques règles pour choisir son papier

Certaines machines offset feuilles acceptent des grammages de papier à partir de 40 g, mais, en dessous de 60 g, l'opération est délicate. En rotative offset, les papiers doivent correspondre aux caractéristiques de la presse : être prévus pour une impression avec ou sans sécheur.

Il est indispensable de préciser au papetier l'usage prévu pour le papier car, selon les procédés d'impression, les couches ne sont pas les mêmes : l'héliogravure a besoin de papiers très lisses, alors que, pour l'impression offset, la couche doit pouvoir résister à la viscosité de l'encre sans s'arracher.

Les papiers spéciaux

Les papiers pour la reprographie, la bureautique, l'impression numérique couleur, l'impression au laser, les supports transparents, les étiquettes, les enveloppes, l'impression en sérigraphie, les supports pour PLV, les enseignes et les stands, les vinyles, les autocopiants, les calques, les bristols, les papiers de création, etc., subissent des traitements spécifiques.

Les techniques destinées à singulariser le papier ou à lui donner des propriétés particulières sont nombreuses. Pour donner de l'imperméabilité, par exemple, on peut utiliser le dépôt de paraffine. Pour obtenir un aspect très brillant, on dépose une couche minérale par moulage en exerçant sur un papier de bonne épaisseur une pression très forte contre un cylindre chauffé à la vapeur. Cette couche est suffisamment souple pour permettre les traitements ultérieurs.

Certains papiers présentent des textures particulières dont les effets sont provoqués par des techniques qui s'appliquent sur la pâte humide ou sur le papier sec. Des rouleaux marqueurs impriment sur le papier, en filigrane et donc visibles par transparence, des motifs divers, des lignes verticales pour le papier vergé par exemple.

Pour les papiers vélin, le papier passe dans des rouleaux de feutre. L'embossage est provoqué par des rouleaux de métal ou de plastique qui gravent, dans le papier sec, une face mâle et une face femelle afin de provoquer creux et reliefs. Ces techniques sont employées en particulier pour les papiers de création.

Embossage Technique consistant à pratiquer un marquage avec des formes mâle et femelle sur le papier afin de réaliser des motifs en creux ou en relief.

Le papier de création

Pour ce ou plutôt ces papiers, les aspects « matières » ou « effets » sont privilégiés par rapport à la qualité d'impression dont le niveau est, dans l'ensemble, assez semblable à celui du papier offset. Les effets sont rendus à l'aide de techniques d'embossage, de marquage au feutre, de dépôt de couches de couleurs métalliques, etc.

Ces papiers destinés à accrocher l'œil trouvent des utilisations multiples : cartes de vœux, d'invitation, couvertures et catalogues luxueux. Pour les utiliser, il faut prendre des précautions, demander au fournisseur des échantillons et des conseils techniques à propos de la réaction du papier en impression et au façonnage, voire, faire un essai d'impression.

Le papier numérique

En impression numérique, deux technologies principales sont en jeu : l'électrophotographie (toner sec ou toner dans un véhicule) et le jet d'encre (encre liquide). Le papier doit être choisi en fonction des exigences particulières de chacun de ces deux procédés. Il vaut mieux utiliser des papiers de 60 à 300 g qui tiennent compte des exigences de ce type d'impression. Les papetiers proposent d'ailleurs des gammes de papiers numériques offset et couchés.

Remarque

Le papier numérique doit avoir des propriétés électriques : un papier trop humide n'est pas assez chargé et, inversement, un papier trop sec l'est trop. Or, trop d'humidité intensifie les défauts d'impression.

En général, un papier trop lisse ne convient pas pour l'électrophotographie. De plus, il doit tenir compte des contraintes techniques, en optimisant l'adhésion des toners, la résistance aux chocs thermiques (passage au four) et l'état de surface, mais aussi en contrôlant l'humidité pendant la fabrication. Pour le jet d'encre, l'humidité doit être contrôlée et la couche des papiers couchés doit pouvoir résister à l'imprégnation de l'eau.

En dehors de ces considérations et selon l'effet recherché, un papier non traité spécialement ou de création peut convenir. Il est toutefois indispensable d'effectuer des essais d'impression. Ces papiers sont utilisés pour la bureautique et divers documents : brochures, dépliants, lettres d'information, couvertures, livres en petites quantités.

Remarque

En Australie et aux Pays-Bas, le papier synthétique est utilisé pour imprimer les billets de banque.

Le papier synthétique

Le papier synthétique est fabriqué à partir d'une base obtenue en transformant des granulés de polyéthylène, sur laquelle est appliquée une couche de pigments. Il n'a plus de papier que le nom. De 65 à 220 g, il s'imprime avec des encres normales et se plie comme un papier ordinaire, mais son temps de séchage est plus long et son prix est beaucoup plus élevé.

Conditionné en bobines ou en feuilles, il ne peut cependant pas être imprimé sur des presses rotatives avec séchage au four (voir page 111). Sa durée de vie est estimée à 200 ans, du fait de sa résistance et de son indéchirabilité.

Le papier synthétique est employé pour des documents en contact avec l'eau, les UV et des matières salissantes (cartes marines, étiquettes de fleurs, etc.), qui se plient et se déplient de nombreuses fois (cartes routières entre autres) ou qui sont fragiles (documents techniques, posters, par exemple).

Les papiers de sécurité

Ces papiers comportent dans leurs fibres ou dans leurs couches des éléments adjoints lors de la fabrication et normalement infalsifiables tels que des filigranes, des fils de sécurité, visibles à l'œil nu, simples ou en fenêtres holographiques, des plaquettes qui changent de couleur sous les UV ou selon l'orientation, des fibres fluorescentes, fibres étoilées, visibles sous UV, un couchage iridescent dont l'authenticité est vérifiable sous UV ou grâce à un agent chimique, un couchage résistant au grattage et au toner laser…

Leur utilisation est facile à déduire : billets de banque, papiers d'identité, bons divers, tickets restaurants…

Les tendances

Les papiers sont soumis aux effets de mode. Voici les tendances actuelles pour les papiers d'édition :

- plus blancs mais opaques ;
- plus volumineux (bonne main par rapport aux grammages) ;
- plus lisses (mieux calandrés) ;
- plus brillants pour les magazines.

Pour les papiers de création, tous les effets déjà connus se développent encore : gaufrage, marquage au feutre, filigranes personnalisés, couleurs nacrées, métallisées, etc., calques de couleur, papiers à l'aspect gommé, papiers à texture imitant le cuir, la feuille de tabac, les peaux d'animaux… et avec des odeurs.

Le carton

Pour les supports de communication imprimés, il sert surtout à confectionner les couvertures des documents cartonnés. Dans d'autres domaines, il est très employé comme matériau de conditionnement, élément de publicité sur les lieux de vente... Selon les utilisations, les procédés de fabrication sont différents.

Fabriqué à partir d'un seul jet de pâte, comme un papier ordinaire, il donne généralement des cartons bas de gamme. En deux ou trois jets, on obtient des cartons de grammages plus élevés. Dans ce cas, deux ou trois toiles sont montées sur la machine à papier, mais les trois couches fibreuses entrent ensemble dans une seule section feutre (ou presse humide) et une seule sécherie.

Pour les cartons très épais, la fabrication est à l'enrouleuse : quand la feuille sort encore humide de la section des presses humides (feutre), avant la sécherie, elle vient s'enrouler plusieurs fois autour d'un cylindre. Lorsque l'épaisseur de carton désirée est obtenue, des plaques sont coupées, comprimées et séchées ;

Les cartons duplex, triplex et multiplex sont composés de couches fibreuses hétérogènes. Par exemple, un carton duplex peut être composé d'une couche de pâte mécanique et d'une couche de pâte chimique.

Remarque

Pour le carton, on parle d'épaisseur et non de main. Exemple : 2 mm ou 20 dixième (20°), 2,4 mm, 3 mm...

Les plastiques et autres

PVC, pellicules... leur composition est diverse et leur épaisseur définie en microns.
La surface de ces matériaux étant fermée, l'encre reste à la surface des supports. Imprimés en offset, ils demandent des machines équipées de sécheurs UV. Ils s'impriment également en sérigraphie et en flexogravure.
En dehors du papier et du plastique, les principaux matériaux qui supportent des messages sont le tissu, le métal et le verre. Lorsqu'il s'agit de tissu ou de métal destinés aux supports de conditionnement, les procédés d'impression sont généralement l'héliogravure, la flexogravure et le numérique pour les petits tirages. Le verre est imprimé en sérigraphie.

Le choix du papier

L'objectif du donneur d'ordres est de sélectionner un papier dont le rapport qualité-prix convienne au produit et à son budget. Pour que son choix soit cohérent, il doit déterminer exactement ce qu'il attend du papier, avoir une idée assez précise de son comportement et pouvoir lire les fiches techniques. Côté prix, il faut savoir que :

- les papiers couchés sont plus chers que les papiers offset ;
- les papiers sans bois sont plus chers que les papiers avec bois ou traces de bois ;
- les papiers de couleurs sont plus chers que les papiers blancs ;
- les papiers de création et spéciaux sont beaucoup plus chers que les papiers couchés ;

Qui ?

Qui choisit ?

L'éditeur, le responsable de la fabrication, le responsable de la communication...

- les couchés brillants sont plus chers que les couchés semi-mat ou mat ;
- le papier en feuilles est plus cher que le papier en bobine ;
- les faibles grammages sont plus chers au kilo que les mêmes papiers dans un grammage supérieur.

Les qualités attendues

Comme cela a déjà été dit, les papiers sont traités en fonction des procédés d'impression et de façonnage ainsi que des encres. Selon leur utilisation, certaines qualités leur sont demandées :

- mécaniques : résistance à l'allongement, au déchirement ;
- de rotabilité : capacité à conserver dimension et état de surface lors de l'impression ou roulage ;
- d'imprimabilité : selon le procédé d'impression, la trame, les encres et le papier employés ;
- de main : bon rapport entre le grammage et l'épaisseur ;
- d'aptitudes au gaufrage, au pliage et au rainage.

L'aspect esthétique du papier, agréable ou spécial, ne doit pas non plus être négligé, car il contribue au désir de prendre le document en main. La fiche technique, l'examen d'échantillons de papiers déjà imprimés, le catalogue du papetier mettant en évidence les performances de ses produits, enfin, la présentation des nouveautés papetières dans les showrooms de grands distributeurs peuvent constituer une aide efficace.

Le respect du sens fibres

Le papier reste vivant, même emprisonné entre deux couches de pigments minéraux. Les variations de température, les tensions qu'il subit le font réagir. Les fibres gonflent sous l'effet de l'humidité et la dimension du papier augmente en largueur, sans subir trop de variations dans sa longueur (le sens fibres). Si les plis du dos d'un document sont disposés, lors de l'imposition (voir page 124), parallèlement au sens des fibres du papier, le repérage à l'impression et la qualité du façonnage sont meilleurs et le risque de cassure aux plis sur les papiers couchés est mieux contrôlé.

Le respect du sens des fibres est indispensable pour les couvertures, les gardes et les plats de carton des documents cartonnés (voir page 225). Sachez que pour les produits en dos carré collé, la colle pénètre mieux et le dos est moins fragile lorsque les plis sont dans le sens fibres.

Les précautions à prendre au façonnage

Le nombre de pages d'un cahier dépend de la qualité du papier et de son grammage. Sur un cahier comportant trop de pages par rapport au grammage du papier, des plissures, appelées « pâtes d'oie », apparaissent aux plis. Selon leurs équipements, les plieuses imposent des contraintes différentes pour les formats et le nombre de pages maximal au cahier. En cas de doute, il vaut mieux interroger le fournisseur.

Sur les produits brochés avec dos carré collé et cahiers non cousus, les papiers couchés et les encres peuvent entraîner des problèmes de qualité : la couche peut gêner la pénétration de la colle dont la composition peut être à son tour incompatible avec les pigments ou produits de certaines couches.

Comment lire une fiche technique ?

Les caractéristiques du papier figurant sur la fiche technique, fournie à la demande par le papetier ou l'imprimeur, peuvent être plus ou moins détaillées. Voici les informations principales que vous pourrez y lire.

- Format : des formats types sont proposés par le papetier lorsque le papier est acheté en stock (voir plus bas).
- Grammage du papier : il correspond à son poids au m^2.
- Épaisseur : il s'agit de celle d'une ou plusieurs feuilles de papier en microns (µm). Elle permet de calculer l'épaisseur du dos d'un document.
- Main : c'est le degré d'épaisseur d'un papier :
  épaisseur de la feuille de papier (µm)/grammage du papier au m^2.

  Elle peut permettre de calculer l'épaisseur de dos des documents, si l'épaisseur des feuilles de papier ne figure pas sur la fiche technique. On peut faire varier l'épaisseur du papier par raffinage, couchage ou passage en lisse ou en calandre. Les papiers qui ont les mains les plus élevées sont les papiers non couchés et non collés.

  La main est fonction de la famille papetière, de sa fabrication et de son grammage. Chez un papetier, un couché brillant de 135 g peut avoir une main de 0,75, le même papier en 200 g une main de 0,78. Voici quelques exemples :
    - bouffant : de 1,5 à 2,2 ;
    - journal : de 1,4 à 1,6 ;
    - offset : de 1,2 à 1,4 ;
    - couché mat : de 0,9 à 1,1 ;
    - couché 1/2 mat : de 0,85 à 1 ;
    - couché brillant : de 0,75 à 0,9.
- Opacité : pourcentage du flux lumineux réfléchi par une feuille de papier placée sur un fond noir par rapport au flux réfléchi par une liasse opaque de feuilles en présence d'un filtre vert.

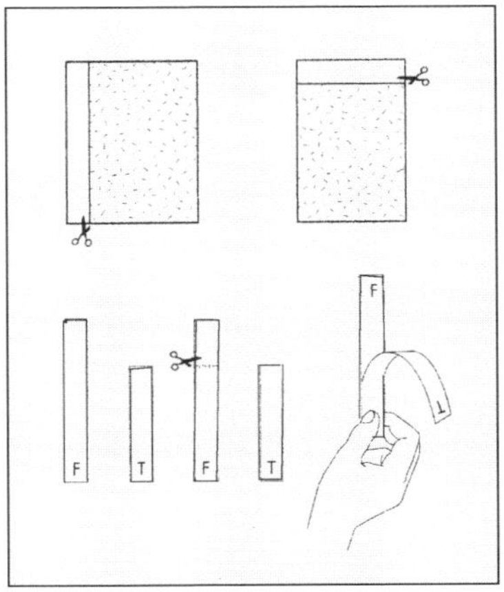

Pour tester le sens fibres, découpez une bande dans le sens fibre du papier puis une autre dans le sens travers, ramenez ensuite les deux bandes à la même hauteur. Agissez comme sur le croquis et constatez…

Remarque

Dans le langage courant, la main signifie aussi la tenue du papier.

- Lissé : l'état de surface est mesuré en Bekk, ou temps d'écoulement en secondes d'un certain volume d'air entre une surface polie et le papier testé. La mesure établit la moyenne des deux faces.
- Blancheur : pourcentage du flux lumineux réfléchi par le papier par rapport au flux réfléchi par un diffuseur parfait (dans le bleu).
- Avec bois, traces de bois, sans bois : ces mentions indiquent la proportion de pâte mécanique (ou son absence) dans la composition de la pâte.
- SM : signifie « sens marche », « sens machine » (sens fibres).
- ST : signifie « sens travers » (dans la laize).

Les papiers sont soumis à des tests qui permettent de déterminer leurs propriétés mécaniques – allongement, rupture, déchirure, éclatement, pliage, rigidité – et leurs propriétés d'imprimabilité – transfert de l'encre, contraste, perception au verso, arrachage, peluchage, porosité à l'encre, maculage, stabilité dimensionnelle, comportement dans le temps...

Adapter le papier au document

Pour déterminer le type de papier à acheter, il faut tenir compte du type de document à reproduire : s'agit-il de texte seul, de texte accompagné d'illustrations en simili, d'un document en deux couleurs, en quadrichromie, etc. ?

Il faut également réfléchir au rendu final souhaité afin de prendre une décision claire. Le papier doit-il restituer au mieux la qualité de la quadrichromie, être très blanc, avoir un bon volume, être avant tout original et esthétique ou bien à l'inverse renvoyer une connotation écologique, résister dans le temps ? À presque toutes ces exigences, il y a une réponse mais il ne faut pas tout vouloir à la fois. Rappelons qu'en général les papiers non couchés ne restituent pas bien la quadrichromie.

Bien choisir une famille papetière

Petit exercice : pour réaliser un ouvrage de littérature générale sans illustration, on propose pour le bloc intérieur un bouffant de 70 g et pour la couverture une carte couchée une face brillante de 220 g. Choisissez à votre tour une famille papetière et un grammage pour les documents suivants (tous imprimés en quadrichromie).
- Un catalogue de vente par correspondance, intérieur = ?
- Une plaquette de produits de luxe, intérieur et couverture = ?
- Un rapport de bilan en quatre couleurs, intérieur et couverture = ?
- Un album à colorier, intérieur = ?
- Un journal d'entreprise en quatre couleurs, intérieur = ?
- Une carte routière = ?
- Un code juridique de 1 280 pages, intérieur = ?

Vous trouverez des propositions de réponses en fin de chapitre.

Les principaux incidents liés au papier

Les incidents liés au papier surviennent en phase d'impression ou de façonnage :
- un matelas fibreux hétérogène peut entraîner la rupture du papier lors de l'impression ou du façonnage ;
- le mauvais réglage ou l'usure des lames lors du bobinage, pour le papier en bobine, peut entraîner une rupture du papier ;
- un couchage de mauvaise qualité ou collé insuffisamment pour résister au tirant de l'encre provoque un arrachage de la couche ;
- une humidité trop importante entraîne l'ondulation et l'adhérence du papier : les feuilles se collent entre elles en formant des blocs ;
- une mauvaise épuration de la pâte mécanique crée un amas de fibres ou de particules de bois, appelées « bûchettes » ;
- une couche trop sèche peut provoquer un cassage au pli ;
- un défaut de fabrication sera responsable du cintrage (le papier a tendance à se rouler sur lui-même) ;
- le manque de planéité du papier entraîne du maculage, des salissures dues au dépôt d'encre d'une feuille imprimée sur le verso de la suivante ;
- la faiblesse de la surface du papier provoque l'apparition de « pétouilles » ou de piquetage.

Fiche Technique Samarkand Format*

Papier

Grammage	90	100	110	115	120	130	135	150	170
Main	0.79	0.79	0.79	0.79	0.78	0.75	0.76	0.78	0.8
Blancheur	120	120	120	120	120	120	120	120	120
Brillance vierge	75	75	75	75	75	78	78	78	78
Lissé	2500	2200	1900	1700	1800	1800	1700	1300	850
mini :	1600	1100	800	700	900	900	800	600	400

Carte

Grammage	200	225	250	275	300	350	380
Main	0.76	0.78	0.80	0.81	0.83	0.86	0.87
Blancheur	120	120	120	120	120	120	120
Brillance vierge	78	78	78	78	78	78	78
Lissé	1000	800	700	600	500	350	250
mini :	500	400	350	300	250	150	150

Caractéristique	Standard	Unité	Tolérance
Grammage	ISO 536	gr/m2	+/- 4 %
Main	ISO 534	cm3/gr	
Blancheur CIE D65	ISO 11475	index	+/- 3 %
Brillance	TAPPI T-480	%	+/- 5 %
Lissé	ISO 5627	sec	

*Valeurs indicatives

Exemple de fiche technique. (Document papeteries Condat)

Pétouilles Particules d'encre ou de papier qui se fixent sur la forme imprimante ou sur le blanchet.

L'achat du papier

Afin d'être en mesure de calculer le coût du papier d'un document, il faut calculer la quantité à commander, ensuite le poids puis le prix. Mais il faut avant tout bien connaître les pratiques de la profession.

Comment acheter le papier

Le papier s'achète et se négocie au kilo ou à la tonne avec le papetier, l'agent d'usine ou le distributeur. Le prix au kilo est fonction de la qualité, du type de papier, de son grammage mais aussi de la quantité achetée. Plus celle-ci est importante, moins le prix au kilo est élevé. Les grands groupes centralisent et standardisent leurs achats afin d'obtenir les meilleurs prix possibles. Ils répartissent ensuite les livraisons chez les divers imprimeurs et gèrent les stocks d'entrées et de sorties chez leurs prestataires.

Pour les petites commandes, si le donneur d'ordres n'est pas un acheteur aguerri, il est préférable de laisser l'imprimeur fournir le papier. En effet, le coût du papier, même augmenté du montant de la marge du prestataire, c'est-à-dire le coût financier que représente pour lui le fait d'avancer l'argent pour le client, peut se révéler intéressant.

Qui achète ?

Le responsable de la fabrication, le responsable des groupements d'achat papiers (GAP), des grandes entreprises, l'acheteur dans les services de communication ou, bien sûr, l'imprimeur.

Qui vend ?

Le papetier (fabricant), l'agent d'usine, le diffuseur, ou distributeur, et l'imprimeur.

Plus la pâte à papier et le papier subissent de traitements, plus le papier est cher. Il est donc naturel de penser qu'un papier couché est plus onéreux qu'un offset. C'est généralement vrai, mais de quel offset s'agit-il ? Mince, sans bois par exemple ? Et le couché, est-ce un couché sans bois ou un LWC ? Si un type de papier est produit en grande quantité son prix baisse.

L'offre du marché complique encore le problème : les supports spécifiques, dont les papiers de création font partie, ont un coût élevé car ils additionnent deux handicaps : traitements spéciaux et production réduite.

Chez l'imprimeur, chez le papetier ou ses représentants, le papier s'achète en feuilles ou en bobine.

L'achat en feuilles ou format

S'il doit être imprimé sur une machine feuilles qui imprime et délivre en sortie des feuilles de papier, le papier est acheté en feuilles ou en format, désigné par la longueur et la largeur de la feuille de papier en centimètres, et de trois façons possibles : en fabrication, à la découpe ou en stock.

En fabrication

Le papier est découpé spécialement dans le format exact correspondant aux besoins du donneur d'ordres, celui du schéma d'imposition. Il est acheté directement au papetier ou à l'un de ses agents d'usine.

Remarque

Le papier est normalement livré avec le sens fibres parallèle à son grand côté.

Acheter le papier en fabrication permet également au donneur d'ordres qui désire pour des raisons économiques exploiter une imposition en sens travers (voir page 131) de demander au papetier la livraison du papier en sens travers (avec les fibres parallèles au petit côté du rectangle). L'achat en fabrication permet une économie d'environ 20 % au kilo par rapport à l'achat en stock d'un papier identique. Le papetier, en effet, immobilise de l'argent et paie ses revendeurs. Mais cette opération présente des contraintes :

- le poids de la commande doit se situer au minimum entre 2,5 à 3 tonnes (et parfois plus) ;
- le délai de fabrication du papier peut varier de trois à cinq semaines selon les périodes. Il faut donc anticiper suffisamment sur l'achat du papier.

À la découpe

Il s'agit dans ce cas de reliquats de fabrication disponibles chez le papetier et que celui-ci est disposé à découper à la demande. Le donneur d'ordres doit accepter un format légèrement supérieur à ses besoins, grammages et qualité sont limités, mais le prix est très motivant. Le délai de livraison n'excède généralement pas une semaine.

En stock

Il est acheté auprès des distributeurs, plus cher au kilo dans la même catégorie que le papier acheté en fabrication. Les formats standards sont prévus en fonction du format des machines et donc pas forcément adaptés aux besoins du donneur d'ordres. De plus, selon les sortes de papier proposées, formats et grammages sont limités.

Le papier est acheté en stock lorsque la quantité à commander n'est pas suffisante pour une fabrication et/ou que le délai de réalisation du document est très court. Le papier est livré presque immédiatement.

Dans les catalogues des papetiers, le poids et le prix sont généralement ceux de 1 000 feuilles. Une rame de papier représente 500 feuilles identiques. Lorsque le papier est en petit format, on parle de ramette ; c'est le cas pour le papier bureautique. Parfois, pour de petites quantités, il est possible d'acheter des unités inférieures à une rame. Le conditionnement chez le distributeur, qui peut prévoir des paquets de 125 ou 250 feuilles par exemple, en décide.

Les formats des papiers

Les formats des papiers artisanaux sont encore, dans leur forme artisanale, désignés par le motif de leurs filigranes (impression fantôme visible par transparence provoquée par une moindre épaisseur de la pâte à cet endroit). Exemple : format raisin 50 x 65 cm. Actuellement, les formats courants sont normalisés et homothétiques les uns par rapport aux autres. C'est le cas des séries A et B. Le plus grand format de la série A, le A0, est égal à 1 m^2, soit 84,1 x 118,9 cm. Pour les formats suivants, le grand côté du format A0 divisé par deux devient le petit côté du A1 et le petit côté du grand format A0 le grand côté du A1, et ainsi de suite.

Formats finis normalisés pour les séries A et B			
Série principale A Désignation	Formats (en mm)	Série auxiliaire B Désignation	Formats (en mm)
A 0	841 x 1 189	B 0	1 000 x 1 414
A 1	594 x 841	B 1	707 x 1 000
A 2	420 x 594	B 2	500 x 707
A 3	297 x 420	B 3	353 x 500
A 4	210 x 297	B 4	250 x 353
A 5	148 x 210	B 5	176 x 250
A 6	105 x 148	B 6	125 x 176
A 7	74 x 105	B 7	88 x 125
A 8	52 x 74	B 8	62 x 88
A 9	37 x 52	B 9	44 x 62
A 10	26 x 37	B 10	31 x 44

En ce qui concerne les préoccupations du donneur d'ordres, voici les principaux formats facilement disponibles en stock : 45 x 64 cm, 52 x 72 cm, 65 x 92 cm, 70 x 102 cm. Voici quelques formats moins fréquemment disponibles : 92 x 130 cm, 100 x 140 cm, 120 x 160 cm. Les distributeurs ne proposent pas tous les formats possibles, mais disposent de certains formats dans divers grammages.

L'achat en bobine

S'il doit être utilisé sur une machine rotative imprimant en offset, en héliogravure ou en flexogravure, le papier est acheté auprès des papetiers ou des agents d'usine.

En fabrication

Le papier est acheté dans le grammage et le format défini par la laize appropriés (ou avec une tolérance de 2 mm). Les contraintes de délai de livraison évoquées pour l'achat en feuilles sont les mêmes dans ce cas.

En stock usine

Si le délai de réalisation du document est très court, l'imprimeur, ou le donneur d'ordres, peut acheter des bobines chez le papetier dans les types, les grammages et les laizes les plus utilisés par exemple, en rotative offset : 62, 88, 96 et 129 cm.

La quantité à commander

Gâche ou passe Quantité de papier, en feuilles ou en cahiers, utilisée et jetée (pour le recyclage) durant les phases de production pour effectuer les calages et les différents réglages permettant de rester dans les standards de qualité retenus.

En plus de la quantité de papier nécessaire à l'impression proprement dite d'un document, il faut ajouter la quantité utilisée pour les gâches, ou passes.

Retrouver la quantité de papier nécessaire sans les gâches est très facile : il suffit de multiplier le nombre de feuilles nécessaires pour imprimer un document par le chiffre de tirage. À cette quantité trouvée, il faut ajouter le papier gâché lors de la mise en route de la presse à imprimer, durant l'impression et pendant les diverses opérations de façonnage. Ces gâches sont fixes ou variables.

Calage Accrochage des plaques ou des cylindres (formes imprimantes) et diverses opérations qui permettent à la machine de produire des documents d'une qualité satisfaisante. La pertinence de ces manipulations et la qualité des réajustements ne peuvent se vérifier que sur le papier imprimé...

Les gâches fixes de calage

Les gâches fixes sont nécessaires pour les différents réglages lors de chaque mise en route de la machine, les gâches de calage sont fonction du type de machine et du nombre de couleurs à imprimer. Mais elles ne dépendent pas du chiffre de tirage car, quel qu'il soit, il faudra gâcher la même quantité de papier pour effectuer la mise en route des presses.

Seuil de bascule feuille et rotative Après l'établissement des coûts comparatifs de l'impression en offset feuilles et en rotative offset, le chiffre de tirage détermine le moment de la bascule.

Ces gâches varient de 100 à 400 feuilles pour chaque calage en offset feuilles, selon le nombre de couleurs et la machine. En rotative, elles sont très importantes. En quadrichromie, par exemple, elles peuvent représenter de 5 000 à 8 000 cahiers. Le coût de ce papier entre dans les frais fixes du prix de revient. Si le donneur d'ordres ne tient pas compte du coût des gâches de papier dans ses calculs, il fausse le résultat du seuil de bascule entre offset feuilles et rotatives offset.

Les gâches variables de roulage et de façonnage

Les incidents habituels survenant lors de l'impression ou roulage, tels que pétouilles et problèmes d'encrage ou de mouillage, provoquent des défauts et des changements dans les couleurs. Les feuilles ou cahiers imprimés ne sont plus conformes au bon à rouler. Le conducteur de la presse qui surveille constamment l'impression doit alors effectuer des nettoyages ou de nouveaux réglages et soustraire les feuilles ou cahiers non conformes à la bonne feuille.

Ces gâches sont évaluées en pourcentage par rapport au chiffre de tirage. Elles sont également fonction du nombre de couleurs à imprimer et peuvent varier de 1,5 % pour une couleur à 5 % pour quatre couleurs par côté de feuille en offset feuilles.

En rotative quadri, le taux de la gâche de roulage n'est pas plus élevé qu'en offset feuilles car le papier sort plié de la machine. La gâche nécessaire au pliage des cahiers est donc incluse. Il faut compter de 8 à 10 % du tirage en quadrichromie.

Les gâches de façonnage dépendent de la difficulté du travail et sont considérées comme des passes variables : de 2 à 5 % du tirage. Le coût du papier gâché lors du roulage et du façonnage entre dans les frais variables pour le calcul du prix de revient.

Les valeurs des différentes gâches

Fournies par les prestataires et négociées avec eux, elles varient beaucoup en fonction de l'avancée technologique des machines. Le tableau de la page suivante propose un exemple des fourchettes de gâches lors de l'impression.

Plus les procédures de calages sont rapides, plus les gâches sont faibles (voir chapitre 5).

Les gâches de façonnage

À cela il faut ajouter les gâches de façonnage :

- de 2 ou 3 % en général en offset feuilles et moins en rotative, puisque les cahiers sont pliés, tout dépend de la complexité du façonnage ;
- pour les couvertures et tous les produits qui comportent des façonnages supplémentaires (pelliculage, vernis, découpe, gaufrage), il faut encore ajouter 2 % sur le chiffre de tirage, gâches de façonnage incluses.

Les gâches.

EXEMPLES DE GÂCHES

	CALAGE	ROULAGE
Machines offset feuilles normales en blanc		
2 couleurs	De 150 à 200 feuilles par côté de feuille d'impression	2 % du chiffre de tirage sur le total, gâches de façonnage incluses, par côté de feuille
4 couleurs	De 250 à 500 feuilles par côté de feuille d'impression	De 4 à 5 % du chiffre de tirage sur le total, gâches de façonnage incluses, par côté de feuille
Machines offset feuilles à retiration		
1 couleur recto verso	De 150 à 200 feuilles pour les deux côtés de la feuille d'impression	De 2 à 3 % du chiffre de tirage sur le total, gâches de façonnage incluses, pour les deux côtés
2 couleurs recto verso	400 feuilles pour les deux côtés de la feuille d'impression	4 % du chiffre de tirage sur le total, gâches de façonnage incluses, pour les deux côtés
Machines offset feuilles à retiration ou convertibles couleur		
4 couleurs (8 groupes)	600 feuilles pour les deux côtés de la feuille d'impression	8 % du chiffre de tirage sur le total, gâches de façonnage incluses, pour les deux côtés
Autres		
DI Waterless ou hybride	De 25 à 50 feuilles	
Procédure numérique sans contact	Pas plus de 5 feuilles	
Machines rotatives offset dédiées à l'édition : machine rotative Timson, etc.		
1 couleur	Selon le nombre de pages au tour : - 900 cahiers pour le premier calage - 500 cahiers pour les calages suivants	5 % du chiffre de tirage sur le total, gâches de façonnage incluses (en cahiers imprimés R°/V°)
2 couleurs	- 1 500/1 200 cahiers pour le premier calage - 800/1 000 cahiers pour les calages suivants	6 % du chiffre de tirage, gâches de façonnage incluses (en cahiers imprimés R°/V°)
Cameron		
1 couleur R°/V°		12 % du tirage La Cameron délivre des produits finis
Rotatives offset quadri		
	De 2 000 à 8 000 cahiers par calage	De 7 à 9 % du chiffre de tirage sur le total, incluant les gâches de façonnage (en cahiers imprimés R°/V°)
Rotatives hélio quadri		
	De 20 000 à 28 000 tours par calage, selon la dimension de la laize	6 % du chiffre de tirage sur le total, incluant les gâches de façonnage (en cahiers imprimés R°/V°)

Le poids à commander

Pour calculer le poids du papier à commander, il faut successivement :

- calculer la surface utile de la feuille ou du cahier si le papier est acheté en fabrication, ou reprendre le format de stock le plus approchant des besoins. Il faut penser à convertir les centimètres en mètres ;
- multiplier la surface de la feuille ou du cahier par le grammage du papier (son poids au m^2), afin d'obtenir le poids d'une feuille ou d'un cahier. Il faut penser à convertir en kilo le poids obtenu qui est en grammes ;
- multiplier le poids d'une feuille ou d'un cahier par la quantité de feuilles ou de cahiers nécessaires à la réalisation de la totalité du tirage.

Calculer l'épaisseur du dos d'un document

La connaissance de l'épaisseur du dos d'un document sert à l'exécution de la maquette de la couverture, puis à son imposition pour l'impression de cette dernière. Pour mener à bien l'opération, il faut connaître l'épaisseur d'une feuille du papier sélectionné et multiplier cette valeur par le nombre de feuilles qui composent le document, sans oublier qu'une feuille comporte deux pages. L'épaisseur de la feuille peut être indiquée sur la fiche technique du papetier, qu'il n'est pas toujours simple d'obtenir. En revanche, le papetier, ou l'imprimeur, fournit sans difficulté la main.

Remarque

Main, grammage du papier et nombre de pages du document permettent de trouver la valeur de l'épaisseur du dos. À la fin de ce chapitre, le mode de calcul de cette valeur est proposé lors de l'application aux cas pratiques.

Calculer le poids d'un document

Ce renseignement est précieux pour calculer le coût d'un envoi par la poste par exemple ou, à l'inverse, adapter le grammage du papier s'il le faut. Le format du document, son nombre de pages ainsi que le grammage du papier de l'intérieur et de la couverture sont les renseignements indispensables. Voir l'application aux deux cas pratiques à la fin du chapitre.

L'industrie papetière (Source : *Copacel*)

L'industrie papetière peut être qualifiée de lourde. Les outils de production industrielle sont démesurés : certaines machines atteignent 350 m de long pour 10 m de large. La fabrication des pâtes à papier et des papiers nécessite une grosse consommation d'eau et d'énergie. Le prix de la pâte à papier, cotée en bourse, suit le cours du dollar.

La production française se situe au 9e rang mondial et au 4e rang européen. La consommation française représente 3,2 % de la consommation mondiale ; les chiffres de la production et de la consommation sont assez voisins.

En résumé

Pour l'achat en fabrication, les méthodes de calcul de quantité et de poids de papier à commander ont été présentées. Après avoir sélectionné son support, le donneur d'ordres doit penser à acheter ou à faire acheter par l'imprimeur le papier suffisamment à l'avance, plusieurs semaines souvent, pour que celui-ci soit fabriqué à temps avant l'impression. En outre, il doit être livré quelques jours avant la mise en route afin de se stabiliser dans l'atmosphère de l'atelier.
L'achat en stock ne provoque pas les mêmes contraintes : le papier est livré dans les deux ou trois jours suivant la commande.
En fabrication, il est possible de demander la découpe du papier en feuilles avec les fibres parallèles au petit côté. Pour obtenir le même résultat en achetant le papier en stock, il faut acheter un papier au double du format à imprimer et le couper en deux. Ce système est bien exploité pour les couvertures car, pour respecter le sens des fibres, il faut disposer la grande dimension ouverte de la couverture dans le petit côté de la machine.

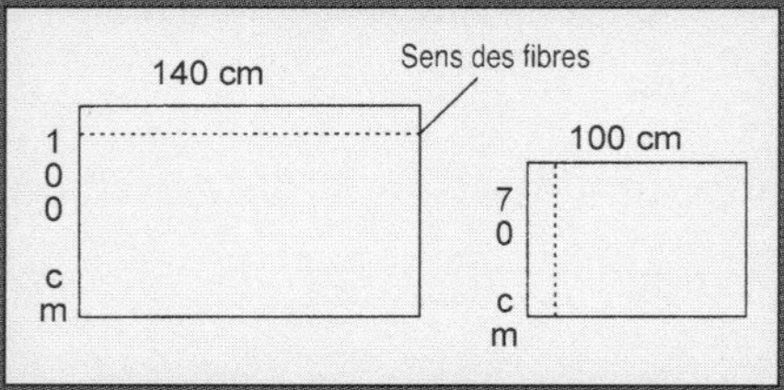

Exemple sur un papier en stock refendu en deux.

Une méthode pour l'achat du papier

Il est inutile de revenir sur la sélection du papier : c'est au donneur d'ordres de déterminer ses besoins et ses priorités, dans la mesure du possible en toute connaissance de cause. Il ne doit pas oublier les délais que réclame l'achat en fabrication pour faire livrer à temps le papier chez l'imprimeur.

Rédiger le bon de commande

Si le donneur d'ordres achète son papier directement à la papeterie ou à l'un de ses représentants, il doit établir le bon de commande de la façon suivante pour l'achat en stock ou en fabrication :

- dénomination : nom, famille papetière, aspect de finition, avec bois, traces de bois, sans bois, grammage. Exemple : Terminator/Couché sans bois semi-mat de 150 g. (Le nom du papier suffit souvent à identifier la famille de papier et la composition de la pâte.) ;

pour l'achat en bobine, il faut indiquer :

- la laize ;
- la dimension intérieure du mandrin, tube généralement en carton sur lequel s'enroule le papier et dont la dimension intérieure doit correspondre au système d'entraînement de la rotative ;

- le diamètre ou poids maximum des bobines ;
- le poids total, indiquer s'il s'agit d'une commande minimum ou maximum à livrer ;
- le poids maximum des bobines ;
- la date et le lieu de livraison ;
- le prix négocié ;
- les conditions de paiement ;

pour l'achat en feuilles, il faut indiquer :
- le format en largeur et en longueur précisant, si tel est le cas, que le papier doit être livré en sens travers ;
- la quantité en feuilles et en rames ;
- la date et le lieu de livraison ;
- le prix négocié ;
- les conditions de paiement.

S'il confie l'achat du papier à l'imprimeur, le donneur d'ordres intègre la commande de papier à la commande d'impression, en précisant le type, l'aspect de finition et le grammage de papier prévu au devis.

Attention, sachez qu'un producteur peut accorder la distribution d'un papier en stock à plusieurs distributeurs ; un même papier peut donc porter des noms différents selon le revendeur ou le distributeur. Le donneur d'ordres a tout intérêt à s'informer pour savoir si plusieurs diffuseurs sont susceptibles de lui fournir le papier qu'il a choisi. Il peut alors envisager de les mettre en concurrence, mais ce n'est pas toujours facile.

Sachez aussi que les papetiers font parfois des opérations « flash » pour se débarrasser de leur fabrication excédentaire à des prix intéressants ; des revendeurs de fin de stocks proposent aussi leurs services.

> **Remarque**
>
> Pour les conditions générales de vente, la Confédération européenne de l'Industrie des pâtes papiers et cartons (CEPAC) a mis en place un code des usages qui comprend vingt articles destinés à faciliter les rapports entre vendeurs et acheteurs, entre autres en fixant des « tolérances ».

Les pratiques de l'achat en fabrication

Les règles de l'achat en fabrication sont très précises, il ne faut pas les ignorer :
- le poids minimal à commander est fonction du carnet de commande du papetier ;
- le poids de la commande, sans autre indication, indique que le donneur d'ordres s'engage à accepter un écart de livraison de 5 % en plus ou en moins ;
- le poids de la commande suivi du mot « mini » engage le donneur d'ordres à accepter un écart de 10 % en moins au maximum ; le poids de la commande suivi du mot « maxi » engage le donneur d'ordres à accepter un écart de 10 % en plus ;
- pour le format du papier, une différence de 2 mm en plus est admise.

LES COÛTS

Le papier est facturé au kilo ou à la tonne. Il suffit donc de multiplier le poids en kilo ou en tonne du papier à commander par le prix du kilo ou de la tonne. Nous avons vu comment se répartissent les consommations fixes et variables du papier. La logique, facile à saisir, est toujours la même.

Les méthodes détaillées traitant de la recherche de la quantité et du poids du papier à commander ainsi que du calcul de son coût sont développées ci-dessous pour les deux cas pratiques que nous suivons depuis le début de l'ouvrage. L'objectif de ce livre étant l'élaboration rapide d'un prix de revient estimatif, le résultat, à quelques feuilles de papier près, est suffisant. En conclusion de ces études seront présentés des moyens d'exploiter au mieux les données élaborées pour analyser les factures et les devis des prestataires.

CAS PRATIQUE n° 1

Caractéristiques techniques utiles à cette étape :

- intérieur : 64 pages en quadrichromie, recto verso, impression en offset feuilles sur un couché brillant avec traces de bois (couché moderne) de 120 g ;
- couverture en 4 couleurs, recto seul sur un couché brillant sans bois (classique) de 200 g ;
- tirage : 10 000 exemplaires.

Avant de commencer les calculs de quantités, de poids et de prix, il faut disposer des caractéristiques techniques et des informations suivantes concernant l'intérieur et la couverture.

Informations techniques

Pour l'intérieur :

- offset feuilles en blanc, 96,5 × 130 cm, 4 couleurs ;
- 2 feuilles d'impression par ouvrage ;
- format utile de la feuille : 0,94 m × 1,17 m.

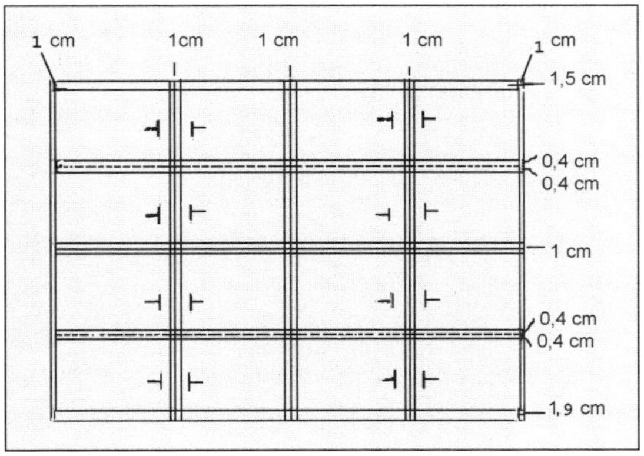

Schéma d'imposition de l'intérieur du cas pratique n° 1.

Pour la couverture :

- machine feuilles en blanc, 52 x 72 cm, 4 couleurs ;
- 2 poses sur une feuille ;
- format de la feuille en stock : 0,52 x 0,72 m.

Les gâches sont fonction du type de machine et du nombre de couleurs. Pour les calculer, le processus est inversé par rapport au déroulement de la production. Il faut commencer par la dernière étape :

- gâche de façonnage : 2 % du tirage ;
- gâche de pelliculage pour la couverture : 2 % du chiffre de tirage, gâche de façonnage incluse ;
- gâche de roulage : 4,5 % du chiffre de tirage par côté de feuille, gâche de façonnage incluse ;
- gâche de calages : 450 feuilles par calage et par côté de feuille.

Exemple de prix du papier au kilo :

- pour l'intérieur, 0,92 € en fabrication (vérifier si c'est possible après le calcul du poids) ;
- pour la couverture, 1,20 € en stock (la quantité n'est pas suffisante pour acheter en fabrication).

Recherche de la quantité, du poids et du prix du papier

Connaître le poids de la commande est indispensable pour bâtir le coût, puisque le prix du papier se négocie au kilo ou à la tonne.

N'oubliez pas de toujours isoler les gâches fixes afin de les retrouver aisément lors du calcul du coût du papier, qui entre dans les frais fixes du prix de revient.

QUANTITÉ DE PAPIER POUR L'INTÉRIEUR

	Consommation fixe	Consommation variable
Nombre de feuilles par document x par chiffre de tirage : (2 x 10 000) =		20 000
Gâche de façonnage : 2 % de la quantité pour le tirage =		400
Quantité de feuilles à livrer par l'imprimeur au façonnier : 20 400		
Gâches de roulage 4,5 % par côté de feuille, soit 9 % du tirage, avec les gâches de façonnage : (20 400 x 9 %) =		1 836
Gâches de calage (2 feuilles) x (2 cotés) = (4 calages) x (la quantité de feuilles gâchée pour un calage) = 4 x 450 =	1 800	
Total consommation fixe	1 800	
Total consommation variable		22 236

Consommation totale : 1 800 + 22 236 = 24 036, soit 24 000 feuilles

Quantité de feuilles à commander : 24 000/500 = 48 rames

QUANTITÉ DE PAPIER POUR LA COUVERTURE

	Consommation fixe	Consommation variable
(Chiffre de tirage/nombre de poses de la couverture à la feuille d'impression) : 10 000/2 =		5 000
Gâches de façonnage 2 % du chiffre de tirage =		100
Quantité de feuilles à livrer par le pelliculeur au façonnier = 5 100		
Gâches de pelliculage 2 % du chiffre de tirage gâche de façonnage comprise =		102
Quantité de feuilles à livrer par l'imprimeur au pelliculeur = 5 202		
Gâches de roulage 4,5 % par côté sur le tirage (1 seul côté) avec les gâches de pelliculage et de façonnage : 5 202 x (4,5/100) =		235
Calages 1 feuille, 1 côté = (1 calage) x (450 feuilles) =	450	
Total consommation fixe	**450**	
Total consommation variable		**5 437**

Quantité de feuilles à commander : 450 + 5 437 = 5 887, arrondi à 6 000 feuilles, soit : 6 000/500 = 12 rames

POIDS ET PRIX DU PAPIER POUR L'INTÉRIEUR

Poids d'une feuille Surface utile de la feuille en m x grammage du papier en kg : (0,94 x 1,17 x 0,12) =	0,1320 kg
Poids de la commande Poids d'une feuille x quantité de feuilles à commander : 0,1320 x 24 000 = Cette quantité doit passer en fabrication	3 168 kg
Prix du papier Poids de la commande x prix au kg : 3 168 x 0,92 =	2 914 €
Prix de revient unitaire 2 914/10 000 =	0,2914 €

POIDS ET PRIX DU PAPIER POUR LA COUVERTURE

Poids d'une feuille (Surface utile de la feuille en m) x (grammage du papier en kg) : (0,52 x 0,72 x 0,2) =	0,0748 kg
Poids de la commande (Poids d'une feuille) x (quantité de feuilles à commander) : 0,0748 x 6 000 =	450 kg
Prix du papier (Poids de la commande) x (prix au kg) : 450 x 1,20 =	540 €
Prix de revient unitaire 540/10 000 =	0,054 €

Méthode de calcul rapide

Voici une formule de calcul dont il est aisé de comprendre le mécanisme en reprenant les indications données plus haut. C'est une bonne occasion de vérifier les acquis et d'examiner le tableau récapitulatif du budget qui se trouve en fin de chapitre.

COÛT DU PAPIER POUR L'INTÉRIEUR

	Frais fixes	Frais variables	Mille suivant
Coût de la consommation fixe (Surface d'une feuille en m^2) x (grammage en kg) x (nbre de calages) x (nbre de feuilles gâchées par calage) x (prix au kg) : (0,94 x 1,17 x 0,12 x 4 x 450 x 0,92) =	218 €		
Coût de la consommation variable (Surface d'une feuille en m^2) x (grammage en kg) x (nbre de feuilles par document) x (chiffre de tirage) x (1 + pourcentage de gâche façonnage/100, soit 1,02) x (1 + pourcentage de gâche de roulage recto verso/100, soit 1,09) x (prix au kg) : (0,94 x 1,17 x 0,12 x 2 x 10 000 x 1,02 x 1,09) = 2 935 kg 2 935 x 0,92 =		2 700 €	270 €

Coût total : 218 + 2 700 = 2 918 €

COÛT DU PAPIER POUR LA COUVERTURE

	Frais fixes	Frais variables	Frais suivant
Coût de la consommation fixe. Calage (0,52 x 0,72 x 0,2 x 1 x 450) = 33,70 kg 33,70 x 1,20 =	40,44 €		
Coût de la consommation variable (Surface d'une feuille en m²) x (grammage en kg) x (chiffre de tirage/nombre de poses) x (1 + pourcentage de gâche façonnage/100) x (1 + pourcentage de gâche de pelliculage/100) x (1+ pourcentage de gâche de roulage recto seul/100) x (prix au kg) : (0,52 x 0,72 x 0,2 x 10 000/2 x 1,02 x 1,02 x 1,045) = 407,05 kg 407,05 x 1,20 =		488,46 €	48,85 €
Coût total : 40,44 + 488,46 = 528,90 €			

n°2 CAS PRATIQUE

Nous ne traiterons ici que de l'achat de papier pour l'intérieur du document. En effet, pour la couverture, le mode d'impression est identique à celui du premier cas ; il faut seulement être attentif au fait que la couverture de ce magazine est imprimée recto verso, et donc compter deux fois la gâche de calage et deux fois la gâche de roulage par rapport au cas précédent.

Caractéristiques techniques utiles à cette étape :
- intérieur : 144 pages en 4 couleurs recto verso imprimé en rotative offset sur un couché LWC (léger) de 60 g ;
- chiffre de tirage : 150 000 exemplaires.

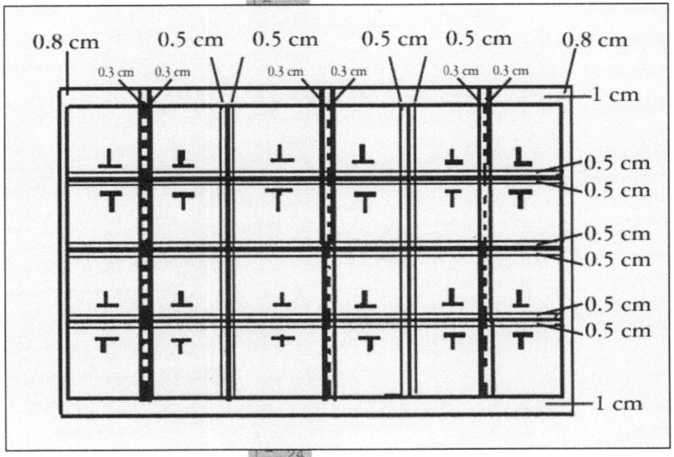

Schéma d'imposition du cas pratique n° 2.

Informations techniques

En se limitant à l'intérieur du document :
- type de machine sur laquelle sera imprimé le document : rotative 48 pages, laize 145, coupe 120, 4 couleurs ;
- nombre de cahiers : 3 ;
- format utile du cahier : 1,434 cm x 120 cm que l'on arrondit à 1,44 x 1,20 cm.

Valeur des gâches :
- de façonnage : 2 % du tirage ;
- de roulage : 8 % pour les deux côtés de feuille. ;
- de calages : 10 000 cahiers pour les deux côtés de feuille.

Exemple de prix du papier au kilo : 0,80 € en fabrication.

Pour passer commande du papier dans le cas d'une impression en rotative c'est le poids qui importe. Pour être en mesure de le calculer, il faut en tout premier lieu identifier le nombre total de cahiers nécessaires à la réalisation du document.

QUANTITÉ DE PAPIER POUR L'INTÉRIEUR

	Consommation fixe	Consommation variable
Nombre de cahiers par document x chiffre de tirage : 3 x 150 000 =		450 000
Gâche de façonnage 2 % du chiffre de tirage :		9 000
Quantité de cahiers à livrer par l'imprimeur au façonnier : 459 000		
Gâche de roulage Quantité livrée au façonnier x gâche roulage : 459 000 x 8 % =		36 720
Gâche de calages Pour 3 cahiers : (3 calages) x (quantité de feuilles gâchée pour un calage) : 3 x (10 000 feuilles) =	30 000	
Total consommation fixe	30 000	
Total consommation variable		495 720
Quantité totale : 30 000 + 495 720 = 525 720 cahiers		

POIDS ET PRIX DE PAPIER POUR L'INTÉRIEUR

Poids d'une feuille (Surface utile du cahier en m) x (grammage du papier en kg) : (1,44 x 1,20 x 0,06) =	0,1037 kg
Poids de la commande (Poids d'un cahier) x (nbre de cahiers nécessaires) : 0,1037 x 525 720 = *Pour le prix de revient estimatif cette indication suffit, mais dans la pratique, selon le type de commande mini ou maxi, ce n'est pas ce tonnage qui sera livré (voir page 201).*	54 518 kg (ou 54,6 t)
Prix du papier (Poids de la commande) x (prix au kg) : 54 518 x 0,80 =	43 615 €
Prix de revient unitaire 43 615/150 000 =	0,291 €

Méthode de calcul rapide

Petit exercice : complétez vous-même ce tableau en suivant la méthode de calcul qui a été détaillée pour le cas pratique n° 1. N'oubliez pas que les sommes reportées dans le tableau doivent être arrondies à l'euro. Vous trouverez les réponses en fin de chapitre.

COÛT DU PAPIER POUR L'INTÉRIEUR

	Frais fixes	Frais variables	Mille suivant
Consommation fixe (1,44 x 1,20 x 0,06 x 3 x 10 000 x 0,80) = *Signification de ces opérations ?*	?		
Consommation variable (1,434 x 1,20 x 0,06 x 3 x 150 000 x 1,02 x 1,08 x 0,80) = *Signification de ces opérations ?*		?	?
Total du papier de l'intérieur ?			
Coût unitaire ?			

Exploitation des données

Nous avons vu comment calculer un budget papier si le prix au kilo du papier choisi est connu. Même si le donneur d'ordres ne l'achète pas lui-même, ce savoir-faire lui permet de retrouver assez précisément les taux de gâches et le prix au kilo du papier appliqués par l'imprimeur.

Pour arriver à ce résultat, il faut demander un devis très détaillé faisant apparaître les formats et la consommation de papier pour l'intérieur et la couverture des documents. Ces renseignements ont un double intérêt. Ils permettent, d'une part, de vérifier le format des presses d'impression exploitées et, d'autre part, avec le coût du mille suivant, de retrouver les quantités de gâches fixes et variables, à condition toutefois que l'imprimeur élabore ses devis de manière très rationnelle en identifiant bien coûts fixes et coûts variables.

Voyons concrètement comment se présente un tel devis, et comment il faut le lire et l'exploiter en retournant à l'étude du cas pratique n° 1.

n° 1 CAS PRATIQUE

Le prestataire donnerait son devis de papier de la manière suivante.

Pour l'intérieur :

- pour 10 000 exemplaires : 2 918 € ;
- le mille suivant : 270 € ;
- format du papier : 0,94 x 1,17 m ;
- consommation de papier (en reprenant les données du tableau page 204) : 237 kg (conso. fixe) + 2 935 kg (conso. variable) = 3 172 kg.

Pour la couverture :

- pour 10 000 exemplaires : 528,90 € ;
- le mille suivant : 48,85 € ;
- format du papier 52 x 72 cm ;
- consommation de papier (en reprenant les données du tableau page 205) : 33,70 + 407,50 = 441,20 = 442 kg.

Le papier

Prix du papier au kilo (environ) pour l'intérieur (ces sommes tiennent compte de l'arrondi à 2 chiffres derrière la virgule, il faut donc interpréter) :
2 918/3 172 = 0,9199 = 0,92 €.

Prix du papier au kilo (environ) pour la couverture :
528,90/442 = 1,1966 = 1,20 €.

Les gâches

Pour identifier les gâches fixes de calage (intérieur), il faut successivement effectuer les opérations suivantes.

1. Isoler, dans le coût de la consommation totale, le coût fixe de calage. Pour cela, retrouver le coût de la consommation variable obtenu en multipliant le coût du mille suivant par le chiffre de tirage :
   (270 x 10 000)/1 000 = 2 700 €.
2. Obtenir le coût de la consommation fixe, en soustrayant le coût de la consommation variable au coût de la consommation totale :
   2 918 - 2 700 = 218 €.
3. Calculer le poids de la consommation fixe, en divisant le coût de la consommation fixe par le prix au kilo :
   218/0,92 = 237 kg.
4. Pour trouver la quantité de feuilles dédiées aux calages, il suffit de diviser le poids de la consommation fixe de papier par le poids d'une feuille :
   237/0,1320 = 1 795,45 = 1 800 feuilles.
5. Trouver alors la quantité de feuilles gâchées par calage, en divisant le nombre de feuilles gâchées par le nombre de calages :
   1 800/4 = 450 feuilles gâchées par calage.

Pour identifier les gâches variables, il faut de même suivre le déroulement suivant.

1. Retrouver le poids de la consommation variable, en divisant le coût variable du papier par le prix au kilo :
   2 700/0,92 = 2 934,78 = 2 935 kg.
2. Retrouver le nombre de feuilles de la consommation totale variable, en divisant le poids de la consommation variable par le poids d'une feuille :
   2 935/0,1 320 = 22 234,85 = 22 235 feuilles.
3. Retrouver le nombre de feuilles destinées aux gâches variables, soit la consommation avec les gâches, de laquelle il faut déduire la consommation sans gâches, soit le nombre de feuilles nécessaires par document :
   2 x 10 000 = 20 000 feuilles,
   22 235 - 20 000 = 2 235 feuilles qui représentent environ 10 % du tirage.

Pour la couverture, le processus est identique. Il faut aussi tenir compte du fait que les prestataires sont très souvent contraints d'acheter une quantité de papier supérieure à celle dont ils ont réellement besoin.

Calcul de l'épaisseur du dos

Caractéristiques techniques utiles à cette étape :

- nombre de pages : 64 ;
- type et grammage du papier de l'intérieur : couché brillant 120 g ;
- type et grammage du papier de la couverture : couché brillant 200 g ;
- main du papier de l'intérieur : 0,8 ;
- main du papier de la couverture : 0,9.

Pour l'intérieur, il faut d'abord chercher l'épaisseur d'une feuille :

$0{,}8 = x/120$,

donc : $x = 0{,}8 \times 120 = 96\,\mu m$,

soit, pour le bloc intérieur de 64 pages :

$(64/2) \times 96\,\mu m = 3\,072\,\mu m$, ou 3,072 mm.

Cette épaisseur de dos est à la limite des capacités des chaînes de brochage (voir chapitre 8).

Pour la couverture, même procédure :

$0{,}9 = x/200$,

donc : $x = 0{,}9 \times 200 = 180\,\mu m$,

soit : $180 \times (4/2) = 360\,\mu m$, ou 0,360 mm (car il y a 4 pages de couverture, donc 2 feuilles).

L'épaisseur du dos est donc de :

$3{,}072 + 0{,}360 = 3{,}432$ mm.

Il faut ajouter un pourcentage pour l'épaisseur de la couture, de la colle, etc., environ 4 % dans ce cas de magazine :

$3{,}432 \times 1{,}04 = 3{,}569 = 3{,}6$ mm.

Le pourcentage rectificatif à appliquer doit être adapté au nombre de pages du document et vérifié sur une bonne dizaine de documents avant d'être utilisable.

Calcul du poids du document

Caractéristiques techniques utiles à cette étape :

- format : 22 × 28 cm ;
- nombre de pages : 64 + 4 (de couverture) ;
- grammage intérieur : 120 g ;
- grammage couverture : 200 g.

Pour trouver le poids de l'intérieur, il faut appliquer la formule suivante :
(surface d'une page du document en mètres x grammage du papier en kg x nombre de pages du document)/2,
soit : (0,22 x 0,28 x 0,12 x 64)/2 = 0,2365 kg, ou 237 g.

Pour trouver le poids de la couverture, il faut appliquer la formule suivante :
dimension couv. à plat (largeur des 2 côtés + épaisseur du dos) x hauteur,
soit : (0,22 + 0,036 + 0,22) x 0,28 = 0,476 x 0,28 = 0,1333 m.

Puisque ce format représente la couverture ouverte, on ne tient pas compte de son nombre de pages dans la formule :
surface en mètres de la couverture ouverte x grammage du papier en kg,
soit : (0,476 x 0,28 x 0,2) = 0,02666 kg, ou 26,66 g.

Le poids total du catalogue sera donc :
poids de l'intérieur + poids de la couverture,
soit : 237 + 26,66 = 263,66 g,

auxquels s'ajoutent 2 % pour tenir compte du poids de l'encre, de la colle ou des agrafes si le catalogue est confectionné en piqûres métal, ce qui donne au final :
263,66 x 1,02 = 268,93 = 269 g.

Résumé des tâches

1. Choisir le papier, si c'est possible, dès la mise en route du projet en tenant compte du coût et des contraintes de l'impression et du façonnage.
2. Commander le papier suffisamment à l'avance pour qu'il soit disponible au moment de l'impression.

Le papier imprimé part ensuite pour le façonnage, dont les étapes sont décrites dans le chapitre suivant.

Réponses aux exercices

Bien choisir une famille papetière, p. 192

- Un catalogue de vente par correspondance, intérieur : couché léger LWC 54 g.
- Une plaquette de produits de luxe, intérieur et couverture : pour l'intérieur, un couché classique semi-mat 150 g, pour la couverture, un couché carte couchée brillante 240 g.
- Un rapport de bilan, intérieur et couverture : pour l'intérieur, un couché moderne sans bois 135 g, pour la couverture, un couché classique brillant 200 g.

- Un album à colorier, intérieur : un offset 100 g.
- Un journal d'entreprise, intérieur : un offset pigmenté 90 g.
- Une carte routière : un offset cartographique 60 g.
- Un code juridique : un offset mince 50 g.

Achat de papier, cas pratique n° 2, p. 206

COÛT DU PAPIER POUR L'INTÉRIEUR

	Frais fixes	Frais variables	Mille suivant
Consommation fixe (Surface d'un cahier) x (grammage du papier en kg) x (nbre de calages) x (consommation papier pour un calage) x (prix du papier au kg) : (1,44 x 1,20 x 0,06 x 10 000 x 3 x 0,80) =	2 489 €		
Consommation variable (Surface d'un cahier) x (grammage du papier en kg) x (nbre de cahiers par document) x (chiffre de tirage) x (gâche de façonnage, soit 1,02) x (gâche de roulage, soit 1,08) x (prix du papier au kg) : (1,44 x 1,20 x 0,06 x 150 000 x 3 x 1,02 x 1,08 x 0,80) =		41 117 €	2 741 €
Coût total de l'intérieur : 2 489 + 41 117 = 43 606 €			
Coût à l'exemplaire : 43 606/150 000 = 0,291 €			

Le façonnage

Presque au bout de ses peines, le donneur d'ordres doit s'atteler à la mise en forme finale du document, le façonnage ou finition, également désigné, selon le type de produit, par les termes de « brochage », « cartonnage » ou « reliure ». Dernière étape de la fabrication d'une publication, le façonnage donne au support de communication imprimé son aspect « prêt à lire », et participe à son embellissement grâce à de nombreux procédés tels que le gaufrage, le pelliculage ou le vernissage.

La fabrication d'un document, il faut le rappeler, doit être envisagée dans sa globalité : ne pas se préoccuper du mode de façonnage avant l'impression c'est aller au devant de bien des ennuis. En effet, le type et le grammage du papier, la prise en compte du sens des fibres, le nombre de pages au cahier, le fait que le dos de l'ouvrage soit cousu ou non, chacun de ces paramètres a une incidence sur le façonnage alors qu'ils doivent être fixés dès l'imposition.

Ce chapitre, encore moins que les précédents ne prétend nullement faire du donneur d'ordres un spécialiste de la technique évoquée ; il vise seulement à l'aider dans ses choix. Seront donc notamment abordés :

- le marché du façonnage ;
- les familles de façonnage ;
- les étapes du façonnage ;
- les processus de façonnage des documents brochés et des documents cartonnés ;
- les opérations de surfaçage et d'embellissement.

Le marché

Si la reliure, activité riche en tradition, était autrefois réalisée à la main, elle est le plus souvent mécanique de nos jours.

Ce secteur d'activité est caractérisé par l'hétérogénéité des prestations, des prestataires et des matériels. La plupart des imprimeurs possèdent une unité de façonnage afin de réaliser des produits complets. Le cartonnage et les façonnages spéciaux sont toutefois réservés aux spécialistes.

Qui commande ?

Le responsable de la fabrication, de la communication ou l'acheteur. Celui-ci peut confier le façonnage à l'imprimeur s'il en a la capacité ou laisser l'imprimeur gérer la sous-traitance, ou encore s'adresser à un prestataire dont le façonnage est la seule activité.

Selon les prestataires, les parcs machines vont des plus simples aux plus élaborées. Les propositions des façonniers dépendent de l'orientation de leur production. Pour les structures très industrialisées, la tendance est aux chaînes à conception modulable sur lesquelles les opérations se succèdent sans rupture de charges ; les différents éléments de cette chaîne peuvent être dissociés en cas de panne. Grâce à des systèmes de gestion de données, les opérations de réglage sont automatisées et des rectifications effectuées durant la production. Les caractéristiques techniques du document sont enregistrées puis ce dernier est placé sous surveillance pendant le déroulement de la reliure ou du façonnage.

Des interventions manuelles ou semi-manuelles peuvent prendre la relève des machines si le donneur d'ordres est prêt à y mettre le prix. Les packageurs, les agences de création, les éditeurs de livres pour enfants, les services marketing des entreprises de VPC le savent bien...

Le façonnier donne une forme aux feuilles ou aux cahiers imprimés que l'imprimeur lui a livrés, plie des documents de toutes sortes, tels que des dépliants publicitaires, et peut aussi fabriquer des emballages originaux. Pour mener à bien sa tâche, il effectue diverses opérations en chaîne à l'aide de différentes machines. Le façonnage et le conditionnement font surtout appel à la mécanique et à l'astuce, les prestataires et les constructeurs de machines faisant preuve de beaucoup d'imagination. Les phases sont très visuelles, faciles à identifier contrairement à ce qui se produit pour la photogravure et l'impression.

L'acheteur n'a pas la maîtrise dans ce domaine, il n'intervient presque pas, sauf pour donner parfois le bon à relier. Il doit donc d'abord s'informer et se former auprès des façonniers pour vérifier si ce qu'il souhaite est faisable et ensuite envisager chez qui...

Le façonnage est, pour un grand nombre de documents, la dernière phase d'intervention avant sa livraison. Le donneur d'ordres doit tenir compte de la capacité des prestataires à prendre en charge le conditionnement et la logistique, c'est-à-dire la gestion des envois personnalisés ainsi que l'acheminement des documents jusqu'à leur lieu de destination.

Remarque

Pour les produits dont le façonnage est essentiellement effectué par des opérations manuelles, les livres pour enfants par exemple, les donneurs d'ordres se tournent souvent vers des pays où la main-d'œuvre est bon marché : Asie, Amérique du Sud notamment.

Documents brochés.

Les familles de façonnage

Cet ouvrage traite des types de finition les plus usités pour les supports de communication courants. Dans ce contexte, façonner signifie « plier une feuille de papier » dans le cas de brochures simples ou de dépliants, ou bien « regrouper toutes les pages que comporte un document » pour en constituer le corps, ou bloc intérieur et, la plupart du temps, y adjoindre une couverture. Dans ce dernier cas, les deux types de documents les plus fréquemment rencontrés sont les brochés et les cartonnés.

Documents cartonnés. (© OCDE)

Le document broché, composé de feuillets ou de cahiers pliés, peut comporter une couverture. D'un matériau souple, elle est rendue solidaire du bloc par collage sur le dos du corps du document ou à l'aide d'une spirale ou encore au moyen de piqûres métal. Les documents brochés, très nombreux et très différents les uns des autres – brochures, dépliants, catalogues, magazines, rapports d'assemblées ou de bilans, livres... – ont pour qualités essentielles leur souplesse et leur poids, réduit à celui du papier.

Le document cartonné dont le corps est généralement constitué de cahiers pliés a une couverture rigide composée de plats de carton recouverts de matériaux divers, par exemple, du papier imprimé et pelliculé. Les documents cartonnés sont moins diversifiés que les brochés : il s'agit surtout de plaquettes publicitaires luxueuses ou de livres qui « présentent bien » et resteront présentables longtemps, car ils sont solides et leur dos ne se casse pas. Leur poids, cependant, peut être un handicap, notamment s'il s'agit d'ouvrages scolaires ou de plaquettes à expédier par la poste.

Les étapes du façonnage

Pour les documents simplement pliés ou les publications composées de plusieurs cahiers, deux étapes du façonnage sont identiques : le massicotage et le pliage.

Le massicotage

Comme nous l'avons vu dans le chapitre 1, le massicot est une machine munie d'une lame qui sert à couper le papier. Si plusieurs cahiers sont imprimés sur la même feuille, le façonnier doit « refendre » les feuilles pour séparer les cahiers. De même, si les plis du futur cahier sont en sens travers ou contre fibres (les feuilles ont subi des déformations préjudiciables au pliage lors de l'impression), il permet de les « reprendre » en effectuant des coupes afin de reformer des angles parfaitement droits. Le massicot sert également à effectuer les rognes de finition.

Le pliage

Une feuille de papier est composée de deux pages. Si elle n'est pas pliée, elle est appelée « feuillet ». À partir de quatre pages intervient la notion de cahier, le quatre pages constituant d'ailleurs le cahier de base.

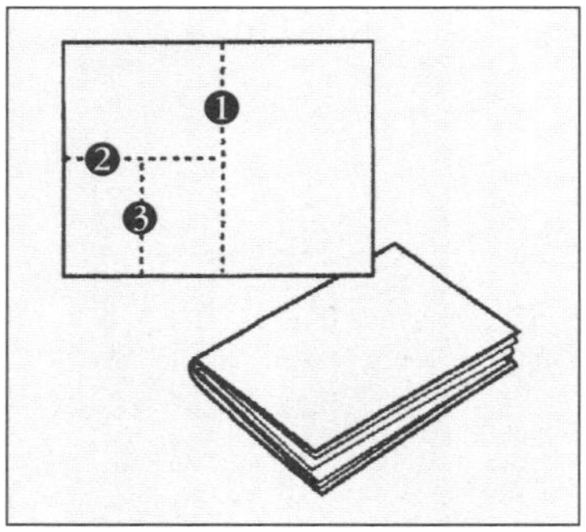

1. Quatre pages. 2. Huit pages.
3. Seize pages.

Un cahier est aussi appelé « signature ». Le nombre de pages du cahier terminé et son pliage sont déterminés avant l'impression car l'imposition en dépend (voir chapitre 5). Le pliage des feuilles en cahiers peut être fait de deux manières différentes.

Les plis croisés

Appelés également « plis de labeur » ou « d'édition », ces plis faciles à réaliser sont très employés (voir chapitre 5). Avec un pli, on obtient un cahier de quatre pages, avec deux plis huit pages, avec trois plis seize pages, et ainsi de suite. Former un nouveau pli en croisant sur le précédent permet de doubler la pagination du cahier. Leur principal inconvénient réside dans l'accumulation d'air lors des pliages successifs, sans que celui-ci puisse s'échapper facilement. Pour réaliser des cahiers de pagination importante, il vaut mieux opter pour des combinaisons de plis croisés et parallèles.

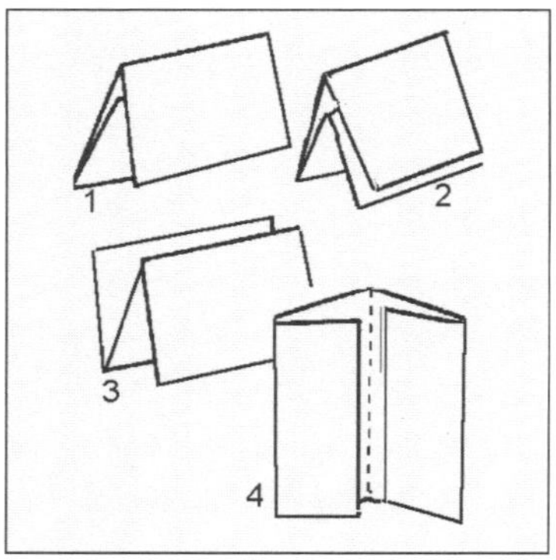

1. Plis roulés.
2. Plis parallèles économiques.
3. Plis parallèles accordéon.
4. Plis parallèles portefeuille ou « plis fenêtre ».

Les plis parallèles

Comme leur nom l'indique, les plis sont effectués parallèlement les uns aux autres. Utilisés seuls ou mélangés avec des plis croisés, ils permettent de nombreuses combinaisons. Ce type de plis est à privilégier car le pliage est plus facile, l'air s'accumulant moins à l'intérieur du cahier.

La légende de la figure ci-contre vous indique les noms de ces plis. Les plis portefeuille demandent à être légèrement décalés pour permettre une ouverture facile du document et l'adaptation d'une poche spéciale sur la plieuse (voir plus loin).

Les plieuses fonctionnent par paliers, chaque pli étant réalisé à un étage, et exploitent deux techniques rapidement évoquées ci-dessous.

Les plieuses

Dans la plieuse à couteaux ou à lames, le papier passe sous une lame qui l'oblige à se plier en son milieu entre deux rouleaux. Un premier pli est ainsi formé. Le cahier descend alors d'un palier et change de sens pour être plié de nouveau, et ainsi de suite... Les couteaux permettent de plier presque tous les types de papier dans des grammages variant de 22 à 200 g.

Principe du pliage à l'aide de lames ou couteaux.

Principe du pliage à l'aide d'une poche.

Dans la plieuse à poche, la feuille de papier est introduite à l'intérieur d'une poche, sorte de râtelier, jusqu'à ce qu'elle se heurte à une butée. Le pli est alors formé à l'endroit de l'ouverture de la poche par des cylindres. Les poches peuvent traiter des supports dont les grammages varient de 45 à 170 ou 200 g (un seul pli dans le sens fibres pour ce dernier grammage). Mais avec ce système de pliage, il est difficile de traiter les papiers de très faibles ou très importants grammages.

Les plieuses les plus fréquentes sur le marché sont mixtes. Combinant les deux techniques, elles permettent de réaliser d'intéressantes combinaisons de plis et proposent différents formats.

Le nombre de plis que la plieuse peut exécuter dépend de son nombre de couteaux et/ou de poches. La vitesse de production dépend du format du document et du nombre de plis réalisés. Elle se traduit en nombre de mètres traités à la minute. Si la pagination est importante – à partir de 32 pages –, et si le grammage est élevé – à partir de 140 g –, les systèmes de perforation permettent d'évacuer l'air emprisonné entre les pages des cahiers afin d'éviter les plissures aux plis. Il en va de même des outils de rainage qui, en écrasant le matériau, évitent l'éclatement des fibres et facilitent le pliage ainsi que la précision du pli.

Les principaux façonnages en rotative

Les plieuses équipant les presses rotatives offrent d'autres types de pliage portant des noms spécifiques, qu'il vaut mieux connaître pour s'y retrouver. Voici les principaux plis effectués en ligne.

Principe du découpage en bandes par accumulation. Imprimerie Firmin Didot.

Le pliage en bandes par accumulation

Certaines rotatives offset du type Timson, Bookomatick, la presse Cameron qui imprime en flexogravure ou encore quelques rotatives héliographiques exploitent un système de découpage du ruban de papier en bandes secondaires. Ces bandes sont accumulées les unes sur les autres, pliées en leur milieu puis découpées en cahiers avant de passer dans la chaîne de brochage.

Pliage triangle, ou au cône. Imprimerie du Groupe Lasky.

Le pliage triangle, ou au cône

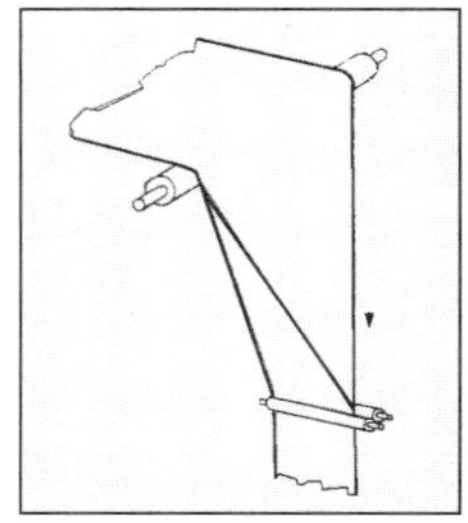

Principe du pliage du cône.

Sur les rotatives offset classiques, un triangle métallique oblige la bande de papier imprimé à se plier au milieu avant d'entrer dans la plieuse, où elle est coupée au format de la coupe dans le sens de défilement. Elle y subit également d'autres plis pour réaliser un cahier. Les bandes de papier peuvent être accumulées avant de subir ce type de pli.

Le pli delta

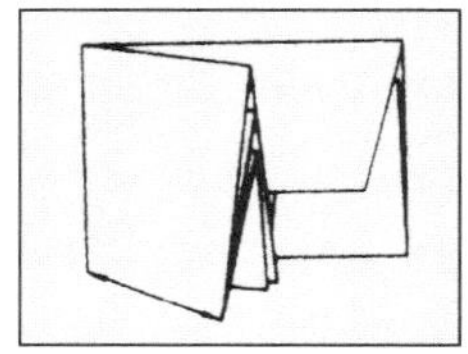

Principe du pli delta.

Le pli delta vient après le pli au cône. Il permet de plier la bande de papier en deux tiers un tiers, en effectuant un pli roulé. Ce façonnage est intéressant si on veut des cahiers de 12 ou de 24 pages.

Le pli cylindre

Ce type de pli parallèle à la coupe vient souvent après le pliage au cône pour former en quelque sorte un pli croisé.

Le pli d'équerre

Le pli d'équerre termine le pliage du cahier par un pli croisé.

Les plis sabot, ou soc

Employés le plus souvent pour des documents figurant dans des mailings, les plis sabot, ou soc, sont complexes : repli de la bande sur un côté avant pliage du cahier, confection de plis portefeuille, encartage de fraction de bande… Dans ce domaine du mailing, l'exigence de pliages complexes est particulièrement importante. Les documents concernés ne doivent pas comporter les perforations des cahiers pliés destinés à être assemblés.

Il existe des rotatives équipées de systèmes périphériques avec lesquels sont effectués toutes sortes de façonnage : collages aux plis, plis décalés, scellages (pose de colle afin de former une enveloppe lorsqu'un volet du document est replié), découpes, fenêtres (voir chapitre 5).

Principe du pli sabot.

Pour les brochures du type dépliant ou flyers, pliés à l'aide de plis accordéon, portefeuille ou roulés, et les documents aux pliages complexes, destinés aux mailings, l'aventure s'arrête là. Pour les documents plus conséquents, elle se poursuit avec la constitution du corps de la publication. Selon le type de document, on procède par assemblage ou par encartage.

L'assemblage

Les piles de chaque cahier plié constituant le corps du document sont déposées dans les casiers ou postes, plus ou moins nombreux, d'une chaîne d'assemblage. Les cahiers tombent les uns sur les autres, du dernier ou premier, pour former le bloc complet.

Cahiers sur palette avant assemblage.

Lors de l'impression, des repères sont positionnés sur ce qui sera ensuite le dos du cahier. Le collationnement des cahiers fait apparaître ces marques qui permettent de vérifier si les cahiers du bloc sont bien dans l'ordre. Ces blocs sont ensuite dirigés vers des couseuses en ligne ou non ou vers des chaînes de brochage de cahiers non cousus. Dans le cas du façonnage en piqûres métal, des agrafes métalliques tiennent ensemble les différents cahiers et la couverture s'il y en a une.

Si l'assemblage comme mode de constitution du corps de document ne convient pas, il faut utiliser la technique de l'encartage.

Chaîne d'assemblage. Imprimerie du Groupe Lasky.

Bloc assemblé avec indication de l'échelle de collationnement.

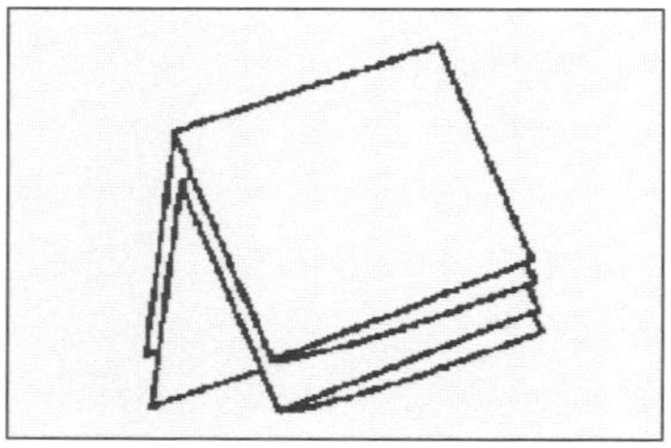

Encartage des cahiers avant de recevoir une piqûre à cheval.

L'encartage

Les piles de chaque cahier plié constituant le corps du document sont déposées dans les casiers d'une chaîne encarteuse piqueuse. Les cahiers sont attrapés par un dépassant prévu lors de l'imposition. Les plis sont alors décalés et les cahiers, ouverts en leur milieu, sont posés à cheval les uns sur les autres.

Les cahiers extérieurs sont dits « enveloppants » et ceux de l'intérieur « enveloppés ». Si la publication est composée de cahiers de différentes paginations, le cahier ayant le plus petit nombre de pages est posé au-dessus de la pile.

Une fois encartés les uns dans les autres, les cahiers sont fixés par différents procédés, des piqûres métal par exemple. Pour que ce procédé puisse être utilisé, l'épaisseur de la publication dépend de la capacité des encarteuses et peut varier de 0,6 à exceptionnellement 1,2 cm. Des encarteuses piqueuses offrent la possibilité de « jetés d'encarts » ou de pose d'échantillons.

Les vitesses selon le nombre de postes, donc du nombre de cahiers à traiter, varient de 3 000 à 10 000 exemplaires. Attention, l'imposition nécessaire à l'impression des cahiers encartés est différente de celle des cahiers assemblés. En outre, plus l'épaisseur du bloc est importante, plus les cahiers du centre dépassent du corps. Il faut donc prévoir ce phénomène dès la maquette.

Le travail de façonnage se poursuit : les cahiers qui ont été assemblés pour constituer le bloc peuvent être cousus ou non cousus, et ce aussi bien pour des documents brochés que pour des documents cartonnés. Si le document est destiné à être souvent manipulé ou s'il est très volumineux, par exemple un dictionnaire, une encyclopédie, un guide ou un ouvrage pour enfant, il vaut mieux faire coudre les cahiers pour garantir la solidité du bloc, mais aussi pour des raisons esthétiques.

Encarteuse piqueuse. Imprimerie Kapp Labure.

Les encarts

La pratique de l'encart, très courante dans la presse pour les magazines ou les revues, consiste à insérer un élément à part dans un document. L'encart peut se présenter sous la forme d'un simple feuillet, d'un cahier plié, d'un poster ou d'une carte. Il est jeté en position libre dans la publication ou, au contraire, vient à un endroit précis. L'encartage présente un certain nombre de contraintes dont les principales sont évoquées plus bas.
Les encarts simples en support papier pour les magazines ou les revues sont généralement traités par les façonniers tandis que l'encartage d'objets, échantillons ou CD est souvent réalisé par un prestataire équipé de routeurs. Certains façonniers possèdent également ce type de machines.
Dans une publication, l'emplacement d'un encart – publicité, poster – est soumis à condition : s'il ne s'agit pas d'un encart en positon libre, il ne peut être positionné qu'à cheval sur un cahier ou au milieu d'un cahier. La présence d'un encart ou d'un cavalier sur la couverture (cahier plus petit que la couverture, posé à cheval sur celle-ci) nécessite de signaler au prestataire de « taquer » les cahiers en tête ou en pied, c'est-à-dire préciser à quel endroit ils vont être arrêtés par les butoirs de l'assembleuse. Si le document est taqué en pied et si l'encart est plus petit que la publication, il sera positionné en bas. À l'inverse, si l'encart doit être positionné en tête, le prestataire devra taquer en tête…
Si le document est à encarter plié et rogné, il faut prévoir un format plus petit que celui de la publication rognée : les produits brochés subissent une rogne trois faces avant l'emballage. Si un poster ou un document quelconque dépasse du haut de la couverture, il faut prévoir de faire rogner la publication en tête avant l'encartage du poster !

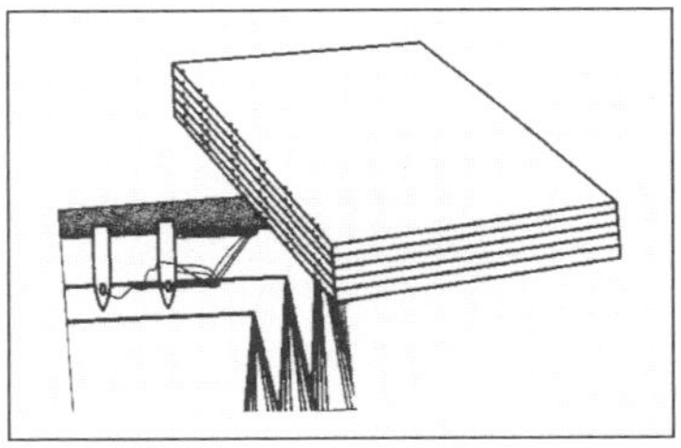

Couture des cahiers.

La couture

La couture intervient après l'assemblage et les blocs poursuivent leur chemin dans la chaîne jusqu'aux couseuses, au moins deux. Le façonnier peut aussi alimenter des couseuses indépendantes avec les corps des documents assemblés. La couseuse est programmée pour coudre un par un, avec un fil textile, les cahiers formant le corps du document. Si la publication comporte cinq cahiers, la couseuse ouvre par le milieu le premier cahier et le coud, puis le deuxième cahier pour le coudre, et ainsi de suite. Les fils relient ces cahiers entre eux pour constituer le bloc cousu. Notez que les cahiers très épais ou trop minces sont difficiles à coudre. (Pour les blocs de cahiers non cousus, de nombreuses solutions sont présentées plus loin.)

Pour la suite des opérations de façonnage, il convient de distinguer les documents brochés et les documents cartonnés, que les blocs soient cousus ou non.

Couseuse.

Les documents brochés

Les brochés cousus

Les blocs cousus sont passés en colle, sur le dos, une ou deux fois selon la qualité finale souhaitée. Deux grandes familles de colle sont utilisées, des colles chaudes, *hot melt*, et des colles froides, ou blanches.

Pour une meilleure tenue du bloc, une autre étape peut être envisagée ; elle dépend également de l'équipement du prestataire. Une bande de papier ou de tissu est très souvent collée en renfort sur le dos avant la pose de la couverture. Celle-ci est introduite dans la chaîne puis est fixée au bloc. Les documents sont ensuite rognés sur trois faces pour permettre l'ouverture des cahiers et donner un aspect soigné à la publication. Enfin, ils sont conditionnés, prêts à être livrés.

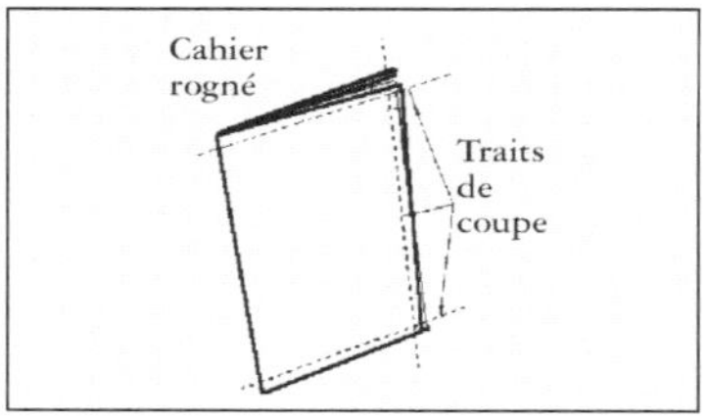

Rogne trois faces.

Si, pour des raisons économiques, le donneur d'ordres a choisi de ne pas coudre les cahiers, les blocs sont dirigés vers des chaînes de façonnage de dos carré collé non cousu ou bien traités différemment (voir plus loin).

Comment prévoir la taille du dépassant

Lors de l'imposition, il faut prévoir un dépassant, de 0,6 à 1 cm, pour les cahiers encartés, généralement sur la seconde partie du cahier.
Pour les cahiers cousus, il existe des systèmes qui, en aspirant le papier ou en introduisant une lame, obligent le cahier à s'ouvrir au milieu pour procéder à la couture. Ces procédés, toutefois, ne conviennent pas à tous les papiers ni à tous les cahiers. Ainsi, un cahier non fermé en tête ou comportant des perforations qui permettent à l'air de s'échapper peut être déchiré lorsque le papier est attiré par les sucettes aspirantes. Il est donc recommandé, dans la mesure du possible, de prévoir, sur la seconde partie du cahier, un dépassant de 0,8 à 1 cm. La vitesse de production s'en trouvera augmentée.

Les brochés non cousus

Le dos carré collé

Fraisage Sciage du dos des cahiers sur 3 à 4 mm environ, rendant les blocs à l'état de feuillets assemblés.

Grecquage Pratique d'encoches au dos du bloc intérieur permettant à la colle de pénétrer plus facilement dans le papier.

La plupart des chaînes capables de façonner des ouvrages en dos carré collé avec des blocs non cousus sont entièrement automatisées. La chaîne de brochage permet de réaliser, dans un même temps, la liaison des cahiers et la pose de la couverture. Les blocs assemblés passent un par un dans une machine munie d'un outil qui leur fait subir les opérations de fraisage et de grecquage.

Des chaînes de dos carrés collés sont équipées de système de défibrage du dos, surtout sur les papiers difficiles à coller (couchés et recyclés), pour une meilleure prise de colle et résistance. Des améliorations ont d'ailleurs été apportées aux chaînes afin

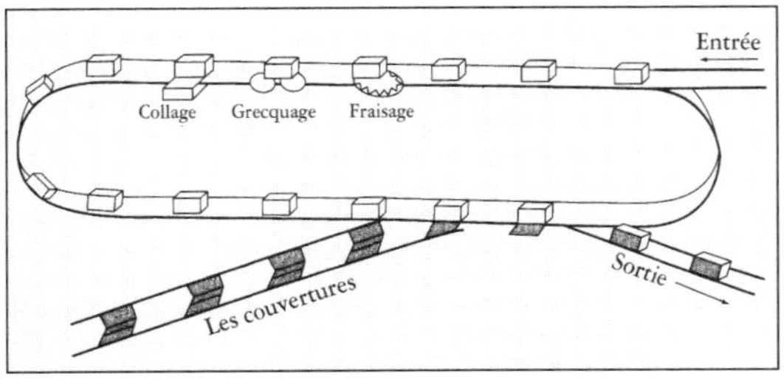

Croquis de la chaîne des opérations en dos carré collé.

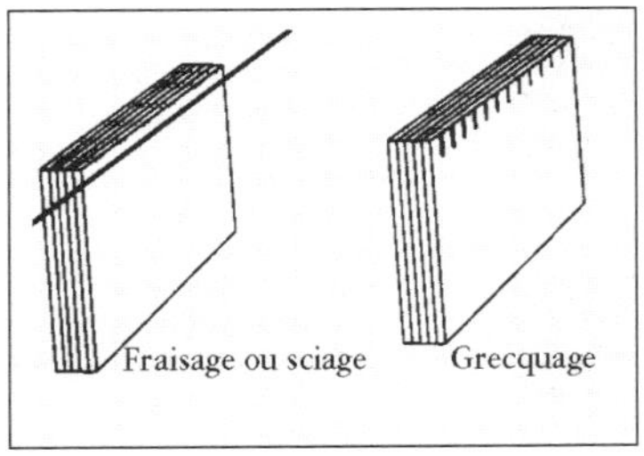

Fraisage et grecquage.

d'obtenir des dos réguliers. Le dos des documents est ensuite passé en colle, parfois encore en deux passages : successivement colle froide puis chaude.

Pour assurer une meilleure tenue du bloc, une bande de papier ou de tissu est très souvent collée en renfort sur le dos, avant la pose de la couverture. Celle-ci est introduite dans la chaîne pour être fixée au bloc. Les documents sont ensuite rognés sur trois faces et conditionnés, prêts à être livrés.

Pour réaliser des dos carrés collés sans couture, il existe d'autres techniques de façonnage qui équipent les plieuses des rotatives spécialisées du type Timson (car la couture est assez onéreuse). Il s'agit principalement de systèmes utilisés pour ne pas couper le dos et éviter la couture. Ces techniques génèrent de sensibles économies de papier par rapport au façonnage en dos carré collé classique.

Le burst binding

Des déchirures à intervalles réguliers sont pratiquées sur le dos des cahiers pliés. La colle injectée pénètre jusqu'au cœur du papier, donnant ainsi à la publication l'apparence d'un document cousu. Le document peut être ensuite broché ou cartonné. La solidité du bloc permet même les dos arrondis.

Le notch binding

Lors du passage en plieuse, les dos des cahiers sont perforés par des découpes franches dans lesquelles la colle est introduite. Plus performant que le précédent, ce procédé permet d'augmenter la surface d'encollage et améliore la liaison entre les différents cahiers pliés.

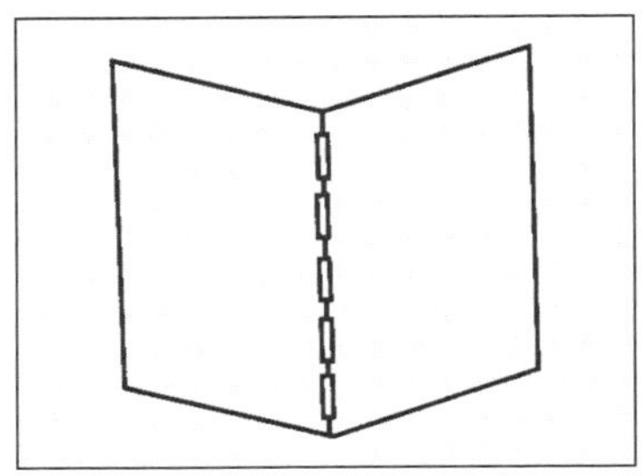

Croquis d'un cahier traité en notch binding.

Les spirales, Wire'O et peignes

Wire'O, peigne et spirale.

Après le pliage et l'assemblage des cahiers, le bloc est rogné sur ses quatre faces. Les perforations sont effectuées puis une spirale fermée est enfilée dans les perforations comme une vis sans fin.

Dans le cas du Wire'O (marque déposée) et des peignes, des systèmes de crochets ou de mâchoires se referment dans les perforations. Les spirales et Wire'O peuvent être de différentes dimensions, en métal ou en plastique et de plusieurs couleurs. Leur principale qualité est de permettre l'ouverture totale du document. Leur inconvénient majeur est l'absence de dos, par conséquent, les spirales s'accrochent facilement les unes aux autres.

En revanche, les peignes (sérilor) possèdent un dos sur lequel il est possible d'imprimer un texte en sérigraphie. Leur inconvénient majeur est leur fragilité, ils se cassent facilement. Ils sont en plastique uniquement, mais de dimensions et de couleurs différentes.

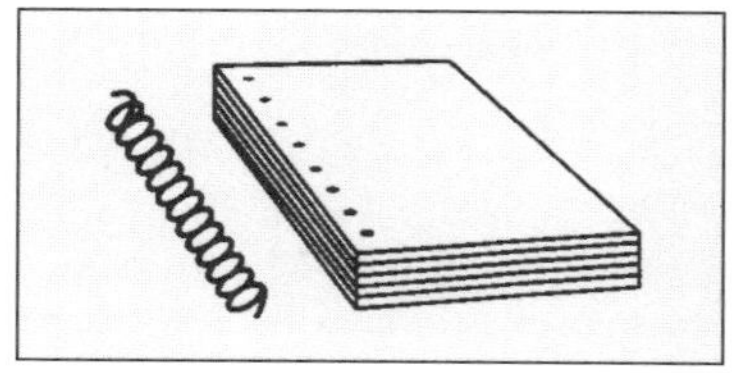

Pose de spirales.

Les piqûres métal

Elles sont utilisées pour les documents constitués de blocs encartés. Après pliage, les cahiers sont déposés dans les casiers d'une encarteuse piqueuse. Les cahiers ouverts tombent les uns dans les autres (à cheval), la couverture, s'il y en a une, vient pardessus puis, une, deux ou trois piqûres métalliques réunissent l'ensemble. Le nombre de piqûres dépend du type de documents et des capacités du façonnier.

Les piqûres métal permettent aussi de réaliser le façonnage de documents dont le bloc est constitué de feuillets. Ils sont réunis entre eux par des piqûres le long du dos. Cette technique se nomme « piqûre à plat ».

Le rainage

Pour faciliter le pliage, le matériau est écrasé au niveau des plis à l'aide d'un instrument ou d'une molette. Le rainage est indispensable sur les papiers de grammages importants, au-delà de 170 g, et sur certains papiers résistant mal au pliage, sous peine de voir les fibres du papier éclater.

Pour les couvertures, un double rainage peut être réalisé à une petite distance du dos, le long des plats de couverture, pour en faciliter l'ouverture. Les espaces ainsi délimités entre le dos et le rainage d'ouverture, sur la première et quatrième de couverture, s'appellent les « mors ». Il est possible de les coller sur le bloc afin d'améliorer l'esthétique de la publication. Cette technique est aussi très utilisée pour confectionner les chemises à rabats. Plieuses et système d'entrée des couvertures brochées dans la chaîne de brochage sont équipées de raineurs. Des massicots effectuent le rainage des couvertures lors de la refente de celles-ci par exemple.

Pour les documents brochés, les couvertures arrivent déjà rainées dans la chaîne, ou bien la chaîne est équipée d'un outil de rainage. Cette opération est nécessaire pour former le dos. Les couvertures à rabats des documents brochés, elles, sont rainées aux plis. Avant de poser la couverture, le bloc intérieur est rogné sur la gouttière, c'est-à-dire à l'opposé du dos. Après la pose de la couverture à rabats, le document subira une rogne « tête/pied ».

La brochure en dos piqué.

Les documents cartonnés

Sur ce type de document, la couverture est rigide car son revêtement est collé sur des plats de carton. On parle de « plat 1 », « plat de dos » et de « dos » lui-même. Pour mener à bien l'opération de cartonnage, il faut poser les gardes sur les blocs et, dans le même temps, confectionner la couverture. En ce qui concerne le corps de l'ouvrage, il peut être cousu ou non. Pour bien comprendre le façonnage d'un document cartonné, il est préférable de commencer par s'intéresser aux gardes.

Les gardes

Les gardes rendent le corps du document solidaire de la couverture. Elles peuvent être dans le texte, hors texte ou en onglet.

Pour les blocs cousus :

- dans le texte : la première page du premier cahier du document est collée sur le carton du plat 1 de couverture et la dernière page du dernier cahier sur le carton du plat 4. Il n'y a donc pas d'intervention de pose de gardes sur le bloc ;
- les gardes hors texte sont constituées de deux cahiers de quatre pages indépendants, qui peuvent être d'un papier différent de celui du bloc de texte. Le premier cahier constitue les gardes de début et le second les gardes de fin. Les cahiers de garde sont fixés par collage, d'une part, sur la première page du premier cahier et la dernière page du dernier cahier par une bande de colle et, d'autre part, par le collage de l'autre page de garde sur le plat de carton de la couverture ;
- les gardes en onglet, destinées à garantir une meilleure résistance, sont prévues pour dépasser le bloc de l'ouvrage de la largeur de l'onglet qui, posé à cheval sur le premier et le dernier cahier, est pris dans la couture des cahiers.

Pour les documents dont les cahiers sont non cousus, il faut poser à cheval sur le dos du bloc une bande de papier ou de textile. Les gardes sont ensuite fixées sur les côtés de cette bande. Les autres opérations sont identiques à celles qui concernent le cartonnage de blocs cousus.

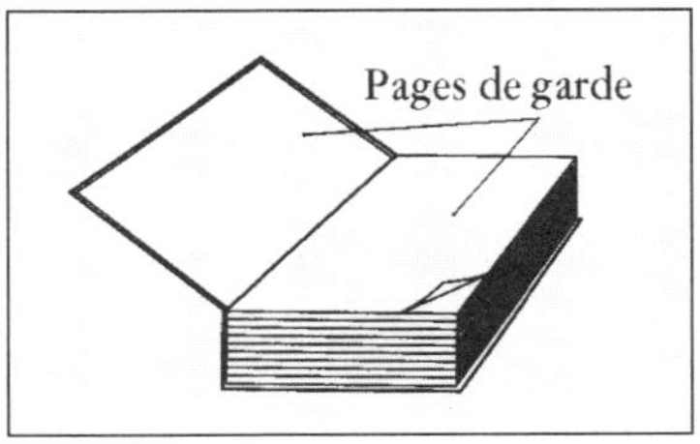

Les pages de gardes sont collées sur le premier et le dernier cahier et sur les plats de carton.

La confection de la couverture

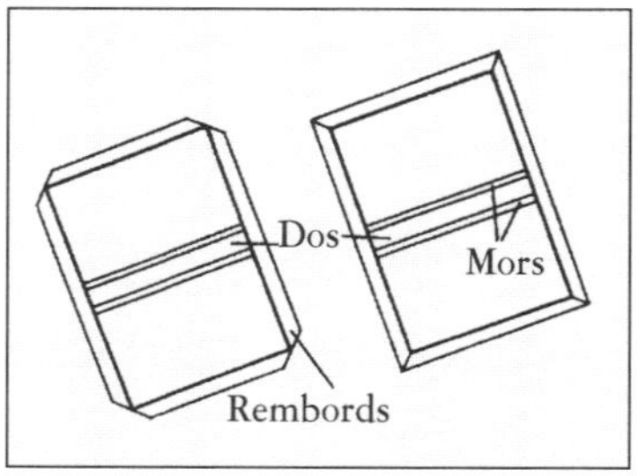

Confection d'une couverture cartonnée : les cartons sont collés sur le revêtement de couverture, qui est ensuite rembordé sur les quatre côtés.

Exemple de couverture cartonnée.

C'est le carton qui fait la couverture. Il est introduit dans une machine appelée « couverturière », et les plats de couverture – plat 1, plat 4 et de dos – sont découpés à la mesure exacte du document cartonné. Les cartons, de différentes épaisseurs selon la grosseur du corps du document et l'effet recherché, sont désignés par leur épaisseur en millimètre ou en degré. Par exemple un carton de 24° mesure 2,4 mm en épaisseur. Les cartons peuvent également présenter des caractéristiques spéciales, par exemple un effet pneumatique au toucher. Dans ce cas, de la mousse est enfermée entre deux cartons minces. Ceux-ci sont collés sur le revêtement des couvertures déposées à plat dans la machine. Celle-ci replie ensuite sur les quatre côtés, le revêtement : papier imprimé et pelliculé, imitations toile ou cuir, matériaux divers. Ce revêtement, plus grand que les cartons, forme les rembords. Ainsi est réalisée la couverture prête à poser.

Remarque

Il est préférable que les rembords présentent une réserve d'encrage à l'endroit ou les gardes seront collées.

Les opérations de pelliculage, vernissage et gaufrage sont réalisées avant la confection de la couverture tandis que les marquages au fer (voir plus loin), sont effectués lorsque la couverture est déjà fabriquée.

La pose de la couverture

Les blocs cousus ou non cousus comprenant les gardes sont rognés sur trois faces puis introduits dans une chaîne de cartonnage, où les couvertures arrivent déjà façonnées. Des éléments comme des tranche-files ou des signets peuvent être collés au bloc avant la pose de la couverture.

Les pages extérieures des gardes qui encadrent le corps du document sont passées en colle. La couverture descend à cheval sur le bloc pour y être collée par les gardes. L'ensemble est fortement pressé et la couverture est pincée au dos, à l'emplacement des mors, afin de faciliter son ouverture.

Les documents cartonnés peuvent présenter des dos ronds ou carrés. Les dos ronds sont obtenus en remplaçant le carton du dos par une carte légère afin de permettre à un instrument de « bercer » le bloc pour provoquer une « arrondissure ».

Tranche-file Petite bande de textile, posée en haut et en bas du bloc de dos, destinée à cacher l'assemblage des cahiers.

Signet Étroite bande de textile collée au dos et réinsérée à l'intérieur du bloc dont elle dépasse. Elle sert à marquer les pages.

Autres types de façonnage

Les principaux modes de brochage employés pour les supports de communication, à l'exclusion des mailings, ayant été présentés, examinons maintenant quelques types de façonnage particuliers.

L'intégra

Ce procédé est très employé pour les guides, les ouvrages scolaires ou les agendas. Pratique et esthétique, il combine les avantages des documents brochés, couverture souple et faible poids, avec ceux des documents cartonnés, solidité et dos qui ne se casse pas. À cela s'ajoute la possibilité de coller une couverture souple de n'importe quel support – papier, tissu, plastique –, de 230 à 280 g, à l'aide de gardes, sans le secours de cartons.

Cette technique, dont le prix se situe à peu près entre celui du brochage et celui du cartonnage (couture mise à part), présente entre autres avantages la possibilité de poser signet, tranche-file ou marque-page et de choisir entre dos rond et dos carré.

Documents traités en intégra.

Remarque

Le full-flaps est un document traité avec la technique de l'intégra et présentant des rabats. Sur certains guides, les rabats peuvent servir de marque pages par exemple.

Couverture en trois parties ou Multiflex

Le corps du document est assemblé et cousu, des gardes sont posées et la couverture qui vient se coller est souple et composée de trois parties : le dos et les deux plats. Le dos peut être rond ou carré, en papier, en toile ou en PVC alors que les plats sont en général en carte couchée pelliculée ou en PVC.

Ce système présente les avantages de l'intégra, tout en proposant des couvertures plus créatives. Pourtant, peu de chaînes automatisées de ce type sont présentes actuellement sur le marché.

Les spirales cachées

Les documents sont constitués d'une couverture cartonnée et d'un bloc tenu par une reliure spirale, ou un Wire'O. Sur un côté, le carton de couverture est dissimulé par une garde et l'un des plats de la couverture du document à spirales est collé sur l'autre plat. Ce système, un peu cher, présente l'avantage de fournir au document à la fois un dos et de la tenue grâce à la technique du cartonné et la possibilité de

Remarques

Quelques noms de constructeurs : Müller Martini, Heidelberg, Kolbus, CP Bourg...

Les poses de bandeaux et de jaquettes sont des opérations de façonnage exécutées sur des chaînes spécialisées.

Si le format de la publication rend l'imposition en coming and going possible, le coût du façonnage s'en trouve considérablement réduit. Ce principe permet en effet de façonner deux documents ou deux cahiers du même document à la fois.

l'ouvrir complètement à plat grâce à la spirale. Il est surtout utilisé pour les ouvrages de cuisine, les plaquettes de présentation et les livres pour enfants.

Si se démarquer du genre courant est la priorité du donneur d'ordres, les solutions ne manquent pas : pose d'œillets, de boutons pression, de vis, de coins en métal, de bandes de textile ou d'élastiques pour fermer un document, encoches, contre-collage de carton et de matériaux divers. Ce ne sont pas les idées qui font défaut mais plus souvent l'argent. Lorsqu'un donneur d'ordres a décidé de réaliser un produit peu ordinaire, il doit interroger plusieurs fournisseurs sur la faisabilité de son projet et faire exécuter un modèle à la main par le façonnier. Dans ce domaine, en effet, de nombreuses opérations sont manuelles et génèrent des coûts importants.

Les colles

Les colles sont un facteur primordial de la solidité du document. Il convient d'utiliser la mieux adaptée au papier et au type de produit, en respectant son temps de séchage. Il est toujours amusant de voir, dans les ateliers de façonnage, les documents se promener sur des tapis roulants en attendant que la colle soit convenablement sèche...

Les colles chaudes

Les colles Hot Melt, thermofusibles ou synthétiques sont utilisées pour le collage du dos des ouvrages brochés avec et sans couture. Ces colles dures rendent les documents difficiles à ouvrir, mais elles présentent plusieurs avantages : séchage rapide, collage de tout type de papier et coût inférieur à celui des colles PUR.

En revanche, les colles chaudes animales (gélatine) restent souples. Elles sont donc utilisées pour coller les tranche-files.

Two shot Passage d'une colle froide, séchage puis passage d'une colle chaude pour coller le dos des couvertures.

Les colles froides

À dispersion, elles sont beaucoup plus souples et donnent plus de confort d'ouverture. Elles peuvent éventuellement provoquer des difficultés sur les papiers couchés et sont plus longues à sécher. Des colles froides sont également utilisées en reliure pour coller les gardes, les plats de carton notamment.

La colle PUR

La colle PUR (polyuréthane réticulable) est onéreuse par son coût propre et celui de l'équipement particulier qu'elle demande, mais efficace car elle procure une très bonne solidité du dos pour des papiers dont le grammage est supérieur à 115 g, en particulier s'ils ne sont pas en sens fibres, et une souplesse d'ouverture du document. L'utilisation de cette colle exige des précautions particulières et son temps de séchage est assez long. Il faut donc éviter de précipiter le prestataire.

Remarque

Le dos des dos carrés collés n'est pas grecqué mais défibré et la colle ne remonte pas dans l'encre.

Le papier et le façonnage : trucs et astuces

Il faut savoir qu'un papier trop sec ou trop humide provoque des incidents au façonnage. L'accumulation de plis, elle, crée des phénomènes d'électricité statique – et le papier est très sensible aux chocs électriques. Par ailleurs, il est préférable que les plis du dos soient parallèles au sens fibres du papier, sauf pour les grammages en dessous de 70 g ; le sens travers peut donner plus de tenue au bloc, mais il faut s'être mis d'accord avec l'imprimeur et le façonnier. Sachez de même que, pour un document cartonné, les gardes présentent un aspect inesthétique si elles sont collées sur le papier d'un bloc façonné en sens travers. Notez enfin que le donneur d'ordres doit se renseigner auprès de prestataires sur leur capacité à fabriquer des documents dont l'épaisseur de dos est faible (< 5 mm).

Surfaçage et embellissement

Les opérations de surface et d'embellissement sont très exploitées dans les domaines de l'emballage et de la PLV car elles apportent une réelle valeur ajoutée au produit. Elles s'effectuent sur le papier ou le revêtement à plat avant les opérations de gaufrage – si le document en comporte un.

Remarque

Déposés sur les supports, les vernis sont destinés uniquement à la protection et à l'embellissement.

Les vernissages

Le vernis machine

Le vernis machine, ou vernis gras offset, est surtout destiné à éviter le maculage. Il est déposé en ligne sur la machine à imprimer, comme une encre. Invisible à l'œil nu, ce vernis a un coût assez faible. Il est surtout utilisé, et recommandé, dans le cas d'une impression assez chargée en encre sur un couché mat, papier qui demande un temps de séchage de l'encre assez long.

Les vernis acryliques

Les vernis acryliques, ou vernis à l'eau, sont mats, satinés ou brillants. Déposés par les presses à imprimer, ils sont destinés à protéger l'impression contre les salissures

Maculage Salissures provoquées par l'encre insuffisamment sèche sur les feuilles imprimées.

et à embellir le document. De plus, les vernis acryliques bloquent les couleurs sensibles à la métamérisation : les couleurs changent moins de tonalité selon l'éclairage.

Les vernis UV

Les vernis UV, très brillants, sont difficiles à distinguer du pelliculage à l'œil nu. Ils sont déposés sur une presse d'impression équipée d'un groupe de vernis et de sécheurs UV ou sur une machine à part.

Les vernis sélectifs ou en réserve

Ces vernis acryliques, ou UV, sont déposés sur des zones bien délimitées. Par exemple, après le pelliculage satiné d'un support, le passage d'un vernis brillant sur certains motifs les met en valeur ; dans ce cas, le donneur d'ordres prévoira un fichier pour les zones à vernir. Mais attention, si le temps de séchage n'est pas respecté, les vernis s'écaillent et cassent aux plis.
Des machines offset proposent déjà la dépose en ligne d'un vernis en réserve mat : par contraste, les zones non vernies paraissent brillantes. On peut aussi trouver des vernis nacrés, de couleur, parfumés..., déposés en sérigraphies ou en flexogravure, techniques qui permettent le dépôt de couches plus importantes.

Remarque

Si les documents dont la couverture est vernie sont posés en pile, comme c'est souvent le cas pour les magazines ou les revues, ou s'ils ne sont pas emballés soigneusement, ils glissent : l'ouverture sans précaution d'une palette peut provoquer une mini-catastrophe !

Le pelliculage

Le pelliculage, ou laminage, consiste à coller sur le support, couverture ou autre, même très épais (300 ou 400 g), un film transparent qui donne un aspect brillant, satiné ou mat au document. Le pelliculage rehausse l'ensemble des couleurs. Il faut donc en tenir compte dès les opérations de photogravure.

Pelliculeuse. Imprimerie Kapp Lahure.

Les pellicules se présentent en bobine et leurs dimensions sont limitées dans le sens de la laize. Les presses à imprimer très récentes proposent le pelliculage en ligne dans les formats des machines 36 x 52, 52 x 74 et 76 x 102 cm. Ces pellicules sont de deux sortes :

- les pellicules polypropylène, plus résistantes et plus onéreuses que celles à l'acétate, permettent des traitements additifs comme le gaufrage ou la pose de vernis autre que sérigraphique ;
- les pellicules acétate, moins chères mais moins résistantes, ne permettent pas le gaufrage et ne peuvent recevoir que des vernis sérigraphiques. En revanche, elles acceptent bien la colle des gardes sur les rembords des couvertures cartonnées par exemple.

Les pellicules sont très sensibles aux différents types de support et de papier : elles adhèrent mieux sur des surfaces lisses que sur des support rugueux ; il vaut mieux préférer les couchés brillants. De plus, au moment de l'impression, pour séparer les feuilles imprimées, on ajoute de la poudre anti-maculante en sortie de presse. Si ce saupoudrage est trop important, il peut entraîner des effets disgracieux sous le pelliculage. Le choix de la pellicule doit donc tenir compte de tous ces facteurs.

Par ailleurs, les pellicules polypropylène ne permettent pas de pelliculer les deux côtés d'une feuille, il faut alors utiliser une pellicule polypropylène pour un côté et acétate pour l'autre.

Les découpes

Il s'agit de supprimer une partie du matériau à l'aide d'une forme de découpe afin de faire apparaître un motif ou de réaliser des pliages spéciaux. Le matériau à éliminer est ensuite récupéré par aspiration.

Pour les petits et les moyens tirages, ces découpes se font à l'aide d'un instrument tranchant de la forme à découper, sur des presses typographiques reconverties grâce au laser. Au-delà d'un certain tirage, il faut utiliser des machines dédiées semi-manuelles ou automatiques. Ces dernières sont encore peu nombreuses sur le marché.

Si la découpe est standard, comme dans le cas de certaines chemises à rabats, la forme ne coûtera rien au donneur d'ordres. Si ce n'est pas le cas, il devra payer la fabrication de la découpe, imputable en frais fixes.

Outil de gaufrage.

Le gaufrage

Il s'agit de faire ressortir un motif ou une typographie, en les mettant en relief à un endroit précis du support. Cette opération est effectuée en pressant fortement à chaud ou à froid le matériau à l'envers, à l'aide d'un élément métallique de la forme du motif à mettre en relief.

Les fers à dorer

À l'inverse du gaufrage, la forme ne provoque pas un relief mais un creux dans le matériau qui est traité à l'endroit. Si rien n'est déposé dans le creux provoqué il s'agit d'une cuvette à froid et on peut y coller une vignette. Sinon, une pâte de couleur ou un ton or, argent, bronze, etc., vient remplir l'espace creusé. Les principaux outils des fers sont en laiton, en bronze ou en magnésium. Ce dernier matériau est moins cher mais il est moins résistant et donne des impressions moins nettes.

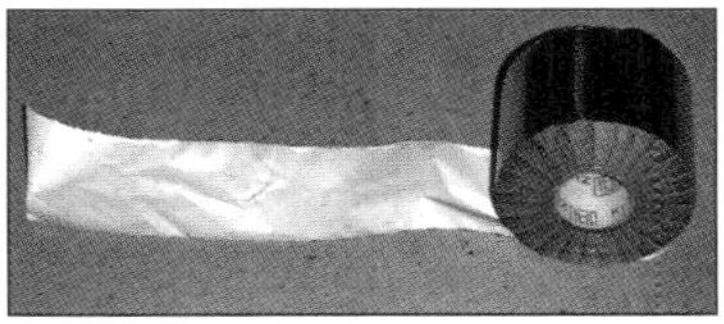

Matière pour fer à dorer.

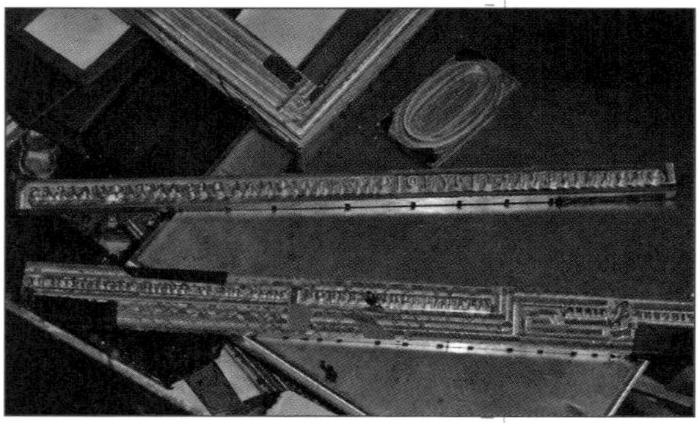

Divers outils pour fer à dorer.

C'est le donneur d'ordre qui doit fournir un élément de la forme, film ou modèle, et son emplacement. De plus, comme le support choisi pour y appliquer gaufrage et fer à dorer doit pouvoir résister à un tel traitement, il doit s'informer à ce sujet auprès des vendeurs de papier.

Notez enfin que les cartons des plats de couverture et les gardes doivent absolument être en sens fibres, et que sur certains matériaux, il faut parfois passer deux couches d'or, d'argent ou de bronze pour obtenir de bons résultats.

Le conditionnement

Avant d'être livrés, les documents sont conditionnés. S'il est le dernier maillon de la chaîne, le façonnier s'en charge. Il est donc essentiel pour le donneur d'ordres de connaître les capacités de son prestataire dans ce domaine.

Les principales possibilités de conditionnement sont :

- la mise sous film à plusieurs exemplaires ;
- la mise sous film rétractable à l'unité – le film dit « technique » est plus transparent, plus épais, plus résistant mais aussi plus cher que celui des emballage à plusieurs exemplaires ;
- la mise en paquets Kraft ;
- la mise en caisses carton.

Le tout est placé sur des palettes protégées ou non par des coiffes de carton et cerclées de liens en plastique. Le donneur d'ordres opte pour l'une ou l'autre formule, en fonction de la destination de ses produits et de leur fragilité.

Recommandations pour le routage

Tous les documents personnalisés et expédiés individuellement font l'objet d'un routage. Cette opération simple s'avère parfois très complexe. C'est le cas lorsque le routeur doit rassembler diverses brochures, déposer des encarts, des échantillons ou des objets – par exemple, pour les mailings –, personnaliser et expédier. Le donneur d'ordres doit au préalable s'informer sur les capacités de son prestataire, à savoir :

- les formats minimal et maximal, ainsi que les épaisseurs maximales qu'il peut traiter ;

Routage Mise sous film du document, impression du nom et de l'adresse du destinataire, préparation et présentation des envois à la poste.

Signe Tout ce qui occupe de l'espace : le caractère lui-même, les blancs entre les mots, les signes de ponctuation, les indices, les exposants.

- ses possibilités sur le type de filmage (basse ou haute densité), de dépose d'étiquettes, d'intégration de CD, d'échantillons ou d'objets, d'ouverture des documents pour y déposer un élément à une place déterminée ;
- son système de personnalisation, par exemple, impression jet d'encre recto verso ou recto seul ;
- les performances de son système d'impression ;
- sa localisation, qui peut s'avérer cruciale lorsqu'il s'agit de récupérer des éléments qui viennent de différents endroits ;
- le type d'accord qu'il a contracté avec la Poste ;
- la récupération des emballages « box » de la Poste pour les gros conditionnements.

Filmage basse densité Utilisation d'un film totalement transparent.

Filmage haute densité Utilisation d'un film translucide.

Avant de se lancer dans la fabrication des éléments à encarter, le donneur d'ordres doit interroger et faire valider ses attentes par le prestataire afin que celles-ci soit compatibles avec son matériel : format, présentation, épaisseur, type de support, endroit de la dépose... Des tests peuvent être réalisés. Pour l'adressage, les fichiers de noms et d'adresses doivent être très soigneusement préparés : si le donneur d'ordres ne dispose pas de cette compétence en interne, le routeur peut s'en charger. Pour être efficace le routage doit être effectué dans des délais courts ; c'est pourquoi il peut être intéressant de laisser le routeur gérer le fichier des abonnés, qu'il pourra préparer à l'avance. De plus, la gestion du retour des documents avec la mention « NAI » (« N'habite pas à l'adresse indiquée ») lui permet de mettre à jour les fichiers.

Méthode générale pour commander le façonnage

Le donneur d'ordres a maintenant compris la nécessité de sélectionner les prestataires avant de les interroger sur leurs prix. Il lui est assez facile de s'informer sur les capacités, les spécialités et les parcs des façonniers par le bouche-à-oreille, lors de salons, au moyen de revues, d'annuaires mais aussi sur Internet. Pour sélectionner les prestataires en fonction de ses besoins, il doit d'abord comprendre les informations contenues dans les parcs machines.

Comment lire un parc machine

Le donneur d'ordres doit repérer les spécialités du prestataire – documents brochés, dos carrés collés, spirales, cartonnés, fabrications originales –, puis les données importantes à exploiter :

- massicots pour le papier et le carton de couverture : formats d'ouverture maximaux ;

- plieuses : nombre, genre et formats d'ouverture maximaux – le critère de format est primordial pour le pliage de cartes routières, de posters ou d'affiches ;
- chaîne d'assemblage et encarteuses piqueuses : nombre de postes et formats minimal et maximal acceptés ;
- chaînes de brochage et de reliure : spécialités (dos carré collé, couverture en trois parties), formats maximal et minimal. Par exemple : 24 stations, 2 passages en colle + colle latérale, ce qui signifie la possibilité de réaliser des mors collés pour la couverture ;
- couverturière (pour façonner les couvertures cartonnées) formats minimal et maximal possibles ;
- emboîtage des couvertures cartonnées (pose de la couverture) : formats minimal et maximal autorisés ;
- application de jaquette automatique : si oui, formats minimal et maximal autorisés pour les documents et les rabats ;
- emballage : épaisseur maximale des paquets – sous cellophane ou polypropylène par exemple ;
- rotatives : nombre de pages et de plis réalisables par les plieuses.

Pour les routeurs, le donneur d'ordres doit s'informer auprès des prestataires des contraintes des machines qui imposent des formats maximaux aux documents ainsi que des poids et des épaisseurs aux éléments à encarter.

Jaquette Cahier de 4 pages avec rabats posé sur la couverture.

Le suivi

Dès la prise de décision de publier le document, le donneur d'ordres définit les grandes lignes de ses besoins : brochés cousus ou non cousus, cartonné, intégra, nombre de pages au cahier, etc. Il établit ensuite une fiche technique précise qui, adaptée, servira de demande de devis et de bon de commande. Cette fiche doit obligatoirement comporter certains éléments.

Pour un document simplement plié :
- les formats ouvert et fermé ;
- le type et le grammage du papier ;
- le nombre de pages ;
- le nombre et le type de plis ;
- un croquis ou un modèle si le pliage n'est pas courant.

Pour un document broché ou cartonné :
- le format rogné ;
- pour l'intérieur : le nombre de pages, le type et le grammage du papier, le nombre de pages envisagées au cahier (le prestataire réagira s'il considère qu'il y a un risque), cahiers cousus ou non cousus, renfort ou non sur le dos du bloc (pour les fortes paginations).

Contrôle

Dans certains cas, il est souhaitable de demander un bon à relier, modèle fait à la main par le façonnier, avant de lancer la fabrication définitive, pour les documents très épais par exemple.

Pour la couverture d'un document broché : le type et le grammage du matériau, pelliculée ou vernie et type de pelliculage ou vernis utilisé, rabats ou non, double rainage, mors collés.

Pour un document cartonné :

- le type et le grammage du revêtement de couverture ;
- la présence de tranche-files, de signet ou autres ;
- la présence et l'emplacement de fers à dorer ou de pâte (donner la dimension et les références de couleurs) ;
- les types de gardes : fournies par lui ou par le donneur d'ordres, matériau, grammage, imprimées ou non ;
- l'épaisseur des cartons ;
- le dos rond ou carré ;
- la pose d'une jaquette.

Mise sous film rétractable avant passage au four.

Mise sur palettes.

Et, dans tous les cas, le chiffre de tirage, la date de remise des éléments et la date de livraison souhaitée, le mode de conditionnement et l'adresse de livraison.

Si le produit n'est pas standard, le donneur d'ordres fait un croquis et demande une maquette. Après la sélection du fournisseur, il rédige le bon de commande comportant toutes les caractéristiques techniques, les dates du planning et le prix négocié.

Pour le calcul des coûts de façonnage, reportez-vous aux études de cas pratiques des pages 239 et 240.

Rappel sur la pagination des cahiers

Pour déterminer le nombre de pages d'un cahier, il faut tenir compte de la qualité et du grammage du papier afin d'éviter pattes d'oie et éclatement des fibres. Il vaut mieux demander conseil au fournisseur. Voici une fourchette des paginations de cahiers, étant entendu que chaque prestataire, en fonction de son matériel, propose des formules réalisables. Ces normes sont celles des cahiers qui comportent des perforations sur trois faces. Pour les documents destinés aux mailings, par exemple, les grammages de papier limites doivent être descendus d'environ 20 %.

Le bouffant qui possède une main élevée est plus difficile à plier que l'offset. Le couché mat, plus abrasif que le brillant, est plus difficile à plier.

Les plis croisés sont réalisés le plus souvent avec des couteaux et les plis parallèles avec des poches. Le grammage du papier accepté pour réaliser un cahier en plis parallèles est moins élevé que pour le même cahier fabriqué en plis croisés. De plus, la technologie des poches ne permet pas de gérer les plis successifs dans des grammages inférieurs à 40 g et supérieurs à 135 g. Quoi qu'il en soit, ces plis croisés successifs deviennent obsolètes, car ils provoquent la chasse du papier.

PAGINATION DES CAHIERS

	Couchés	Non couchés : bouffant, journal et offset
En feuilles		
8 pages	de 170 à 200 g (prévoir le plus souvent un rainage)	150 g
16 pages 3 plis croisés	150 g	135 g
16 pages Plis parallèles et 1 croisé	de 70 à 135 g	120 g
20 pages Plis parallèles et 1 croisé	80 g	bouffant : 70 g offset : 80 g
24 pages Plis parallèles et croisés	de 120 à 135 g	bouffant : 100 g offset : 120 g
24 pages à l'italienne	de 90 à 100 g	de 90 à 100 g
32 pages Plis croisés sur plieuses à couteaux	mat : 80 g brillant : 90 g	de 90 à 100 g
32 pages 3 plis accordéons, 2 croisés	brillant : de 100 à 115 g	de 90 à 100 g
48 pages 4 plis accordéons, 2 parallèles, 1 croisé	70/80 g	de 70 à 80 g
En rotative		
8 pages	150 g	
16 pages	de 150 à 135 g	
32 pages	de 110 à 120 g	
48 pages	80 g	
64 pages	50 g	

LES COÛTS

En général, le choix du façonnage par le donneur d'ordres intègre deux critères : l'adéquation avec le document (solidité, esthétique) et les contraintes économiques. Globalement, le façonnage d'un document broché non cousu coûte moins cher que celui d'un cousu et le coût d'un document en intégra se situe entre ceux des produits brochés et cartonnés.

Les prestataires élaborent leurs prix en coûts horaires de production, augmentés des dépenses liées à la fourniture des matériaux : fil, tranche-files, signet, carton, gardes, colles, éventuellement revêtement de couverture tels que les imitations toile ou cuir ou les vraies toiles… Si le donneur d'ordres obtient un tarif d'un fournisseur fabriquant aussi bien des documents brochés que cartonnés, ce tarif pourra être présenté,

pour le broché par exemple, par tranches de formats subdivisées en cousus et non cousus, réparties en frais fixes et en frais variables.
Les frais fixes correspondent au calage et à la mise en route des différentes machines.
Les frais variables sont répartis ainsi :
- pour une base de deux ou trois cahiers avec la couverture pour mille exemplaires ;
- coût par cahier supplémentaire au mille. Si les cahiers sont livrés pliés (sortis de rotatives), une minoration sera proposée. Pour les cartonnés, toutes les opérations sont détaillées et présentées en supplément ;
- coût des vernis et pelliculages au m^2 ;
- outils nécessaires à la fabrication des marquages au fer facturés à l'unité selon leur importance et pour chaque couleur ;
- passage au fer facturé à l'exemplaire ou au mille.
Compte tenu du temps de mise en route des machines, chez la plupart des façonniers la facturation minimale est pour cinq cents ou mille exemplaires, sauf pour les matériaux.

Exemple de tarif pour du broché non cousu

- Format : jusqu'au 23 × 29,7 cm.
- Frais fixes qui comprennent la mise en route des machines utiles au façonnage : 220 €.
- Frais variables :
  - base : 2 cahiers de 16 pages et pose de la couverture ; pour mille, 200 €.
  - base : 2 cahiers de 24 ou 32 pages et pose de la couverture ; pour mille, 235 €.
- Le cahier supplémentaire de 16 pages : pour mille, 24 €.
- Le cahier supplémentaire de 24 ou 32 pages : pour mille, 26 €.
- Minoration pour fourniture des cahiers pliés : 10 %.

Exemple de tarif pour du broché cousu

- Frais fixes : 280 €.
- Frais variables :
  - base : 2 cahiers de 16 pages et la couverture. Pour mille : 250 €.
  - base : 2 cahiers de 24 ou 32 pages et la couverture. Pour mille : 275 €.
- Le cahier supplémentaire de 16 pages : pour mille, 31 €.
- Le cahier supplémentaire de 24 ou 32 pages : pour mille, 33 €.
- Minoration pour fourniture des cahiers pliés : 10 %.

Supplément cartonné

- Carton 24° ou 2,4 mm : pour mille, 55 €.
- Gardes : offset blanc 140 g ; fourniture et pose des gardes : le mille, 70 €.
- Fourniture et pose de tranche-files : 50 €.
- Confection et pose de la couverture : 300 €.
- Pour les brochés et les cartonnés, les coûts sont majorés de 20 % pour les formats à l'italienne.

Pelliculage
- Mat : 0,33 le m^2.
- Brillant : 0,31 le m^2.

Conditionnement
- Mise sous film à l'exemplaire : 0,12 €.
- Mise sous film en paquets de 7 kg maximum : le paquet, 0,30 €.
- Mise en caisse carton : la caisse, 1,20 €.

Routage
Coût au mille selon la difficulté, les zones et le nombre de zones de distribution ainsi que le nombre d'exemplaires.

CAS PRATIQUE n° 1

Il s'agit, rappelons-le, d'expérimenter ici une méthode de calcul des coûts de façonnage (au sens général) dans le cas de l'élaboration du catalogue de l'entreprise XY.

Ces coûts sont indiqués ici essentiellement pour aider à comprendre le mécanisme de leur construction. Avec le temps, le donneur d'ordres apprendra, en demandant des devis avec les postes séparés, (façonnage à part), à établir des comparaisons pour se donner une idée des prix moyens de marché.

Caractéristiques utiles à cette étape :
- format : 22 x 28 cm ;
- papier de l'intérieur : 120 g (information nécessaire pour évaluer le nombre possible de pages au cahier) ;
- cahiers non cousus ;
- pagination : 64 pages intérieures + couverture ;
- pelliculage : mat, 2 poses à la feuille, feuille d'impression de la couverture = 52 x 72 cm ;
- conditionnement : 20 exemplaires par paquet.
- tirage : 10 000 exemplaires.

	Frais fixes	Frais variables	Mille suivant
Façonnage			
Frais fixes de mise en route	220		
Frais variables 4 cahiers de 16 pages + couverture Tarif pour 2 cahiers : 200 x 10 000/1 000 = 2 cahiers en plus : 24 x 2 x 10 000/1 000 =		2 000 € 480 €	200 € 48 €
Total	220 €	2 480 €	248 €
Coût du façonnage 220 + 2 480 = 2 700 €			
Coût unitaire 2 700/10 000 = 0,27 €			
Pelliculage			
Coût d'une feuille Surface de la feuille à pelliculer x coût du m^2 : 0,52 x 0,72 x 0,33 = 0,1235 € **Nombre de feuilles à pelliculer** Chiffre de tirage/nombre de poses x 1,02 (gâche de façonnage comprise) : 10 000/2 x 1,02 = 5 100 feuilles			
Total 0,1235 x 5 100 =		630 €	63 €
Coût du pelliculage : 630 €			
Coût unitaire 630/10 000 = 0,063 €			
Conditionnement			
Mise sous film rétractable à 20 exemplaires par paquet : 10 000/20 x 0,30 =		150 €	15 €

n°2 CAS PRATIQUE

De même, calculons à combien reviendra le façonnage du catalogue d'outillage, objet du cas pratique n° 2.

Caractéristiques techniques utiles à cette étape :
- format : 23 x 28,5 cm ;
- papier intérieur : 60 g ;
- cahiers non cousus ;
- pagination : 144 pages + couverture ;
- pelliculage : brillant, 4 poses à la feuille, dimension de la feuille d'impression de la couverture (papier acheté en stock) = 70 x 100 cm ;
- conditionnement : 20 exemplaires par paquet ;
- tirage : 150 000 exemplaires.

	Frais fixes	Frais variables	Mille suivant
Façonnage			
Frais fixes de mise en route : 200 – 10 % =	180 €		
Frais variables 3 cahiers de 48 pages, soit 1 cahier en plus par rapport à la base du tarif pour des cahiers de 24 ou 32 pages (cahiers livrés pliés) ; pas de travail supplémentaire sur les cahiers de 48 pages : 235 – 10 % = 211,5 x 150 000/1 000 = Cahier supplémentaire : 26 - 10 % = 23,40 x 150 000/1 000 =		31 725 € 3 510 €	211,50 € 23,40 €
Total	180 €	35 235 €	234,90 €
Coût du façonnage 180 + 35 235 = 35 415 €			
Coût unitaire 35 415/150 000 = 0,236 €			
Pelliculage			
Coût d'une feuille Surface de la feuille à pelliculer x coût du m^2 : 0,70 x 1 x 0,31 = 0,217 € – Nombre de feuilles à pelliculer Chiffre de tirage/nombre de poses x 1,02 (gâche de façonnage comprise) : 150 000/4 x 1,02 = 38 250 feuilles			
Coût du pelliculage 0,217 x 38 250 =		8 300 €	55,40 €
Conditionnement Mise sous film rétractable à 20 exemplaires par paquet : 150 000 : 20 x 0,30 =		2 250 €	15 €

Résumé des tâches

Voici le schéma récapitulatif des opérations de façonnage par type de document.

Broché Cousu	Non cousu	Piqûres métal	Spirales, Wire'O, peignes	Cartonné Cousu Gardes hors texte
		Pliage des cahiers		
Assemblage		Encartage des cahiers et de la couverture	Assemblage	Assemblage
Couture	Sciage du dos	Piqûres métal	Rogne 4 faces	Couture
Pose couverture			Pose spirale, Wire'O, peigne	Pose des gardes
Rogne 3 faces	Rogne 3 faces	Rogne 3 faces		Rogne 3 faces
				Confection de la couverture
				Pose de la couverture
		Conditionnement		

9 L'achat de prestations

Les techniques d'achat de prestations sont le point d'orgue des étapes de la chaîne de production qui préparent à l'élaboration du prix de revient d'un document imprimé. Grâce aux éléments présentés dans cet ouvrage, le donneur d'ordres peut désormais définir ses besoins en termes de matériel, de qualité, de services et de prix, mais aussi identifier et choisir les fournisseurs en fonction de ses impératifs.

Deux méthodes d'analyse sont proposées dans ce dernier chapitre. La première concerne les besoins et les pratiques de l'entreprise, la seconde les moyens d'élaborer, grâce à des procédures de sélection et d'évaluation, un panel de fournisseurs ad hoc ou d'adapter celui qui existe. Ainsi, nous décrirons :

- les critères et méthodes de présélection et de sélection des prestataires dans l'objectif de bâtir un panel pertinent ;
- des grilles d'évaluation de satisfaction des fournisseurs du panel.

Des outils pratiques de gestion du suivi de la production sous forme d'imprimés types sont également proposés : demande de devis, bon de commande ou cahier des charges, dossier de fabrication.

Quelle est la nature des achats en question ?

- La matière grise, la main-d'œuvre, le savoir-faire vendus sous forme d'honoraires ou en coût horaire de production selon la nature de la prestation.
- Les matériaux – épreuves, plaques, encres, papiers, colles, vernis, pellicules, fil textile, fil métallique, etc. – vendus comme matière première, pour le papier acheté directement au papetier, ou comme matériaux transformés.
- L'utilisation d'un matériel spécifique, de machines, en coût horaire de production intégrant l'amortissement et en coûts de fonctionnement de la structure se rapportant à ce matériel.
- Les droits d'utilisation et de reproduction.

Les connaissances indispensables pour acheter ne peuvent s'acquérir qu'avec le temps et l'aide des outils d'évaluation proposés plus loin. Elles concernent :

- la chaîne graphique en général et son articulation ;
- les outils de production disponibles à chaque étape – principales machines sur les différents marchés ;
- les principaux supports d'impression et matériaux de façonnage disponibles ;
- les prix moyens de marché (prestations et matériaux).

Les exemples traités dans ce chapitre ne couvrent pas tout le champ de la fabrication : ils mettent surtout l'accent sur l'achat d'impression. Cependant, les procédures, méthodes et types de grilles proposés sont transposables et adaptables. Le donneur d'ordres doit réussir peu à peu à élaborer ses propres outils.

La politique d'achats

Elle concerne les moyens mis en œuvre pour acheter les différentes prestations le plus efficacement possible. Il faut pour cela identifier et formaliser les pratiques actuelles de l'entreprise.

L'analyse des pratiques

En premier lieu, l'acheteur doit évaluer si ce n'est pas déjà fait, le budget total consacré à la production. Le service financier est à même de lui fournir les informations nécessaires ; ensuite, il lui faut procéder à une répartition par type de prestation et par fournisseur afin de connaître le poids que l'entreprise représente pour chacun d'eux par rapport à leur chiffre d'affaires total.

Le chiffre d'affaires par fournisseur

Une liste couvrant l'ensemble des fournisseurs de la chaîne de production doit être établie. Elle sera plus ou moins détaillée selon les besoins et les habitudes de la structure. Certains donneurs d'ordres laissent à l'imprimeur le soin d'acheter le papier et de sous-traiter le façonnage, d'autres ne font jamais appel à des rédacteurs ou à des préparateurs, correcteurs, etc. Si, par exemple, une entreprise fait appel à certaines prestations – préparations, corrections, iconographie, achat de droits, PAO, photogravure, impression, papier, façonnage ou autres –, chacune doit faire l'objet d'une grille.

Le donneur d'ordres ou l'acheteur peut faire porter l'analyse sur plus de deux ou trois ans. La colonne « Commentaires » sert éventuellement à consigner des explications sur les variations de chiffre d'affaires d'une année à l'autre pour un fournisseur donné.

EXEMPLE DE GRILLE POUR L'IMPRESSION

Répartition par ordre croissant des chiffres d'affaires (en euros)			
	Budget 2004	Budget 2005	Commentaires
Dulac	16 000	xxx	
La montagne	85 000	xxx	
L'Orléannaise	160 000	xxx	
Budget total impression	261 000	xxx	

Les chiffres totaux obtenus dans les différentes grilles font apparaître le poids de chaque poste par rapport à l'ensemble du budget. Il faut maintenant analyser le type de production de l'entreprise.

La typologie des documents

Voici ci-dessous un exemple de grille établie sur un an, en séparant les documents du type récurrent et significatif de ceux qui sont exceptionnels.

Titre catalogue	Format (en cm)	Pages intérieur	Couleurs intérieur	Type et grammage papier intérieur	Pages couverture	Couleurs couverture	Type et grammage papier couverture	Type façonnage	Tirage
Prestige	22 x 28	64	4/4	Couché brillant 120 g	4	4/0	Couché brillant 220 g	Dos carré collé	10 000
Produits	17 x 24	48	2/2	Offset 90 g	4	2/0	Couché 1/2 mat 120 g	2 piqûres métal	5 000

Ces informations permettent de visualiser l'ensemble de la production. Elles donnent des éléments pour travailler sur la rationalisation des achats, en limitant, si c'est possible par une standardisation, le nombre de formats, de couleurs, de qualité et de grammages de papier (voir page 181).

Pour l'essentiel de la production, le donneur d'ordres doit ensuite clarifier ses attentes par rapport à chaque type de publication.

Qu'attend-on d'un fournisseur ?

Il s'agit de formaliser les attentes communes pour tous les documents et d'identifier l'importance de ces attentes par rapport aux produits en particulier. Par exemple, si les critères généraux retenus sont la qualité, le prix, le respect des délais, le service

L'acheteur débutant

Pour trouver des prestataires, il peut consulter les annuaires professionnels, utiliser le bouche-à-oreille, fréquenter les salons, bénéficier des recommandations d'autres prestataires de services, aller sur des sites très connus comme www.imprimerie-online.com ou www.europages.fr, ou tout simplement regarder la signature des documents imprimés. Sur certaines sites comme www.printreference.com, www.devis-imprimerie.com ou www.printco.fr, il peut trouver des offres de services et des devis.
Ce mode d'information vaut pour tous les autres prestataires : agences, graphistes, photograveurs, fabricants et distributeurs de papier, façonniers classiques ou plus spécialisés, routeurs.

envisagé sous deux aspects – efficacité du service commercial et du service technique –, la valeur de chaque critère, attribuée par le donneur d'ordres à chaque document ou type de document, peut être quantifiée grâce à un système de notation par étoiles, de 1 à 5.

Ainsi, les deux tableaux suivants présentent des exemples de supports produits par deux structures très différentes : une maison d'édition et l'entreprise XY (celle du cas pratique n° 1). Ces grilles peuvent révéler les éventuelles incohérences de choix d'un fournisseur par rapport au produit qui lui est confié. Ainsi, attendre une qualité optimale pour un produit et un prix très bas (5 étoiles dans les deux cas) est irréaliste.

EXEMPLE DE PRODUCTION D'UN ÉDITEUR

Grille 1 Éditeur de livres	Littérature générale	Ouvrages techniques	Guides para-scolaires	Scolaires, livres illustrés...	Livres d'art...
Qualité	***	**	***	****	*****
Niveau de prix	*****	***	****	*****	**
Respect des délais	****	***	****	*****	***
Efficacité du service commercial	**	**	***	**	***
Efficacité du service technique	**	***	**	****	****

DOCUMENTS PRODUITS PAR L'ENTREPRISE XY

Grille 2 Entreprise XY	Rapport annuel	Catalogue produits	Brochures publicitaires	En-tête de lettre
Qualité	****	*****	****	**
Niveau de prix	****	****	****	***
Respect des délais	*****	*****	***	**
Efficacité du service commercial	***	***	**	*
Efficacité du service technique	****	****	***	*

Après cet état des lieux, il faut se pencher sur les critères objectifs de sélection des fournisseurs, vérifier si le panel actuel est pertinent et, en appliquant la même méthode, rechercher de nouveaux prestataires.

Les critères de sélection

Pour définir des critères objectifs de présélection et de sélection des fournisseurs, le donneur d'ordres doit identifier ses besoins en matériel. Pour l'impression, par exemple, il retient les prestataires possédant des machines avec des formats et des nombres de groupes imprimants qui lui conviennent. En général, les paramètres à retenir sont les suivants :

- le parc machines (dimensions et capacité de production de l'entreprise) ;
- le niveau de prix ;
- le niveau de qualité ;
- la situation géographique de l'entreprise et de ses différents départements ;
- le dynamisme commercial ;
- le rapport chiffre d'affaires/nombre d'employés ;
- la politique d'investissement.

Où et comment le donneur d'ordres peut-il trouver ces informations ?

Le parc machines

Pour l'impression, la photogravure et le façonnage, le donneur d'ordres consulte la plaquette ou le site du fournisseur. Le parc machines de l'imprimeur présente le type – constructeur et numéro de série – et le nombre de machines avec les formats et le nombre de groupes imprimants. Ces informations indiquent si les caractéristiques du parc machines correspondent aux besoins du donneur d'ordres. Elles donnent également une idée de la capacité de production du prestataire. Il serait imprudent, par exemple, de confier régulièrement l'impression d'une publication à gros tirage, dont la date de sortie est impérative, à un prestataire ne disposant que d'une seule machine capable de produire le document. De même, le façonnier sélectionné doit posséder plusieurs lignes de production.

Le niveau de prix

Le bouche-à-oreille et les demandes de devis sur plusieurs supports de communication procurent rapidement une réponse à cette question.

Le niveau de qualité

Si le bouche-à-oreille fonctionne bien, le niveau de qualité générale produit par un prestataire peut aussi être évalué en examinant sa clientèle et les documents qu'il a déjà traités. Ces données se trouvent généralement dans la plaquette publicitaire ou sur le site des prestataires. L'information peut être complétée par un rendez-vous avec le commercial ou le responsable de l'entreprise, ou par une demande d'échantillons.

La dimension de l'entreprise

Le capital, le chiffre d'affaires, le nombre d'employés et le parc machines renseignent à ce sujet. Ces informations se trouvent également dans la plaquette des prestataires. Un important chiffre d'affaires et un personnel restreint indiquent que le prestataire sous-traite une partie de son activité.

Remarque

Il est indispensable de se renseigner sur la capacité des prestataires à gérer, partager et optimiser les données grâce à un système du type JDF par exemple.

La situation géographique

L'importance de ce critère varie selon le type de travaux confiés. Pour des opérations de photogravure commandées la veille pour le lendemain ou pour l'impression en tout numérique de travaux urgents, comme des rapports d'assemblées, la proximité géographique est indispensable.

Il faut vérifier également que les différents sites d'une entreprise (stockage du papier, imprimerie, atelier de brochage...) ne sont pas trop éloignés les uns des autres afin d'éviter des pertes de temps inutiles.

Le dynamisme commercial

Le temps de réponse aux demandes, devis ou autres, les contacts avec le commercial ou le dirigeant de l'entreprise, l'attitude générale par rapport à la clientèle, renseignent à ce sujet.

La politique générale et l'investissement

C'est lors d'un rendez-vous avec le dirigeant ou le commercial de l'entreprise que les points faibles et les points forts de celle-ci apparaissent. Le type de clientèle et le niveau de qualité sont confirmés et, surtout, c'est à ce moment-là que sont révélés certains renseignements – prochains investissements, modifications d'orientation ou regroupements –, dont la connaissance est essentielle pour le donneur d'ordres, s'il souhaite établir une relation de longue durée avec le prestataire.

L'interrogation des prestataires

Fort de ces renseignements, le donneur d'ordres opère une présélection qui peut porter sur trois à sept fournisseurs. La nature de l'achat détermine souvent le nombre de prestataires à interroger. Pour une fabrication très particulière, le choix n'est pas forcément très étendu.

Le donneur d'ordres envoie une demande de devis très précise à chaque fournisseur présélectionné. À la réception des devis, il vérifie que tous ont bien intégré les composants de la demande et ont répondu sur des bases identiques comme la qualité et le grammage du papier, le façonnage ou le conditionnement. Cela lui permet de choisir le prestataire.

La sélection du fournisseur

Le donneur d'ordres établit une grille comparative des prix et des délais de réponse au devis des fournisseurs. Il ne manque pas, néanmoins, de questionner ceux qui n'ont pas répondu afin de connaître leurs raisons : le temps de réponse aux devis est très long, ils ont « oublié » la demande, ne l'ont pas reçue… Le donneur d'ordres peut aussi découvrir qu'il s'est trompé dans sa sélection par rapport au parc machines par exemple.

Le prix moyen de marché pour la prestation demandée s'établit en général sur les deux ou trois premiers fournisseurs de la liste. Ceux dont les prix sont vraiment loin de ceux du marché sont éliminés ; il est cependant intéressant de comprendre les raisons de cette différence. Le travail porte donc sur deux ou trois prestataires dont les prix sont voisins.

Le service peut-être un critère de sélection très important. Dans ce cas, le donneur d'ordres doit chercher à en savoir plus sur ses futurs fournisseurs, surtout s'il s'agit d'un gros budget. Il se rend donc à l'usine de chaque fournisseur pour obtenir des indications sur l'organisation des services de l'entreprise, la propreté de l'atelier, la facilité d'accès, mais aussi pour préciser son ressenti vis-à-vis des personnes avec lesquelles il est susceptible de travailler.

Si le travail en amont a été bien fait, le fournisseur sélectionné est souvent le moins cher dans sa catégorie pour un type de produit donné. Cependant, d'autres facteurs apparus lors de la visite entrent souvent en ligne de compte. Une renégociation de prix avec un autre fournisseur, pas forcément le moins cher, peut alors être envisagée. Ce dernier peut accepter d'aligner ses prix sur ceux du concurrent ou, inversement, le donneur d'ordres peut se résoudre à payer 2 à 3 % plus cher si c'est justifié.

Remarque

Il faut en général privilégier le long au court terme et ne pas oublier que tout le monde doit s'y retrouver.

Après l'analyse de ses besoins à l'aide des différentes grilles, le donneur d'ordres peut décider pour une meilleure efficacité de resserrer le panel de ses fournisseurs ou bien de chercher en parallèle de nouveaux fournisseurs.

Le mode de négociation

Lorsque le travail est attribué, deux modes de négociation sont possibles : l'attribution d'un volant d'affaires annuel et le coup par coup.

Pour augmenter son pouvoir de négociation, le donneur d'ordres peut envisager de proposer au prestataire un volume de travail sur l'année. Celui-ci ne doit pas être trop important par rapport au chiffre d'affaires annuel du fournisseur. Une sorte de partenariat doit s'établir. Si cette solution est adoptée et si le donneur d'ordres est un gros acheteur, le fournisseur accepte en général de lui donner des barèmes de prix. Les commandes sont alors attribuées automatiquement sans passer par une demande de devis préalable, et ce jusqu'à ce que le volume de chiffre d'affaires négocié soit atteint. Ce mode de fonctionnement implique que le donneur d'ordres ou son représentant soit en mesure de déterminer sur quel matériel seront traités les documents. Les prix sont revus chaque année. La négociation porte ensuite sur les plannings.

Quelques précautions

Dans une négociation sur un chiffre d'affaires annuel, avant l'attribution de la commande, il est recommandé de vérifier la charge de travail du fournisseur – la période peut être très importante – ainsi que le poids des affaires déjà confié à ce fournisseur, en pourcentage par rapport au chiffre d'affaires global à l'année négocié.

Les barèmes fonctionnent comme des contrats. Il est donc préférable de tout prévoir :
- le tarif d'un tirage moyen avec les aménagements pour les tirages inférieurs ou supérieurs pour chaque type de machine – formats, nombre de groupes ;
- les suppléments pour l'impression des papiers particuliers, notamment les grammages très faibles ou forts ;
- le niveau de service – nombre d'exemplaires à envoyer à l'avance, nombre de points de livraison, entre autres ;
- le niveau de qualité – standard, bon ou très bon ;
- les engagements sur les volumes d'affaires ;
- les clauses particulières – nombre minimal d'exemplaires à livrer, qui prend en charges les frais d'allers et retours des documents de contrôle, les frais de voyage, le coût des palettes...

Mais si le donneur d'ordres n'est pas en mesure d'établir un partenariat avec son fournisseur (ou s'il ne le souhaite pas), ou si celui-ci fournit des produits très spécifiques, le prestataire est interrogé pour chaque nouveau dossier et le prix négocié.

Le donneur d'ordres doit ensuite régulièrement se livrer à un petit contrôle qui consiste à évaluer son indice de satisfaction par rapport aux fournisseurs du panel en usant de critères objectifs.

Les grilles d'évaluation des fournisseurs

Pour chaque fournisseur, il faut idéalement établir une grille dont l'objectif est de faire apparaître, pour chaque document ou seulement pour les plus significatifs, la façon dont s'est déroulée la production. Ces grilles mettent en évidence les incidents récurrents ou exceptionnels. Ainsi, il peut apparaître qu'un prestataire livre la marchandise en retard une fois sur deux, qu'il ne prévient jamais quand un problème survient, etc.

Le manque d'objectivité du donneur d'ordres peut par ailleurs être mis en cause à l'occasion d'une réaction démesurée par rapport à un problème donné. Pour un même fournisseur, la confrontation des résultats sur différents types de produits et pour plusieurs secteurs de l'entreprise peut mettre à jour certains comportements peu professionnels. Ces constatations établies le plus honnêtement possible sont les outils d'une discussion constructive avec les fournisseurs.

Ces grilles sont aménageables selon les besoins : entrer plus en détail dans les rubriques, ajouter le niveau de chiffre d'affaires atteint par le fournisseur... Elles doivent être tenues régulièrement à jour.

Passons maintenant à l'application des éléments d'évaluation retenus, en considérant que la note attribuée au prestataire dépend des critères de qualité, de prix, de respect des délais et de niveau de service.

La qualité

Il s'agit d'évaluer les problèmes rencontrés ou la satisfaction obtenue à propos de la qualité attendue. Si celle-ci est un facteur essentiel, la note attribuée pour ce critère représentera peut-être la moitié, voire plus, de la note totale.

Le prix

Il ne s'agit pas du prix déjà négocié mais de distorsions, facturation de suppléments, etc., à identifier. On se demandera, par exemple, qui est à l'origine des suppléments. Le prestataire n'est pénalisé que s'il n'a pas donné des informations suffisantes. Ce critère peut être supprimé s'il n'est pas pertinent.

Le respect des délais

Le document a-t-il été livré à temps ou non ? Bien entendu, il n'est pas question de pénaliser un fournisseur pour un retard dû au donneur d'ordres.

Le niveau de service

C'est souvent ce poste qui demande le plus de réflexion. Il est à détailler en fonction des attentes du donneur d'ordres, de la réactivité du service commercial et du service technique, des conseils donnés, de la fiabilité…

La grille ci-dessous fait apparaître, avec la note maximale attribuée à chaque critère, l'ordre des priorités du donneur d'ordres par rapport au document et, avec la note

UNE GRILLE D'ÉVALUATION

Titre	Qualité (7 pts)	Prix (2 pts)	Respect des délais (6 pts)	Niveau de service (4 pts) : commercial (1), technique (1), conseil (1), fiabilité (1)	Commentaires	Note sur 20
Catalogue produit	7	2	3	2	Retard de livraison sur une partie des produits sans avis du prestataire	14

Imprimeur : La montagne

finale, l'importance de l'incident. Avant de la remplir, le donneur d'ordres a intérêt à attribuer en premier lieu une note « au feeling » et à vérifier ensuite s'il est dans le vrai. La rubrique « Commentaires », très utile, permet la relation rapide des faits marquants.

La gestion des conflits

Voici quelques conseils d'ordre général pour régler les conflits avec les prestataires. Il faut surtout faire preuve de bon sens et :

- demander d'emblée une indemnité plus forte que celle qui est envisagée afin de laisser la possibilité au fournisseur de négocier ;
- laisser toujours une porte de sortie au fournisseur ;
- ne pas surévaluer le préjudice réellement causé ;
- ne jamais être méprisant ou grossier ;
- traiter un fournisseur comme un partenaire.

Si la mauvaise foi du fournisseur est avérée, il ne faut pas hésiter à le retirer du panel des fournisseurs après règlement du conflit.

Gérer la production des supports de communication est une tâche lourde et complexe. L'établissement de procédures de travail et d'imprimés types permet de devenir acteur et non spectateur, de gagner en sécurité – les informations étant partagées et consultables – et en efficacité. Voici, présentées dans un ordre chronologique, quelques propositions pour la mise en place de ces outils.

Quelques règles

Chaque branche professionnelle possède un code des usages. Le donneur d'ordres doit se procurer celui des prestataires avec lesquels il travaille.
En cas de qualité insuffisante du document, si celui-ci a été, même en partie, distribué ou mis en vente, il n'est pas possible d'en demander la réimpression à la charge du prestataire ; il faut négocier un avoir.
Une contestation sur la quantité livrée n'est recevable que si le bon de réception a été refusé ou porte la mention « sous réserve ».
Si un contrat de collaboration a été établi avec un prestataire, le donneur d'ordres doit lui donner un préavis motivé, d'où l'intérêt des grilles d'évaluation.
Le prestataire peut refuser de restituer du matériel ayant servi à l'impression si, par exemple, le donneur d'ordres n'a pas réglé l'intégralité de sa dette.

Les outils de gestion de production

Commençons par les imprimés types à mettre au point. La présentation et la nature des informations qui y sont portées demande réflexion, car le champ des possibles doit être vaste sans que le document ressemble « à une usine à gaz ».

Les imprimés types

Dès que l'idée du projet émerge, puisqu'il est souhaitable d'en établir le coût estimatif, il faut ouvrir un dossier de fabrication, tableau de bord où seront consignés les renseignements et classés les documents concernant la vie de la publication. Ce dossier peut se présenter sous forme d'une chemise de quatre pages.

Le dossier de fabrication

La page 1 comporte la fiche technique. Lorsque les prestataires sont sélectionnés, il est astucieux d'inscrire dans un cadre les coordonnées des contacts.
La page 2 comporte un tableau comparatif des offres des fournisseurs faisant apparaître les fournisseurs sélectionnés.
Sur la page 3 se trouvent les prix de revient estimatif et réel ainsi que l'analyse des distorsions.
La page 4 est réservée au planning estimatif et réel et aux commentaires.
Les demandes de devis, les bons de commande et les courriers sont rangés à l'intérieur de la chemise.

La demande de devis

Pour chaque étape de la production (création/éditorial, prépresse – PAO, photogravure –, impression, papier, façonnage, conditionnement et transport), la demande de devis doit comporter les indications indispensables au prestataire. Elles concernent le descriptif technique précis, le chiffre de tirage, le nombre et les adresses de livraison, la date de livraison prévue, la nature des éléments remis au fournisseur ainsi que la nature des éléments que ce dernier doit remettre à son tour.

Le devis doit être demandé et renseigné poste par poste. Voici ci-dessous un exemple de demande de devis destinée à un imprimeur qui fournit le papier et se charge du façonnage.

UNE DEMANDE DE DEVIS

	Prix pour le chiffre de tirage	Le 1 000 suivant	
Impression de l'intérieur			
Impression de la couverture			
Papier pour l'intérieur			Format : Consommation :
Papier pour la couverture			Format : Consommation :
Façonnage			
Conditionnement			
Transport			

Le bon de commande

Des cahiers des charges types, adaptation de la demande de devis avec les modifications éventuellement apportées, sont établis pour chaque étape de la chaîne de production. Ils doivent en outre comporter le prix négocié, le planning précis – par exemple en impression : dates de réception du traceur, du BAT, de la livraison –, les conditions de paiement et les clauses particulières. Par exemple, en PAO, la commande est accompagnée d'un cahier des charges spécifique décrivant les procédures à suivre par le prestataire. Pour l'impression, une clause indique qui supporte les frais d'aller et retour des documents et les éventuels frais de déplacement.

Se fixer des objectifs

Il est recommandé de se fixer des objectifs réalistes à court, moyen et long terme, par exemple :

- la répartition des budgets par prestataire : 1 mois ;
- la mise au point de grilles de typologie de produits : fin du premier trimestre ;
- la mise au point d'imprimés types de gestion de production : fin d'année ;
- la mise au point de grilles d'évaluation des fournisseurs : fin d'année.

L'objectif suprême peut être de réduire d'un certain pourcentage le budget global de production, en conservant la même qualité et le même service. La stratégie d'achat de prestations de supports de communication se construit pas à pas.

Après l'état des lieux le donneur d'ordres voit se profiler les directions à prendre : resserrer le panel des fournisseurs, en introduire de nouveaux, standardiser les caractéristiques techniques de certains supports de communication, renégocier…

Pour être un bon acheteur

Pour rationaliser la stratégie, il faut notamment maîtriser la typologie des produits, privilégier certains critères, fidéliser les fournisseurs répondant aux critères de base, définir un budget en début d'année, mettre au point des outils de gestion et de contrôle, établir le circuit des informations (qui valide les étapes), etc. Pour les sociétés fonctionnant avec plusieurs services, il est judicieux de travailler avec les mêmes fournisseurs.

Enfin, il est indispensable de connaître et de suivre les actualités des arts graphiques et les évolutions technologiques : regroupement, achat de matériels..., en prépresse, presse ou post-presse.

Les moyens

- La connaissance de la chaîne éditoriale et graphique – qui s'obtient par la pratique –, les stages internes, la formation continue, les revues professionnelles, les salons professionnels, les collègues et les fournisseurs.
- La consultation des revues et des sites professionnels comme *Étapes* (groupe Pyramyd), *Caractère* (groupe Tests) caractere@presse-info.fr, *France graphique* (Golding) contact@golding.fr, www.graphiline.com ou www.communication-online.
- La fréquentation des salons professionnels : Intergraphic Paris (en janvier), Graphitec Paris, IP Grenoble, Rencontres internationales de l'industrie papetière (en octobre). De nombreux salons se déroulent à l'étranger, en particulier La Drupa (Düsseldorf/Allemagne) qui a lieu tous les quatre ans.

Annexes

Coût estimatif du cas pratique n° 1

Les détails ne figurent pas dans ce tableau, essayez de retrouver le mode d'élaboration. En cas de besoin, reportez-vous aux chapitres correspondants.

Éditorial	Frais fixes (€)	Frais variables (€)	Mille suivant (€)
Rédaction avec un peu de recherche La commande est de 32 feuillets à 150 € l'unité : 32 x 150 =	4 800		
Relecture et correction éditoriale Forfait	350		
Préparation typographique du texte, feuilles de styles Le texte comprend 48 000 signes. Le tarif est de 20 € pour 10 000 signes à l'heure : 20 x (48 000/10 000) =	96		
Relecture et correction des épreuves Le tarif de la 1re lecture est de 20 € pour 10 000 signes à l'heure : 20 x (48 000/10 000) = Le tarif de la 2e lecture est de 20 € pour 12 000 signes à l'heure : 20 x (48 000/12 000) =	96 80		
Droits d'utilisation et de reproduction des photos d'agence 112 € la photo : 112 x 5 =	560		
Achat d'un reportage photos 130 € la photo : 130 x 32 = **Frais technique**	4 160 250		
Total des coûts éditoriaux	**10 392**		
Prépresse, maquette, mise en pages			
Conception du principe de maquette intérieure Forfait	2 000		
Conception et exécution de la couverture	2 000		
Mise en pages, incorporation des images, fourniture de fichiers contrôlés Le document comprend 64 pages, à 30 € la page : 64 x 30 =	1 920		
Total des coûts de maquette et de mise en pages	**5 920**		

	Frais fixes	Frais variables	Mille suivant
Prépresse, photogravure			
Scan 43 illustrations	609 €		
Retouches sur illustrations numérisées 37 illustrations	925 €		
Intégration des illustrations en haute définition Forfait intérieur Forfait couverture	100 € 150 €		
Épreuves contractuelles 25 € x 64 =	1 600 €		
Contrôle, conversion des fichiers en format PDF	288 €		
Total des coûts de photogravure	**3 672 €**		
Presse, impression intérieur et couverture			
Calages de l'intérieur 4 x 800 € =	3 200 €		
Roulage de l'intérieur (2 x 10 000 x 2 x 1,02 x 75 €)/1 000 =		3 060 €	306 €
Calage de la couverture 1 x 330 €	330 €		
Roulage de la couverture ([1 x 10 000]/2 x 1,02 x 1,02 x 35 €)/1 000 =		182,07 €	18,21 €
Total des coûts d'impression	**3 530 €**	**3 242,07 €**	**324,21 €**
Total des coûts d'impression pour le chiffre de tirage **3 530 + 3 242,07 = 6 772,07 €**			
Papier pour l'intérieur et la couverture			
Intérieur Fixe calages (0,94 x 1,17) x 0,12 kg x 1 800 feuilles x 0,92 € =	218,55 €		
Variable (0,94 x 1,17) x 0,12 kg x 2 x 10 000 x 1,02 x 1,09 x 0,92 € =		2 700 €	270 €
Couverture Fixe calage (0,52 x 0,72) x 0,2 kg x 450 feuilles x 1,20 =	40,44 €		
Variable (0,52 x 0,72) x 0,2 kg x (10 000/2) x 1,02 x 1,02 x 1,045 x 1,20 € =		488,5 €	48,85 €
Total des coûts du papier	**258,99 €**	**3 188,5 €**	**318,85 €**
Total des coûts du papier pour le chiffre de tirage **258,99 + 3 188,5 = 3 447,49 €**			
Façonnage, mise en forme			
Frais fixes	220 €		
200 € x (10 000/1 000) = 24 € x 2 x (10 000/1 000) =		2 000 € 480 €	480 € 48 €
Total des coûts de façonnage	**220 €**	**2 480 €**	**248 €**
Total coût du façonnage pour le chiffre de tirage **220 + 2 480 = 2 700 €**			

Façonnage, pelliculage couverture	Frais fixes	Frais variables	Mille suivant
(0,52 x 0,72) x 0,33 € x (10 000/2) x 1,02 =		630 €	63 €
Total des coûts de conditionnement Mise sous films rétractables à 20 exemplaires (0,30 € x 10 000)/20		150 €	15 €
Total hors palettisation et transport	**23 992,99 €**	**9 690,57 €**	**969,06 €**
Prix de revient estimatif **23 992,99 + 9 690,57 = 33 683,56 €**			
Prix de revient unitaire **33 683,56 ÷ 10 000 = 3,37 €**			

Si le chiffre de tirage varie dans des proportions raisonnables, 1 000 exemplaires en plus ou en moins, il sera facile de calculer le nouveau prix de revient en ajoutant ou en soustrayant au total le coût du mille suivant.

Il est intéressant ensuite de faire une représentation du poids des différents postes qui entrent dans le prix de revient du document et de la répartition des coûts fixes et variables, afin de faire apparaître sur quel poste il est possible d'intervenir pour baisser le prix de revient si nécessaire.

Il y a lieu de prendre en compte également les frais de promotion et de distribution.

Comment calculer un prix de vente

Deux méthodes sont possibles : celle des coefficients et celle des recettes/dépenses.

Par la méthode des coefficients

Si ce document était destiné à être vendu, pour trouver le prix de vente, il faudrait appliquer un coefficient arbitraire découlant en général d'une longue habitude qui tient compte des charges de structure de l'entreprise. Il est courant d'appliquer un coefficient de 4 ou 5. Voyons ce que cela donnerait dans le cas d'un guide illustré.

Prix de vente TTC 3,37 x 5 =	16,85 €
Prix de vente hors taxes Les taxes s'élèvent à 5,5 % : 16,85 x 4/1,055 = 0,93 =	15,97 €
Soustraire à ce montant les droits d'auteur 6 % sur le prix de vente hors taxes : 15,97 x 0,06 =	– 0,96 €
Soustraire le coût de la diffusion et de la distribution 52 % sur le prix de vente hors taxes : 15,97 x 0,52 =	– 8,30 €
Marge brute	6,71 €

Les frais de promotion inhabituels sont à intégrer au coût de production.

Il s'agit ensuite de déterminer à partir de quel nombre d'exemplaires vendus sont amorties les dépenses de production. Ce chiffre correspond à la marge brute dégagée sur chaque document (couverture des coûts de production).

On divise le prix de revient estimatif par la marge brute :
33 683,56/6,71 = 5 020 exemplaires.

Il faut ensuite évaluer le nombre d'exemplaires supplémentaires vendus qui rembourserait les frais de structure et dégagerait un bénéfice. Envisager la vente de l'intégralité du chiffre de tirage n'est pas réaliste, il faut soustraire notamment les livres gratuites et les retours.

Par la méthode des recettes/dépenses

Cette méthode consiste à additionner toutes les dépenses, à y ajouter une marge bénéficiaire puis à soustraire à la somme trouvée l'intégralité des dépenses et à calculer le prix de vente unitaire pour le chiffre de tirage.

Modèle de planning de production

Date d'établissement du planning :

Titre :

Date de livraison souhaitée :

Remise du manuscrit Lecture, mise au point
Saisie
Préparation typographique
Concept mise en pages
Commande, recherche, sélection des illustrations
Correction du texte Premières épreuves Secondes épreuves
Préparation des illustrations
Mise en pages Épreuves mise en pages
Photogravure illustrations Épreuves contractuelles
Maquette couverture
Photogravure couverture
Correction Mise en pages définitive Préparation support numérique Conversion, sécurisation
Impression > Intérieur Traceur numérique > Couverture Façonnage Conditionnement Transport
Date de livraison

Modèle de demande de devis

Ce modèle est convertible en bon de commande, avec les ajouts énumérés à la page 252 du chapitre 9. Cet imprimé couvre un vaste champ de possibilités, au donneur d'ordres de l'adapter à ses besoins.

Date	Fournisseur
Demande de devis	
Titre	❑ Nouveauté
Collection	❑ Réimpression
Auteur	Format ouvert : Format fermé :
Date de parution	Chiffre de tirage :

Produit

Intérieur	Hors texte	Façonnage
Impression Nombre de pages : Nombre de couleurs : ☐ Recto ❑ Verso ❑ **Papier fourni par vous/nous** ❑ Bouffant ❑ Journal ❑ Journal amélioré ❑ Offset ❑ Couché ❑ Mat ❑ 1/2 mat ❑ Brillant Grammage : ❑ Sans bois ❑ Traces de bois ❑ Avec bois ❑ LWC ❑ MWC ❑ Autre Grammage :	**Impression** Nombre de pages : Nombre de couleurs : ☐ Recto ❑ Verso ❑ **Papier fourni par vous/nous** ❑ Offset ❑ Couché ❑ Mat ❑ 1/2 mat ❑ Brillant ❑ Sans bois ❑ Traces de bois ❑ Avec bois ❑ Autre Grammage :	❑ Broché ❑ Cousu ❑ Non cousu ❑ Spirale ❑ Wire'O ❑ Piqûres métal ❑ Burst Binding ❑ Notch Binding ❑ Termo couture ❑ Mors collés ❑ Double rainage ❑ Autre ❑ Dépliant : nombre de plis Commentaires : ❑ Cartonné ❑ Cousu ❑ Non cousu ❑ Autre ❑ Intégra ❑ Full-Flap ❑ Dos carré ❑ Dos rond ❑ Fer à dorer ❑ Pâte/réf : ❑ Plat 1 ❑ Dos ❑ Plat 4 ❑ Cuvette à froid ❑ Tranche-files ❑ Carton ...° ou ... mm ❑ Relié Matériau recouvrement : ❑ Autre Commentaires : ❑ Étui ❑ Coffret ❑ Cache-poussière ❑ Recouvert Commentaires :

Couverture	Jaquette	Gardes
Rabats : ❑ avec ... cm ❑ sans	❑ À la française	❑ Hors texte ❑ Dans le texte
Impression	❑ À l'américaine	❑ Blanches ❑ Couleurs
Nombre de pages :	Largeur des rabats :	❑ Imprimées couleurs
Nombre de couleurs :	**Impression**	❑ Autre
❑ Recto ❑ Verso	Nombre de couleurs :	
Papier/Carte		**Papier**
❑ Couché(e) ❑ 1 face	**Papier**	❑ Offset
❑ Double face	❑ Couché	❑ Couché
❑ Brillant ❑ 1/2 mat ❑ Mat	❑ Brillant ❑ 1/2 mat ❑ Mat	❑ Brillant ❑ 1/2 mat ❑ Mat
❑ Sans bois ❑ Traces de bois	❑ Sans bois ❑ Traces de bois	❑ Sans bois ❑ Traces de bois
❑ Avec bois	❑ Avec bois	❑ Avec bois
❑ Autre	❑ Autre	Grammage :
Grammage :	Grammage :	❑ Autre
Surfaçage	**Surfaçage**	
❑ Pelliculage	❑ Pelliculage	
❑ Brillant ❑ Mat ❑ Satiné	❑ Brillant ❑ Mat ❑ Satiné	
❑ Vernis ❑ machine	❑ Vernis ❑ Machine	
❑ Acrylique ❑ UV	❑ Acrylique ❑ UV	
❑ Brillant ❑ Mat ❑ Satiné	❑ Brillant ❑ Mat ❑ Satiné	
❑ Sélectif	❑ Sélectif	
❑ Autre	❑ Autre	

Conditionnement	Transport
❑ Sous film par paquets de ... exemplaires	❑ Sous film à l'unité
❑ Mise sous paquet Kraft par ... exemplaires	❑ Mise sous Kraft à l'unité
❑ Mise en caisse carton par ... exemplaires	❑ Mise sur palette ❑ Autre
❑ Insertion ❑ Encart ❑ CD ❑ Autre	

Commentaires

Impératif ! Donner séparément :

1. Impression : intérieur et couverture
2. Papier (format, consommation, prix)
3. Façonnage

Pour chaque poste, le prix pour le tirage et le mille suivant.

Glossaire

Éditorial, prépresse

Accroche : texte court destiné à attirer l'œil du lecteur par son contenu et son graphisme.

Alinéa : ligne rentrée, plus courte que la justification normale. La valeur du renfoncement est donnée en cadratin.

Angle de trame : orientation spécifique des lignes de points qui constituent la trame pour chacune des couleurs primaires.

Aplat : couleur à 100 % de sa valeur ou surface d'impression couverte à 100 %.

Approche : distance entre une lettre et celle qui la précède ou qui la suit. On parle également d'interlettrage.

Au trait : dessin ou image composé uniquement de traits le plus souvent noirs sur fond blanc.

À-valoir : somme versée par l'éditeur à un auteur lors de la remise du manuscrit ou au cours de sa rédaction. Cette somme viendra en déduction des droits d'auteur réglés en pourcentage sur le prix de vente hors taxes.

BAF (bon à flasher) : ordre donné par le client au photograveur, ou à l'imprimeur, de procéder à la réalisation des films après les ultimes corrections.

Bas de casse : lettre minuscule en typographie. À l'époque de la composition au plomb et pour des raisons ergonomiques, les caractères étaient rangés dans les cassetins situés en bas d'une casse en bois.

Basse définition : résolution suffisante (72 dpi) d'une image pour un affichage des illustrations sur un écran d'ordinateur.

Bitmap : mode de structuration d'une image par remplissage de certaines parties d'une grille, à l'aide de points ou pixels constitués d'informations numériques composées de 0 et de 1.

Cadratin : valeur typographique du corps d'un caractère utilisée pour désigner la dimension des retraits de ligne.

Calibrage : évaluation du nombre de signes d'un manuscrit. Estimation de l'encombrement du texte et des illustrations dans un gabarit de mise en pages donné.

Calibration : réglage d'un matériel périphérique d'entrée ou de sortie – scanner, écran, imprimante – pour optimiser ses capacités.

Capitale : lettre majuscule en typographie.

CDD (*Charge Coupled Device*) : type de capteurs utilisé dans les scanners et les appareils photos numériques pour convertir la lumière en signaux électroniques.

Charte typographique : document décrivant les caractéristiques typographiques précises à appliquer à un document.

Chasse : largeur d'un caractère typographique dans une police spécifique, soit l'œil de la lettre et ses approches.

Chemin de fer : représentation plane, par double page, de l'intégralité d'un document.

Code typographique : ensemble des règles typographiques en usage.

Composition : ensemble des opérations de préparation et de traitement du texte nécessaires à sa reproduction imprimée.

Copie : synonyme manuscrit.

Corps : taille d'un caractère en hauteur intégrant le blanc d'interlignage, exprimée en points Pica.

Définition : nombre de points par pouce.

Didot : nom d'un imprimeur typographe du XVIIIe siècle, devenu celui d'une famille de caractères. Unité de mesure typographique duodécimale utilisée en composition et en impression avant la PAO : 1 point Didot = 0,3759 mm ; 12 points Didot = 1 *cicéro*.

DPI (*Dot Per Inch*) : nombre de points par pouce.

Ekta : document original transparent semblable à une diapositive et qui s'en distinguait, à l'origine, par le format. Le terme « Ekta » est aujourd'hui synonyme de diapositive.

Empagement : espace réservé à l'aménagement du texte et des illustrations à l'intérieur du gabarit.

Empattement : traits intégrés, en haut et en bas des jambages, dans le dessin de certains caractères d'imprimerie.

Épreuve : document de contrôle permettant de visualiser, corriger et valider les étapes du traitement du texte (préparation et correction éditoriale, composition typographique) ainsi que les corrections de chromie sur les épreuves de photogravure.

Film : support transparent stable, recouvert d'une couche photosensible sur l'une de ses faces et utilisé dans la procédure d'impression offset traditionnelle. Pour la presse Cameron, la fabrication de la forme imprimante se fait encore aujourd'hui à partir de films négatifs.

Flashage : opération permettant la réalisation d'éléments à reproduire sur des films offset, à l'aide d'une flasheuse. Par extension, fabrication d'une plaque offset.

Fond perdu : illustration ou couleur légèrement placée en débord (environ 5 mm) pour couvrir tout l'espace au-delà du format rogné d'un document.

Format : en informatique, façon dont sont codées les données contenues dans un fichier et dont elles sont ainsi rendues compréhensibles par les programmes associés.

Gabarit : grille servant le plus souvent à la mise en pages pour définir la répartition entre l'empagement et les marges blanches.

Gamut : gammes et ensembles de couleurs pouvant être créés par un matériel.

Hard proofing : fabrication d'une épreuve de chromie de référence au moyen d'une imprimante.

Haute définition : importante résolution d'une image (300 dpi pour de la quadrichromie), nécessaire à un bon rendu d'impression.

Hauteur de page : hauteur de l'empagement, du document rogné moins les blancs de tête et de pied.

Hexachromie : procédé de reproduction en six couleurs dont deux, en général un vert et un orange, sont utilisées en plus de la quadrichromie afin d'élargir le champ coloré.

Interlignage : en langage typographique, blanc intervenant entre les lignes dans la composition des pages.

JPEG (*Joint Photographic Experts Group*) : méthode de compression d'image avec perte mais aussi format de fichier. Compatible avec la plupart des logiciels de graphisme.

Justification : mesure de la largeur d'une colonne de texte dans un gabarit donné.

Lab : version du modèle coloré CIE utilisé comme standard pour la mesure des couleurs et l'établissement des profils colorimétriques. Luminosité (L), axe vert –> rouge (a), axe bleu –> jaune (b).

Lettrine : première lettre d'un paragraphe ayant reçu des attributs typographiques spécifiques.

Linotype : marque d'une machine à composer inventée en 1884. La linotype possède trois fonctions – composition, fonte des caractères en lignes et redistribution – dans ses magasins et des matrices ayant servi à la fonte des caractères.

Octet : unité de base de mesure informatique. Un octet est constitué de 8 bits.

PDF (*Portable Document Format*) : format de document portable compatible avec toutes les plates-formes informatiques. Son utilisation pour l'impression permet de figer le contenu des fichiers et de l'alléger.

Photogravure : ensemble d'opérations permettant la reproduction, la correction et la modification d'un document destiné à être imprimé en série.

Pica : unité de mesure typographique équivalant à 12 points Pica, utilisée en composition et en mise en pages.

Pica (point) : adaptation informatique du point Didot (0,3759 mm) utilisé en typographie au plomb. Sa valeur est de 1/72 de pouce ou 0,352 mm.

Pixel : plus petit élément visuel d'une image numérique ou d'un moniteur.

Police d'affichage : fichier de police utilisé pour l'affichage à l'écran (Bitmap).

Police d'impression : fichier de police utilisé pour la sortie ou pour l'affichage à l'écran. Contient le descriptif en langage PostScript destiné à l'impression.

PostScript : langage de description fondé sur des calculs mathématiques, adopté en PAO et utilisé sur la majorité des plates-formes informatiques.

Pouce : traduction de l'anglais *inch*. 1 pouce = 2,54 cm.

Prépresse : ensemble des opérations – mise en pages, composition, photogravure, fabrication des plaques – nécessaires à l'élaboration de la forme imprimante avant l'impression.

Profil colorimétrique : description de l'espace colorimétrique d'un périphérique, établie en comparant la restitution des couleurs qu'il produit avec celles d'un espace de référence (par exemple CIELab).

Résolution : grosseur du point généré qui dépend du matériel de restitution – imprimante, imageur de plaque... Décrit également la densité des informations de l'image numérique. Elle se mesure en dpi et ppi.

Retrait des sous-couleurs : procédé consistant à remplacer, dans certaines zones du document, la trichromie (CMJ) par un gris ou un noir afin de réduire la consommation d'encre et d'éviter le maculage.

RIP (*Raster Image Processor*) : générateur d'image tramée. Système informatique (matériel ou logiciel) qui calcule et rastérise les pages avant leur sortie sur imprimante ou flasheuse et les matériels de gravure des formes imprimantes, et conçu pour convertir les informations numériques en données analogiques.

Scanner : appareil muni d'un dispositif de lecture électronique, utilisé pour numériser un document original afin de le transférer vers un ordinateur.

SGML (*Standard Generalized Markup Language*) : format de structuration de textes destiné à séparer le texte de sa structure par introduction de balises (caractères non imprimables). Il est peu à peu remplacé par le format XML.

Signe : le caractère lui-même, les blancs entre les mots, les signes de ponctuation, les indices et les exposants.

Simili : reproduction tramée d'un document original qui traduit ses niveaux de gris par des points de superficie variable, à l'inverse du document au trait qui ne contient aucun niveau de gris intermédiaire.

Soft proofing : utilisation d'un profil ICC d'un périphérique donné afin de prévisualiser sur écran les couleurs telles qu'elles seront reproduites par le périphérique.

Texte courant : texte principal d'un document.

TIFF (*Tag Image File Format*) : format de structuration d'image en Bitmap. Peut être utilisé pour des images noir et blanc, niveaux de gris, RVB et CMJN.

TIFF IT : format de sécurisation ou de verrouillage des fichiers avant l'impression.

Trapping : opération destinée à éviter, à l'impression, l'apparition de lisérés blancs entre deux zones.

Typogramme : plan de lecture traduit en données typographiques résultant de la préparation d'un texte.

Typographie : présentation graphique concernant le choix des caractères et la mise en pages, quel que soit le procédé d'impression.

Vectoriel : mode de construction des images, en lignes et en courbes, grâce à des formules mathématiques.

XML : format de structuration de textes, destiné à séparer le texte de sa structure par introduction de balises. Tend à remplacer le SGML.

Zip : format de compression (non destructive) de fichiers.

Impression

Balance des gris : combinaison des trois couleurs primaires CMJ qui donne un ton gris neutre.

Bande d'encrage : zone d'encrage délimitée par la largeur des encriers sur les presses offset.

Bascule : procédé d'imposition et d'impression qui permet d'imprimer des demi-feuilles, en faisant figurer le recto et le verso d'un cahier ou d'un imprimé sur le même côté de la forme imprimante.

Benday : procédé inventé par l'Américain Benjamin Day permettant d'obtenir une teinte à partir de la superposition de différents fonds tramés de couleurs primaires.

Bichromie : image généralement tramée, imprimée avec deux encres.

Blanchet : revêtement d'un cylindre, en caoutchouc et toile le plus souvent, qui transfère l'image à imprimer de la plaque au papier dans le procédé d'impression offset.

BAR (bon à rouler) : accord donné par le client à l'imprimeur, à la fin de la phase de calage, sur une « bonne feuille ».

BAT (bon à tirer) : voir BAR. Par extension, le terme s'applique également à la validation des épreuves de photogravure.

Bonne feuille : première feuille imprimée, sortie de la machine à imprimer après le calage, dont la qualité est jugée satisfaisante par le client ou le chef d'atelier. Elle servira de référence qualitative durant toute l'impression.

Bookomatic : presse offset plus spécialisée dans l'impression de livres et dont la spécificité consiste à livrer des ouvrages terminés.

Calage : réglages à effectuer sur la machine à imprimer avant la production de la première feuille imprimée qui sera approuvée (bonne feuille).

Calage des plaques : montage et ajustement des plaques d'impression sur la machine à imprimer.

Cameron : presse rotative imprimant en flexogravure et équipée d'un mode complet de façonnage en ligne.

Coming and going : procédé d'imposition qui permet d'imprimer et de façonner simultanément deux exemplaires du même document.

Couleurs primaires : couleurs du spectre : bleu, vert et rouge à l'écran et dans un scanner ; cyan, magenta et jaune à l'impression.

CTF (*Computer to film*) : films directs. Procédé qui, en impression offset, permet de fabriquer numériquement un grand film imposé au format de la plaque.

CTP (*Computer to plate*) : plaque directe. Procédé qui, en impression offset, permet de fabriquer la plaque numériquement sans passer par les films.

Défonce : technique utilisée pour faire apparaître un texte en blanc – le blanc du papier – en évidant les couleurs sous le texte ou pour imprimer un texte en couleur sur un fond d'une autre couleur.

DI (*Direct imaging*) : système numérique de gravure de la plaque lorsque celle-ci est déjà accrochée sur le cylindre porte-plaque.

Digital to press : voir DI.

Direct to paper : de l'ordinateur au papier. Système numérique permettant l'impression directe sur le papier grâce à une forme imprimante virtuelle.

Électrophotographie ou xérographie : procédé d'impression tout numérique qui consiste à imager un tambour en charge positive afin qu'il attire l'encre en poudre (le toner) sur les zones à reproduire.

Flexogravure : procédé d'impression rotatif dont la forme imprimante est souple et en relief. En Europe, il est surtout employé pour imprimer des emballages, des étiquettes, du papier d'emballage, du papier peint, ou déposer des vernis. La presse Cameron utilise ce procédé pour l'impression de livres.

Héliogravure : procédé d'impression directe utilisant des cylindres de cuivre gravés en creux et chromés. Il est actuellement exploité pour l'impression des supports à très gros tirages, au-delà de 300 000 exemplaires.

Imposition : aménagement, sur la forme imprimante, des pages d'une feuille de papier constituant un ou plusieurs cahiers de sorte que, la feuille une fois pliée, les pages se trouvent placées l'une derrière l'autre, dans l'ordre chronologique de lecture.

Impression offset : procédé surtout employé pour l'impression de supports de communication dont le chiffre de tirage varie entre 400 et 350 000 exemplaires. Il fonctionne avec de l'encre grasse et de l'eau de mouillage et par report sur le papier du motif encré sur la plaque, grâce à un cylindre intermédiaire, le blanchet. Les zones imprimables attirent l'encre grasse qui est repoussée par l'eau dans les zones non imprimables, excepté dans le procédé Waterless.

Insolation : procédé utilisant la lumière pour agir sur des surfaces sensibles afin de conserver ou d'éliminer certaines zones. Il est utilisé en photogravure et en impression.

Jet d'encre : procédé d'impression tout numérique consistant à attirer les gouttes d'encre aux emplacements prévus sur le support.

Linéature : nombre de lignes, par pouce ou par centimètre, de la grille de base d'une trame d'impression.

Maculage : salissure provoquée le plus souvent par l'encre insuffisamment sèche lors de l'empilage des feuilles de papier imprimées.

Magnétographie : procédé d'impression tout numérique qui consiste à attirer par magnétisation l'encre chargée d'éléments ferreux sur les zones à reproduire.

Montage : en impression offset traditionnelle, aménagement sur un support des films de chacune des pages figurant sur un côté de feuille d'impression. Le montage est copié sur la plaque. Cette technique est en voie de disparition.

Offset : voir Impression et Papier offset.

Offset feuilles : procédé d'impression offset par lequel des feuilles entrent dans la machine et en sortent imprimées sur un ou deux côtés.

Ozalid : anagramme de diazol, nom du produit utilisé dans le système de reproduction pour fabriquer l'Ozalid. Épreuve de contrôle monochrome réalisée à partir des montages des films avant la gravure des plaques. La procédure, quasiment obsolète en Europe, est remplacée par le CTP (voir Traceur numérique). Reflet exact du contenu de la mise en pages, elle constitue une sorte de contrat, à valeur juridique, entre l'imprimeur et son client.

Pantone : nom d'une société américaine qui mit au point un nuancier de couleurs, commun à tous les fabricants d'encre, permettant d'élargir l'espace colorimétrique. Par extension, nom désignant les tons directs.

Parc machines : ensemble des machines ou presses dont dispose un prestataire.

Plaque : dans le procédé d'impression offset, mince feuille, généralement en aluminium, recouverte d'une couche photosensible sur laquelle sont reproduits les éléments à imprimer. Une fois encrée, elle sert de forme imprimante ou matrice pour la reproduction en série.

Presse : machine à imprimer.

Prote : autrefois, responsable technique dans une imprimerie ou un atelier de composition.

Prise de pinces : partie du papier que la machine (à imprimer ou de façonnage) saisit pour maintenir et entraîner la feuille.

Quadrichromie : les quatre couleurs primaires – cyan, magenta, jaune et noir –, utilisées combinées pour reproduire, lors de l'impression, presque toutes les couleurs de la gamme chromatique.

Réimpression : nouvelle impression d'un document dont le tirage est épuisé.

Réserve : espace – négatif, noir au blanc, défonce – pratiqué dans un fond de couleur afin de laisser apparaître du texte en blanc (le blanc du papier) lors de l'impression.

Risographie : procédé d'impression utilisant à la fois la technologie des photocopieurs et le stencil.

Rotative offset : presse utilisant le procédé d'impression offset pour lequel le papier, sous forme de ruban, passe en continu sous les groupes imprimants pour être imprimé des deux côtés, avant de sortir plié en cahiers.

Roulage : impression des feuilles de papier pour un chiffre de tirage donné. Il débute juste après la signature de la bonne feuille.

Sérigraphie : procédé d'impression qui permet à l'encre de passer à travers la forme imprimante composée d'un châssis, ou écran de textile synthétique (autrefois de soie), formant un canevas. Les mailles du tissu sont obturées ou laissées libres. L'encre passe à travers les mailles ouvertes et se dépose sur le support afin de reproduire le sujet.

Timson : presse rotative offset en une ou deux couleurs, spécialisée dans l'impression de livres et délivrant des cahiers.

Tirage : nombre d'exemplaires imprimés d'un document.

Ton direct : couleur unique constituée d'un mélange d'encres, que l'imprimeur dépose dans l'encrier de la machine ou qu'il achète chez un fabricant, généralement Pantone. Le ton direct ne peut pas être imprimé en même temps que les couleurs de la quadrichromie.

Traceur numérique : document de contrôle généré numériquement et transmis par l'imprimeur à son client avant la gravure des plaques.

Trame : système de décomposition d'un document destiné à rendre reproductibles les valeurs de ton qu'il contient sous forme de points de taille variable, sur fond blanc. Également, grille de lignes virtuelles (*lines per inch* ou lignes par pouce) formant des cellules destinées à accueillir des points de trame pour restituer l'image en impression. Autre sens : rapport entre une couleur et le blanc, exprimé en pourcentage.

Typogravure : procédé direct d'impression. La forme imprimante, constituée de caractères ou de clichés de métal, est en relief.

Variquik : presse rotative offset possédant trois tours d'impression mobiles, ce qui permet d'accrocher les plaques sur l'une d'elles tandis que la production se déroule sur une autre.

Waterless : procédé d'impression offset sans eau de mouillage. Les plaques possèdent des propriétés encrophobes et encrophiles.

Papier

Bouffant : famille papetière comprenant des papiers n'ayant subi aucun traitement lors de leur fabrication. Les fibres non écrasées leur donnent une bonne main (voir Main).

Couché : famille papetière composée de papiers ayant reçu, sur un ou deux côtés, une ou plusieurs couches de pigments minéraux finement broyés. Ces papiers offrent la meilleure imprimabilité. Les couchés se répartissent selon l'épaisseur de la couche et la composition de la pâte.

Calandre : élément composé de cylindres superposés durs et mous qui, combiné à l'apport de chaleur, est destiné à écraser le support papier pour en améliorer l'imprimabilité. La softcalander et la supercalander sont deux variantes du procédé.

Cellulose : substance contenue dans les végétaux et matière première du papier.

Charges minérales : divers ingrédients introduits dans la pâte ou déposés sur le papier pour en améliorer l'opacité, l'imprimabilité et la blancheur.

Embossage : technique consistant à créer un effet de matière sur le papier humide ou sec, à l'aide d'un cylindre gravé.

Épair : aspect de la structure du papier que l'on peut observer par transparence.

Gâche : passe. Quantité de papier servant aux différents réglages ou réajustements durant toutes les opérations d'impression et de façonnage.

Grammage : poids d'un papier ou d'un carton au mètre carré.

Hémicellulose : substance contenue dans les arbres et entrant dans la composition de certaines pâtes à papier.

Journal : famille papetière comprenant des papiers passés en lisse dont la pâte contient une forte proportion de pâte mécanique ou de récupération. Ces papiers sont essentiellement destinés à la presse.

Journal amélioré : papier journal dont la blancheur a été améliorée.

Laize : format du papier. Sa largeur pour le papier en bobine.

Lignine : substance entrant dans la composition du bois et de certaines pâtes à papier. Elle est à l'origine du jaunissement et du délitement du papier.

Lisse : élément composé de cylindres superposés placé à la sortie de la machine à papier et destiné à lisser le papier pour améliorer son imprimabilité.

Main : degré d'épaisseur du papier qui se traduit par un rapport : épaisseur d'une feuille de papier en micron/grammage en mètres carrés. Également, unité papetière représentant un vingtième de rame, c'est-à-dire 25 feuilles. Ce conditionnement est surtout utilisé pour les papiers de luxe.

Offset : famille papetière composée de papiers dont l'imprimabilité a été améliorée principalement par lissage et adjonction d'agents de collage.

Offset pigmenté : famille papetière composée de papiers contenant une petite quantité de pigments minéraux pour augmenter leur imprimabilité.

Papier : support le plus utilisé en impression et fabriqué à partir du bois. Les catégories en sont nombreuses.

Papier avec bois : papier contenant une forte proportion de pâte mécanique.

Papier de création : papier dont l'aspect, la matière et l'esthétique sont privilégiés.

Papier de sécurité : famille papetière composée de papiers contenant des éléments normalement infalsifiables.

Papier mince offset ou couché : papier technique. Grammage compris entre 22 et 60 g. Sans bois, la pâte est très raffinée et les pigments minéraux utilisés possèdent un fort pouvoir opacifiant.

Papier sans bois : papier contenant 95 % de cellulose.

Pâte chimique : fabriquée en faisant intervenir des produits chimiques. La pâte obtenue contient au moins 95 % de cellulose.

Pâte mécanique : fabriquée par des moyens mécaniques. Elle contient de la cellulose, des hémicelluloses et de la lignine.

Pâte de récupération ou recyclée : fabriquée à partir de papier déjà imprimé ou de chutes d'impression, remis dans le circuit de fabrication du papier après désencrage.

Pâte thermomécanique : pâte dont la lignine et les hémicelluloses ont été en partie éliminées par la chaleur.

Pigments minéraux : éléments entrant dans la composition de la pâte ou de la couche du papier pour en améliorer la blancheur, l'opacité et l'imprimabilité.

Rame : unité papetière correspondant à 500 feuilles.

Sauce : nom donné à la couche déposée sur le papier dans son état liquide. Sa fabrication est le secret du papetier.

Sens fibres ou sens marche : sens de fabrication du papier. Les fibres sont parallèles au sens de la marche du tapis sur lequel tombe la pâte à papier.

Sens travers : sens perpendiculaire au sens de fabrication du papier.

Façonnage

Assemblage : opération de façonnage qui consiste à placer l'un derrière l'autre et dans l'ordre de la lecture tous les cahiers composant un document.

Broché : façonnage d'un document simplement plié ou dont la couverture est souple.

Cahier : signature (pour le façonnier). Feuille ou fraction de feuille de plus de 4 pages pliée après impression. Un cahier peut comporter 4, 8, 12, 16, 20, 24, 32, 48 ou 64 pages.

Cartonné : technique de façonnage qui consiste à fixer le bloc intérieur du document à une couverture rigide, carton recouvert de papier, grâce à des pages de garde.

Coming and going : technique de façonnage qui consiste à assembler et à coudre les cahiers puis à fixer la couverture de deux documents simultanément.

Coupe : sur les machines rotatives, dimension fixe du développé du cylindre de coupe situé avant les plieuses.

Couture : réunion des pages d'un cahier puis des éléments du bloc d'un document, à l'aide d'un fil textile.

Encart : élément ne faisant pas partie du corps d'un document et ajouté lors du façonnage ou inséré après.

Encartage : technique de façonnage : les cahiers pliés sont posés en leur milieu à cheval les uns sur les autres.

Façonnage : brochage, finition, reliure… Suite d'opérations destinées à donner sa forme définitive à un document.

Fer à dorer : technique consistant à déposer des couleurs, généralement or, argent ou bronze dans un espace provoqué en creux par l'écrasement du matériau au moyen d'une forme fortement pressée.

Gardes hors texte : deux cahiers de 4 pages placés l'un au début (garde de début), l'autre en fin d'ouvrage (garde de fin). Ils servent, pour les ouvrages cartonnés, à fixer la couverture sur le bloc de l'ouvrage.

Gaufrage : technique consistant à mettre un motif en relief par écrasement du matériau sur son envers.

Massicot : instrument tranchant muni d'une lame très puissante. Il intervient dans diverses phases de production, entre autres pour séparer les cahiers et, après le pliage et l'assemblage de ces derniers, pour éliminer le papier réservé aux rognes d'un document.

Pelliculage : opération de collage d'un très mince film de plastique transparent sur un support, généralement la couverture d'un ouvrage, pour le rendre plus solide et lui donner un aspect plus esthétique. Il existe des pelliculages brillants, satinés et mats.

Piqûres métal à cheval : technique de façonnage où les cahiers et la couverture sont encartés les uns dans les autres. Des piqûres métalliques maintiennent l'ensemble.

Refente : synonyme de coupe.

Reliure : succession d'opérations destinées à donner sa forme définitive à un document.

Rembord : partie du revêtement d'une couverture cartonnée rabattue sur les deuxième et troisième pages de cette couverture.

Rogne : passage au massicot de feuilles ou de cahiers pliés d'un document afin de leur donner leur format final et de permettre l'ouverture des cahiers. Par extension, espace de papier, généralement 5 mm, réservé tout autour d'une double page pour effectuer ces opérations de finition. Le graphiste doit en tenir compte lorsqu'il établit le gabarit.

Spirales : technique de façonnage : cahiers et couverture sont assemblés et rognés sur 4 faces et une spirale de métal ou de plastique maintient l'ensemble.

Vernis : substance transparente déposée comme une encre sur un support imprimé pour le protéger et l'embellir. Il existe plusieurs types de vernis : offset, acryliques, UV, mats, brillants, de couleur, nacrés.

Wire'O : technique de façonnage consistant à assembler cahiers et couverture à l'aide de crochets qui se referment comme des mâchoires dans des encoches.

Conditionnement

Cerclage : opération consistant à consolider l'emballage d'une palette en l'entourant de minces bandes de plastique ou de métal.

Palette : socle en bois sur lequel les marchandises sont empilées et maintenues solidaires pendant le transport dès que la quantité des documents est importante. Par extension, la palette et son contenu.

Palette cube : conditionnement sur palette de papier en feuilles, sans repère de quantité.

Palette européenne : palette dont les dimensions sont imposées en longueur, largeur et hauteur, afin de permettre leur prise en charge informatique dans des entrepôts de stockage.

Staker : élément placé en fin de presse rotative pour empiler les cahiers.

Outils de gestion de production

Bon de commande : document crée par le client pour donner ordre à un fournisseur de procéder à une opération et comportant tous les éléments pour le faire. Ce document a valeur juridique.

Demande de devis : document adressé par un client à un fournisseur et comportant tous les éléments nécessaires au chiffrage des coûts d'une ou plusieurs opérations spécifiques.

Devis estimatif : devis dont les caractéristiques et les calculs ne sont pas définitifs. Il sert à élaborer un budget.

Devis réel : devis dont les données sont définitives. Il sert à bâtir un prix de revient précis.

Dossier de fabrication : document constitué d'un ensemble de pièces nécessaires au suivi de réalisation d'un document.

Fiche technique : document comportant toutes les caractéristiques techniques d'un support imprimé et permettant le lancement des opérations de réalisation.

Frais fixes : frais représentés par des opérations ou des matériaux indispensables à la mise en œuvre d'une reproduction en série. Ces frais ne sont pas proportionnels au chiffre de tirage.

Frais variables : frais représentés par les opérations et les matériaux ayant un rapport direct avec le chiffre de tirage du produit à imprimer.

Planning : document sur lequel figurent les temps attribués aux différentes étapes de réalisation d'un document afin qu'il soit possible d'en suivre et d'en contrôler le déroulement.

Point mort : nombre d'exemplaires d'un ouvrage dont la vente permet d'amortir les coûts de réalisation.

Adresses professionnelles

Principaux centres de formation

ASFORED
21, rue Charles-Fourrier, 75013 Paris.
Tél. : 01 45 88 12 83. www.asfored.org

CEGOS-IDC
204, rond-point du Pont de Sèvres, 92100 Boulogne.
Tél. : 01 46 21 88 66.

Centre de formation des journalistes
31, rue du Louvre, 75002 Paris.
Tél. : 01 44 82 20 00.

PYRAMYD
15, rue Turbigo, 75002 Paris.
Tél. : 01 40 26 00 99. www.pyramyd.com

Écoles

École des arts et métiers de l'image
3-5, rue Beaumarchais, 93100 Montreuil.
Tél. : 01 48 57 08 81.

École Estienne
18, boulevard Auguste-Blanqui, 75013 Paris.
Tél. : 01 55 43 47 47.

École française de la papeterie et des industries graphiques (EFPG)
38402 Saint-Martin d'Hères. Tél. : 04 76 82 69 00.

École supérieure de commerce de Paris (ESCP)
79, avenue de la République, 75543 Paris cedex 11.
Tél. : 01 43 57 56 12. www.escp-eap.net

Magazines professionnels

Étapes graphiques
15, rue de Turbigo, 75002 Paris. Tél. : 01 40 26 00 99.

France graphique
4 bis, rue de la Gare, 92532 Levallois-Perret.
Tél. : 01 41 40 41 13. www.golding.fr

Caractère, groupe Tests,
26, rue Oradour-sur-Glane, 75504 Paris. www.caractere.net

***Correspondance de la presse et de la pub* (La)**
13, avenue de l'Opéra, 75001 Paris. Tél. : 01 40 15 17 89.

Écho de la presse
1, avenue Edouard-Belin, 92856 Rueil-Malmaison cedex. Tél. : 01 41 29 99 99.

Livres hebdo
35, rue Grégoire de Tours, 75006 Paris.

Stratégies
Tél. : 01 46 29 46 54. www.strategies.fr

Musées

Bibliothèque des arts graphiques
Porte Saint Eustache 75001 Paris. Tél. 01 40 41 99 16

Bibliothèque Forney
1, rue du Figuier 75004 Paris. Tél. 01 42 78 14 60.

Moulin Richard-de-Bas, musée du papier
63 600 Ambert. Tél. 04 73 82 03 11.

Musée de l'imprimerie
13, rue de la Poulaillerie 69002 Lyon. Tél. 04 78 37 65 98.

Musée de l'imprimerie de Nantes
24, quai Fosse 44000 Nantes. Tél. 02 40 73 26 55.

Musée Nicéphore-Niépce de la photographie
28, quai des Messageries 77100 Châlons-sur-Saône. Tél. 03 85 48 41 98.

Organismes professionnels

Agence francophone pour la numérotation internationale du livre (AFNIL),
35, rue Grégoire-de-Tours, 75006 Paris. Tél. : 01 44 41 29 19.

Bibliothèque nationale de France (BNF), service du dépôt légal,
11, quai François-Mauriac, 75706 Paris cedex 13. Tél. : 01 53 79 59 28.

Centre français du droit d'exploitation de copie (CFC).
www.cfcopies.com

Centre national du livre (CNL),
53, rue de Verneuil, 75343 Paris cedex 07.
Tél. : 01 49 54 68 68. www.centrenationaldulivre.fr.

Chambre syndicale de la reliure, brochure, dorure,
15, rue de Buci, 75006 Paris.

Confédération française de l'industrie des papiers, cartons et cellulose (Copacel),
154, boulevard Haussmann, 75008 Paris. Tél. : 01 53 89 24 00. www.copacel.fr

ISSN, Bibliothèque nationale de France,
auditorium galerie Colbert, 2, rue Vivienne, 75084 Paris cedex 02.
Tél. : 01 47 03 87 90.

Fédération de l'imprimerie et de la communication graphique (FICG),
68, boulevard Saint-Marcel, 75013 Paris. Tél. : 01 44 08 64 46.

Fédération nationale de la presse française (FNPF),
13, rue Lafayette, 75009 Paris. Tél. : 01 53 20 90 50.

Fédération nationale de la presse spécialisée (FNPS),
37, rue de Rome, 75376 Paris cedex 08. Tél. : 01 44 90 43 60.

Ministère de l'Intérieur, régie du dépôt légal,
1bis, place des Saussaies, 75008 Paris. Tél. : 01 40 07 24 87.

Rencontres internationales de Lure,
12 bis, rue Soyer, 92200 Neuilly. Tél. : 01 42 55 49 16.

Société des Auteurs dans les Arts graphiques et plastiques (ADAGP),
1, rue Berryer, 75008 Paris. Tél. : 01 42 96 89 11.

Syndicat des correcteurs,
3, rue du Château d'Eau, 75010 Paris. Tél. : 01 42 08 02 28.

Syndicat national de l'édition (SNE),
115, boulevard Saint-Germain, 75006 Paris. Tél. : 01 44 41 40 50. www.sne.fr

Syndicat national des industries de la communication graphique et de l'imprimerie française (Sicogif),
8, rue de Berri, 75008 Paris. Tél. : 01 53 53 96 96. www.sicogif.com

Sites Internet

Actualité industries graphiques : **www.graphiline.com**

Annuaire des professionnels de l'imprimerie : **www.bepub.com**

Liens vers les sites professionnels de la culture, de la création, des sociétés d'auteurs, des organismes professionnels : **www.culture.gouv.fr**

Tous les textes publiés au Journal officiel : **www.legifrance**

Droit d'auteur à l'international, traités : **www.unesco**

Droit d'auteur à l'international, traités : **www.ompi**

Textes et travaux de l'Union européenne concernant la communication et le droit d'auteur : **www.europa**

Bibliographie

Création, prépresse

BUANIC Thierry, ***PDF pour le prépresse***, éd. Eyrolles, 2005.

DABNER David, ***Maquette et mise en page. Les bases de la conception graphique***, éd. Eyrolles, 2003.

DERIBERE Maurice, ***La couleur***, éd. PUF, coll. « Que sais-je ? », 1996.

GOURIOU Ch., ***Mémento typographique***, éd. du Cercle de la librairie, 1990.

IMPRIMERIE NATIONALE (coll.), ***Lexique des règles typographiques en usage à l'Imprimerie Nationale***, Imprimerie nationale, nouv. éd. 2002.

LEGRAND Dominique, ***La couleur imprimée***. Mode d'emploi, Trait d'union graphique, Pernes-les-Fontaines (Vaucluse), 1990.

NIEMETSKY Gérard, ***Gestion de la couleur. Calibration et profils ICC***, éd. Eyrolles, 2002.

PERROUSSEAUX Yves, ***Mise en page et impression. Notions élémentaires***, Ateliers Perrousseaux, 1976-2005.

RICHAUDEAU François, ***Manuel de typographie et de mise en pages***, éd. Retz. ***La Lisibilité. Langage-typographie-signes***… lecture, éd. Denoël-Gonthier, 1969.

SIEGWART Fabienne, DUSSONG Jean-Luc, ***Du plomb au numérique***, éd. Dessain et Tolra, 1996.

Impression, papier, façonnage

COMBIER Marc, PESEZ Yvette (coll.), ***Encyclopédie de la chose imprimée, du papier à l'écran***, éd. Retz, nouv. éd. 1999.

DE BIASI Pierre-Marc, ***Le papier. Une aventure au quotidien***, éd. Gallimard, coll. « Découvertes », 1999.

DE BIASI Pierre-Marc, DOUPLITZKY Karine, ***La saga du papier***, éd. Adam Biro Arte, 1999.

JOHANSSON Kaj, LUNBERG Peter, RYBERG Robert, ***La chaîne graphique. Prépresse. Impression. Finition***, éd. Eyrolles, 2005.

JOHNSON Harald, ***L'impression numérique***, éd. Eyrolles, 2001.

MARTIN Gérard, ***Le Papier***, éd. PUF, coll. « Que sais-je ? », 1990. ***L'impression***, éd. PUF, coll. « Que sais-je ? », 1998.

Divers

ALLIOT David, ***Chier dans le cassetin aux apostrophes***, éd. Horay, 2004.

AUDIN Marius, ***Le livre, son architecture, sa technique***, éd. G. Grès et Cie, 1924.

BARNARD Michael, ***Dictionnaire des termes d'imprimerie, de reliure et de papeterie***, éd. Lavoisier, coll. « Tec & Doc », 1992.

BERTHELOT J., ***Édition et techniques éditoriales***, éd. Hachette, 1992.

BOUTMY Eugène, ***Dictionnaire de l'argot des typographes***, éd. Marpon et Flammarion, 1883. Phénix Éditions, 2005.

CARD Michael, ***Dictionnaire des termes informatiques d'imprimerie et d'édition***, éd. Lavoisier, coll. « Tec & Doc », 1992.

DIRECTION DU LIVRE ET DE LA LECTURE (Ministère de la culture), ***Prix du livre, mode d'emploi***, 1995. Disponible sur le site : http://www.culture.fr/culture/dll/prix-livre/index.htm.

Code de la communication 2001. Presse, Cinéma, Audio-visuel, Poste et Télécommunications, Internet, Droit de l'information, éd. Dalloz, 2e édition 2001.

DUBRULLE Louis, JOURDAIN Didier, ***Comptabilité analytique de gestion***, éd. Dunod, 2000.

EDELMAN Bernard, ***Propriété littéraire et artistique***, éd. PUF, coll. « Que sais-je ? », 3e édition 1999.

LAMPAERT Herman, ***Chronique de la forme. 2000 ans d'expression visuelle en Europe occidentale***. Ateliers Perrousseaux, 2005.

Legipresse. Revue mensuelle du droit de la communication, Groupe Victoires éditions, contact@legipresse.com

LUCAS André et Henri-Jacques, ***Traité de la propriété littéraire et artistique***, éd. Litec, 2e édition 2001.

MASSIN, ***L'ABC du métier***, Imprimerie nationale, 1988.

ROBIN Christian, ***Le livre et l'édition***, éd. Nathan, coll. « Repères pratiques », 2003.

Remerciements

Je remercie tout particulièrement :

BURGLIN Laurent (groupe Hachette), DEMARECAUX Guy, DONNAT Gérard, GALERNE Jean-Pierre (Aramis), GALERNE Maël, JALLUZ Jérôme (groupe Laski), JOURDAN Daniel (groupe Laski), MORISET Sylvie (groupe Laski), MARTIN Michel, ROYET Alain (Aramis), TOPPANO Noémie (Mondadori),

ainsi que :

BAGUET William (SIRC), BARBERA Françoise, BARBERA Jean-Paul, BARDOUL Marie-France (Normandie Roto), BLANC Daniel (Diguet Deny), BORINGER Ingrid, BRASSILLON Florent (groupe Laski), CARDOSO Marguerite, CATTELIN Anne-Marie, CHAILLOUX Claude (groupe Laski), DAMBLANC Claude (imprimerie Bussière), DÉFOSSEZ Joseph, DENIS Bruno (groupe Laski), DE ROBILLARD Isabelle (éditions Eyrolles) EPIN Bernard (groupe Laski), FAUDAUT Odile (papeterie du Léman), FAVIER Laurent (CFPP. SPPP), FOUCHIER Serge (groupe Laski), GALVAN Cyril (groupe Laski), GAUTHIER Jean-Marc (groupe Actis), HUSSON Jehanne-Marie (atelier JMH), LAJOURNADE Michèle (agence Roger Viollet), LAPORTE (Maury), LE FAOU Jean-Marie (atelier JMLF), LEFEBVRE Félix (CFPP. SPPP), LEGEAY Brigitte (Arjowigging), MEREAU Céline (groupe Laski), MOREAU Bernard (Isi Print), NOËL Gilles (Diguet Deny), NOWOTARSKI Sophie (papeteries du Léman), PERRÉ Hubert (groupe Laski), PILLON Christophe (Kapp Lahure), POISSON Stéphanie (éditions Eyrolles), POUILLY Grégory (groupe Laski), POULET Bruno (Aramis), RATSIMBA M. (Corlet numérique), ROSSIGNOL Claude (groupe Laski), WEBER Jean-Jacques,

et tout le personnel des imprimeries Kapp Lahure, Firmin Didot, du groupe Laski ainsi que celui de l'entreprise de cartonnage Diguet Deny.

Dépôt légal : mai 2006
N° d'éditeur : 7443
IMPRIMÉ EN FRANCE

Achevé d'imprimer le 18 mai 2006
sur les presses de l'imprimerie «La Source d'Or»
63200 Marsat
Imprimeur n° 11522

Conception et mise en pages : Nord Compo